例題で学ぶ
基礎電気回路

秋山 いわき 著

森北出版株式会社

- 本書のサポート情報を当社 Web サイトに掲載する場合があります．下記の URL にアクセスし，サポートの案内をご覧ください．

    http://www.morikita.co.jp/support/

- 本書の内容に関するご質問は，森北出版 出版部「(書名を明記)」係宛に書面にて，もしくは下記の e-mail アドレスまでお願いします．なお，電話でのご質問には応じかねますので，あらかじめご了承ください．

    editor@morikita.co.jp

- 本書により得られた情報の使用から生じるいかなる損害についても，当社および本書の著者は責任を負わないものとします．

■ 本書に記載している製品名，商標および登録商標は，各権利者に帰属します．

■ 本書を無断で複写複製（電子化を含む）することは，著作権法上での例外を除き，禁じられています．複写される場合は，そのつど事前に(社)出版者著作権管理機構（電話 03-3513-6969，FAX 03-3513-6979，e-mail：info@jcopy.or.jp）の許諾を得てください．また本書を代行業者等の第三者に依頼してスキャンやデジタル化することは，たとえ個人や家庭内での利用であっても一切認められておりません．

まえがき

　著者は生命系学部の，とくに電子情報系の学科に所属し，1 年から 2 年次の学生に電気回路を教えている．本書は，その講義で配布している資料を基に作成したものである．高校で物理を履修していない学生も多く履修しているため，高校物理の履修を前提としていない．そのため，導入では電圧と電流や抵抗の考え方に紙面を割いた．テブナンの定理や重ね合わせの原理は直流で学ぶことによって理解を深め，交流回路（複素解析），ひずみ波（フーリエ解析）へと進む．その考え方は，時間に注目して電気回路を捉えた結果である．つまり，直流，正弦波交流，ひずみ波（周期信号）と習得して，その次の展開として非周期信号（すなわち過渡現象論やフーリエ変換）へとつながるようにしている．そのため，電気系科目で一般的に教えられている三相交流や過渡現象論を省略した．著者は電気系学科で学んだが，電気回路で学ぶインピーダンスやフェーザの考え方とフーリエ変換を中心とする信号処理との整合性が芳しくない印象をもっていた．生体を扱う場合，フーリエ解析は必須であり，これを学部で習得する必要がある．そのためには，直流から始まる電気回路の基礎から電子回路，そして信号処理へと続く一連の流れの中で，インピーダンスとフーリエ級数を関連づけて習得することが重要であると考えている．著者の講義では，解説・演習・テストという流れで行っており，そのため演習問題を多数用意した．すべての問題に詳細な解答をつけたので，学生は本書 1 冊で学習できるようになっている．最後に，演習問題解答についてサポートいただいた木原綾音さんと安藤優さんに感謝する．

2015 年 8 月

著　者

目　次

第 1 章　直流回路の基礎　　1
1.1　電気回路とは ………………………………………… 1
1.2　直流回路の計算 ……………………………………… 6
演習問題 …………………………………………………… 10

第 2 章　回路の性質　　13
2.1　電　力 ………………………………………………… 13
2.2　電力最大問題 ………………………………………… 13
2.3　重ね合わせの理 ……………………………………… 14
2.4　テブナンの定理 ……………………………………… 14
2.5　ノートンの定理 ……………………………………… 17
2.6　電源の内部抵抗 ……………………………………… 18
2.7　電流と電圧の測定 …………………………………… 20
演習問題 …………………………………………………… 22

第 3 章　回路解析法　　26
3.1　キルヒホッフの法則 ………………………………… 26
3.2　閉路解析法 …………………………………………… 27
3.3　クラーメルの解法 …………………………………… 28
3.4　節点解析法 …………………………………………… 29
演習問題 …………………………………………………… 30

第 4 章　交流回路の基礎　　36
4.1　正弦波 ………………………………………………… 36
4.2　交流の電力と実効値 ………………………………… 37
4.3　インダクタンス ……………………………………… 38
4.4　キャパシタンス ……………………………………… 40

4.5	複素記号法	41
	演習問題	45

第5章　インピーダンスとアドミタンス　47

5.1	RL 直列回路	47
5.2	RC 直列回路	49
5.3	複素平面でのベクトル表示	50
	演習問題	52

第6章　電力の複素表示　55

6.1	複素電力の定義と意味	55
6.2	インピーダンス整合（最大電力問題）	57
	演習問題	59

第7章　フェーザ図とベクトル軌跡，周波数応答　61

7.1	RL 直列回路	61
7.2	RC 直列回路	63
7.3	RL 並列回路	64
7.4	RC 並列回路	66
7.5	ベクトル軌跡の解き方	69
	演習問題	71

第8章　共振回路　73

8.1	RLC 直列共振回路	73
8.2	RLC 並列共振回路	78
	演習問題	83

第9章　磁気結合回路　85

9.1	自己誘導現象	85
9.2	相互誘導現象	85
9.3	巻き方向と極性	86
9.4	相互誘導回路の等価回路	88
9.5	相互誘導回路の閉路方程式	90
9.6	理想変成器	91

| 演習問題 ……………………………………………………………… 93

第10章　一端子対回路　96

 10.1 リアクタンス回路 …………………………………………… 96
 10.2 リアクタンス関数 …………………………………………… 98
 10.3 リアクタンス回路の構成 …………………………………… 99
 演習問題 ……………………………………………………………… 106

第11章　二端子対回路　109

 11.1 インピーダンスパラメータ（Zパラメータ）……………… 109
 11.2 アドミタンスパラメータ（Yパラメータ）………………… 110
 11.3 二端子対回路の直列接続 …………………………………… 112
 11.4 二端子対回路の並列接続 …………………………………… 113
 11.5 ハイブリッドパラメータ（Hパラメータ）……………… 114
 11.6 四端子定数（Fパラメータ）……………………………… 115
 11.7 二端子対回路の縦続接続 …………………………………… 116
 11.8 相反定理 ……………………………………………………… 118
 11.9 二端子対パラメータの相互変換公式 ……………………… 118
 演習問題 ……………………………………………………………… 120

第12章　フーリエ級数（ひずみ波による解析）　123

 12.1 周期信号 ……………………………………………………… 123
 12.2 フーリエ級数 ………………………………………………… 123
 12.3 信号波形の対称性 …………………………………………… 125
 12.4 複素フーリエ級数 …………………………………………… 128
 12.5 ひずみ波による電気回路の解析 …………………………… 132
 12.6 ひずみ波の実効値と電力 …………………………………… 134
 演習問題 ……………………………………………………………… 135

演習問題解答 ………………………………………………………………… 137
索　引 ………………………………………………………………………… 214

第1章 直流回路の基礎

本書は，電気回路を流れる電流と各点の電圧を調べるための基本的な考え方について書かれたものである．電流と電圧は，時間的に変化しない一定の値を保持する「直流」と，時間的に変化して様々な値をもつ「交流」に分けて考える．直流の電流が流れる回路を「直流回路」といい，交流の電流が流れる回路を「交流回路」という．本章では，直流回路の電流と電圧を調べるために必要な基礎知識について述べる．この知識は，交流の場合についても拡張して考えることができるので，とても重要である．

1.1 電気回路とは

電気回路とは，次の基本的な回路素子を接続し，組み合わせて構成される装置である．本書では，電気回路各部の電圧と電流の値や，それら相互の関係，時間的な変化などについて考えていく．電圧や電流に時間的な変化のない場合を直流回路，変化のある場合を交流回路とよぶ．本節では，直流回路について述べる．

(1) 抵抗：単位 [Ω]（オーム）
(2) コイル（インダクタンス）：単位 [H]（ヘンリー）
(3) コンデンサ（キャパシタンス）：単位 [F]（ファラド）
(4) 電圧源：単位 [V]（ボルト），電流源：単位 [A]（アンペア）

1.1.1 電流

金属には自由電子があり，それが移動することを「**電流が流れる**」という．電子は負の電荷をもっているので，慣習上電子の流れる方向と逆方向を電流の流れの正方向とする．したがって，正の電荷の移動する流れが電流である．電子の単位時間あたりの電荷量を $-q$ で表すと，電流 I は，次式のように正の電荷 $+q$ の時間微分で定義される．

$$I = \frac{dq}{dt} \tag{1.1}$$

電流の単位は [A]（アンペア）を，電荷の単位は [C]（クーロン）を用いる．1 秒間に 1 [C] 流れる電流が 1 [A] である．

電流が流れる物質を**導体**という．線状の導体を導線とよび，**回路素子**を接続するために用いられる．一方，電流が流れない物質を**絶縁体**とよぶ．電気回路を電流が流れるためには，構成するすべての素子が導線で接続されて，閉じたループを形成する必要がある．ループが途中で開いたり，絶縁体が接続されると，電流は流れない．

図 1.1 のように，電気回路を流れる電流を水の流れで考えてみる．水道の蛇口にホースをつないで，蛇口からホースの中へ水を流す．ホースの中を流れる水は，単位時間あたりにホースの断面を通過する水の体積（または質量）で定義される流量で考えることが多い．電流は単位時間あたりに導体中を流れる電荷量であるので，水の流量が電流に相当していることがわかる．このように導線で回路の 2 点間を直接接続することを「回路を短絡する」という．

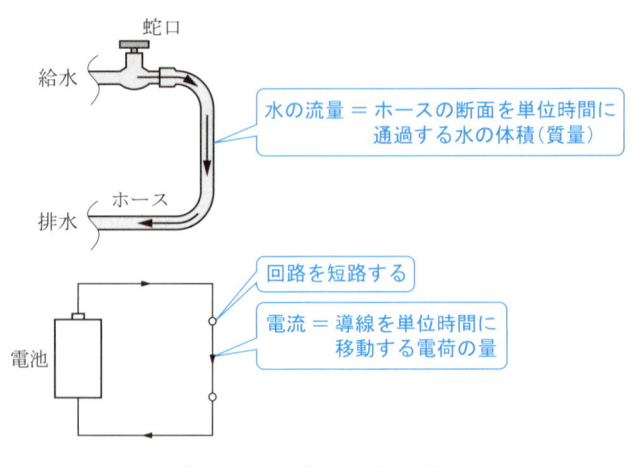

図 1.1　水の流れと電流の対比

1.1.2　電　圧

導体中に電流が流れるためには，電気的な圧力の差が必要である．この電気的な圧力を電位といい，電位の差を**電圧**という．電圧の単位は [V]（ボルト）を用いる．電流は，電位の高い方から低い方へと流れる．

たとえば，図 1.2 のように，二つの水槽に水を入れて，パイプでつなぐと，図 (a) の場合はパイプ中を水が流れない．しかし，図 (b) のように二つの水槽の高さに差をつけると，水面に加わる圧力に「差」ができるため，パイプ中を水が流れ始める．水の流量はこの水圧によって変化する．電気回路において，水圧に相当するものが電位であり，2 点間の電位の差を電位差あるいは単に電圧という．パイプを流れる水の流量は，水圧の絶対値には関係なく，2 点間の相対値で決まる．電圧も同じように考え

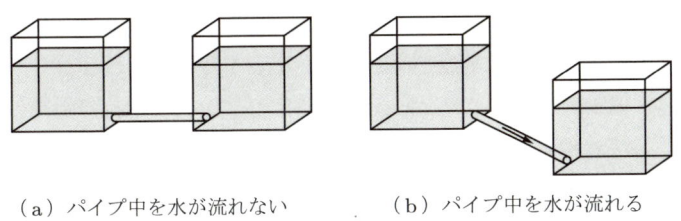

（a）パイプ中を水が流れない　　（b）パイプ中を水が流れる

図 1.2　二つの水槽とパイプ中の水の流れ

ることができ，ある基準点の電位との相対値で表す．

図 1.3のようにパイプをせき止めて水流を0にした場合でも，せき止めた点にはパイプ上部の圧力と同じ水圧がかかる．電気回路を開放して電流が0の場合でも，開放した点には導線中と同じ電位が現れる．ホースをせき止めると水が流れなくなることと同じように，電気回路も導線が切断されると電流は流れない．回路を構成する導線の一部を切断することを「回路を開放する」という．

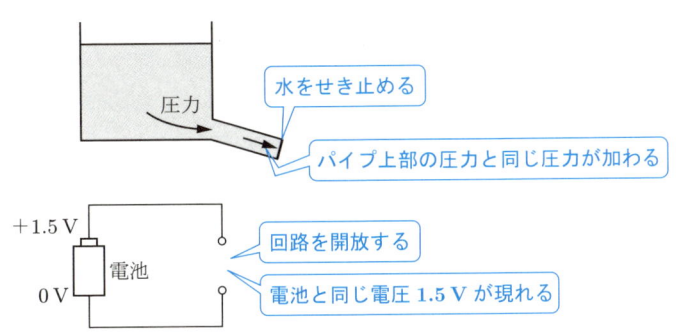

図 1.3　パイプのせき止めと回路の開放

1.1.3　抵　抗

導体中を電流が流れると，熱を発生して電位が下がる．発生した熱を**ジュール熱**という．この現象を，電気回路学では，抵抗で電気エネルギーが消費され，熱エネルギーに変換されたという．導体を流れる電流が大きくなると，発生する熱量も増大し，電圧降下は大きくなる．電流 I と電圧降下 V は比例し，その比例係数を抵抗という．すなわち，抵抗を流れる電流 I と電圧降下 V との間には，抵抗 R を用いて次式の関係がある．

$$V = RI \tag{1.2}$$

式 (1.2) を**オームの法則**という．抵抗が大きくなると，電流が変わらなくても大きな

電圧降下があるので，発生するジュール熱は増大する．また，電圧が変わらなければ，電流は減少するので，抵抗は電流の流れにくさを表すと考えることができる．抵抗での電圧降下は，電圧計やテスターを使って測定できるので，「抵抗の両端の電圧」ということがある．導線の抵抗は 0 とみなしてよいので，導線での電圧降下は 0 である．

電流と電圧の場合と同じように，水の流れで考えてみよう．図 1.4 のように，蛇口に接続したホースに水車を接続すると，水車が回転する．このとき，水車によって水の流れが妨げられるので，水車の入口と出口には水圧の差が生じる．水車が大きくなるほど回転しにくく，水の流れを妨げるので，大きな水車の両端には大きな水圧の差が生じる．

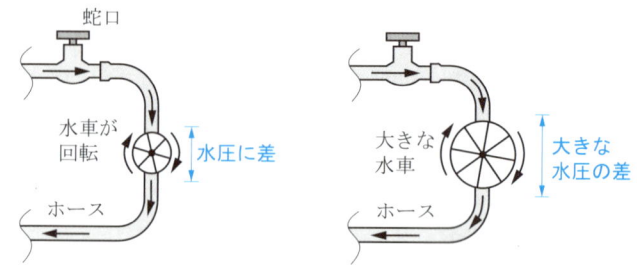

図 1.4　水の流れと水車の回転

同じ大きさの水車であれば，水の流量が多いほど水車は速く回転し，流量が少ないほどゆっくり回転するので，流量は水車の回転速度に比例する．また，図 1.2 のように水圧の差が一定であれば，水車が大きくなるほど回転速度が遅くなり，流量が減少する．

このように，電気回路における抵抗は，水の流れにおける水車に置き換えて考えるとわかりやすい．

1.1.4　コイル（インダクタ）

導体を絶縁体の周りに巻いたものを**コイル**という．直流回路では導線と同じように扱われる．詳細は第 4 章の交流回路で説明する．

1.1.5　コンデンサ（キャパシタ）

絶縁体の板を導体で挟んだものを**コンデンサ**という．直流回路では絶縁体と同じように扱われる．詳細は第 4 章の交流回路で説明する．

1.1.6 電源

電源は，**電圧源**と**電流源**という二つの素子に分類される．接続された回路に対して，つねに一定の電位差 E を与える素子を「起電力 E の直流電圧源」という．電圧源に回路素子を接続すると，電圧源のマイナスの端子からプラスの端子へ向かって，つねに一定の電圧を発生する．

一方，接続された回路に対して，つねに一定の電流 J を供給する素子を「電流 J の直流電流源」という．電流源に回路素子を接続して電気回路を形成すると，電流源のプラスの端子からマイナスの端子へ向かって回路に電流が流れる．

電圧源はどのような抵抗が接続されていてもつねに同じ電圧を与えるものである．電圧源を水流で考えてみると，図 1.5(a) のような二つの水槽の水位が変化しないように下位の水槽の水をポンプで汲み上げて，上位の水槽に水を供給してつねに水位を一定として水を循環させていることにあたる．このたとえからわかるように，電圧源の内部ではプラスとマイナスの端子が接続されていることになる．このことを，電圧源は内部で短絡されているという．

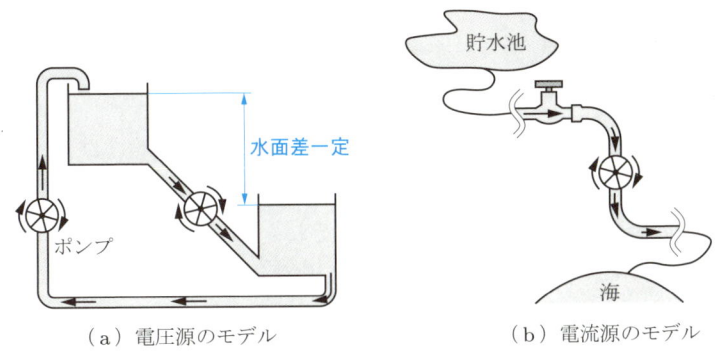

（a）電圧源のモデル　　　　　　（b）電流源のモデル

図 1.5　電圧源と電流源

一方，電流源とは，電流源に接続された抵抗がどのような値であっても，つねに一定の電流を流すものである．どのような大きさの水車が接続されていても，水の流量が変化せずつねに同じであるためには，図 (b) のように，蛇口は非常に大きな容量の貯水池のようなものから水が供給され，そして大きな容量の海のようなものへ排出する必要がある．つまり，貯水池から海へと水の流れは 1 方向で，ループを形成していない．このたとえからわかるように，電流源の内部ではプラスとマイナスの端子は接続されていないことになる．つまり，電流源は内部で開放されている．

1.1.7 回路図

三つの回路素子と電源を導線で接続した電気回路を，図式的に記号で描いた図 1.6 を回路図という．図において，R が抵抗，L がコイル，C がコンデンサ，E が電圧源，J が電流源を表す記号である．電圧源の長い線がプラス，短く太い線がマイナスを表す．電流源の矢印が電流の流れる方向を表す．それぞれの素子を接続している直線が導線を表す．また，黒点は分岐点を，a, b の白点は端子を表す．端子は回路素子を接続できる導線の先端を表す．図では，端子 a-b 間が開放されていることを示している．

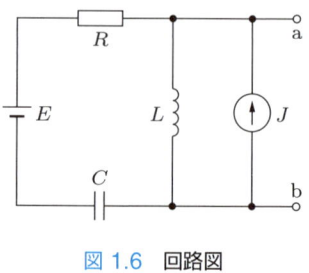

図 1.6　回路図

1.2　直流回路の計算

1.2.1　直列接続

図 1.7 のように，n 個の抵抗 $R_1, R_2, R_3, \cdots, R_n$ を直線的に接続して，直流電圧源 E に接続する場合を考える．複数の抵抗をこのように接続する方式を **直列接続** といい，すべての抵抗に同じ電流 I が流れる．それぞれの抵抗での電圧降下を $V_1, V_2, V_3, \cdots, V_n$ とすると，これらの総和が電圧源の電圧に等しい．すなわち，次式が成り立つ．

$$E = V_1 + V_2 + V_3 + \cdots + V_n \tag{1.3}$$

それぞれの抵抗についてオームの法則が成り立つので，式 (1.3) は次式に書き換えられる．

$$E = IR_1 + IR_2 + IR_3 + \cdots + IV_n = I(R_1 + R_2 + R_3 + \cdots + R_n) \tag{1.4}$$

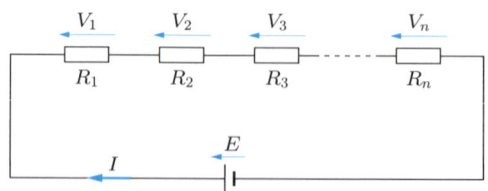

図 1.7　抵抗の直列接続

n 個の抵抗を直列接続した回路を一つの抵抗とみなしたときの値を**合成抵抗**といい，図 1.7 のような直列接続の場合は単に和で表される．合成抵抗を R で表すと，次式となる．

$$E = IR \tag{1.5}$$

$$R = R_1 + R_2 + R_3 + \cdots + R_n = \sum_{k=1}^{n} R_k \tag{1.6}$$

1.2.2 並列接続

図 1.8 のように n 個の抵抗を平行に並べて接続し，それが電流源 J に接続されている場合を考える．このような接続方式を**並列接続**といい，すべての抵抗には同じ電圧 V が加わる．それぞれの抵抗に流れる電流を $I_1, I_2, I_3, \cdots, I_n$ とすると，これらの総和は電流源の電流 J に等しい．すなわち，次式が成り立つ．

$$J = I_1 + I_2 + I_3 + \cdots + I_n \tag{1.7}$$

それぞれの抵抗についてオームの法則が成り立つので，式 (1.7) は次式に書き換えられる．

$$J = \frac{V}{R_1} + \frac{V}{R_2} + \frac{V}{R_3} + \cdots + \frac{V}{R_n} = V\left(\frac{1}{R_1} + \frac{1}{R_2} + \frac{1}{R_3} + \cdots + \frac{1}{R_n}\right) \tag{1.8}$$

n 個の抵抗を並列接続した回路を一つの抵抗とみなしたときの合成抵抗は，逆数の和で表される．合成抵抗を R で表すと，次式となる．

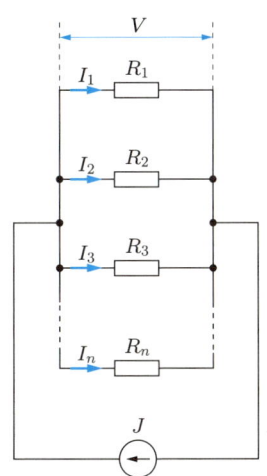

図 1.8 抵抗の並列接続

$$J = \frac{V}{R} \tag{1.9}$$

$$\frac{1}{R} = \frac{1}{R_1} + \frac{1}{R_2} + \frac{1}{R_3} + \cdots + \frac{1}{R_n} = \sum_{k=1}^{n} \frac{1}{R_k} \tag{1.10}$$

1.2.3 分圧比

直列に接続した二つの抵抗 R_1 と R_2 に電圧 E の電圧源を接続した場合，それぞれの抵抗での電圧降下 V_1 と V_2 は次式で与えられる．

$$V_1 = \frac{R_1}{R_1 + R_2} E, \quad V_2 = \frac{R_2}{R_1 + R_2} E \tag{1.11}$$

式 (1.11) における抵抗の比 $R_1/(R_1 + R_2)$, $R_2/(R_1 + R_2)$ を**分圧比**という．

1.2.4 分流比

並列に接続した二つの抵抗 R_1 と R_2 に電流 J の電流源を接続した場合，それぞれの抵抗に流れる電流 I_1 と I_2 は次式で与えられる．

$$I_1 = \frac{1/R_1}{1/R_1 + 1/R_2} J = \frac{R_2}{R_1 + R_2} J, \quad I_2 = \frac{1/R_2}{1/R_1 + 1/R_2} J = \frac{R_1}{R_1 + R_2} J \tag{1.12}$$

式 (1.12) における抵抗の比 $R_2/(R_1 + R_2)$, $R_1/(R_1 + R_2)$ を**分流比**という．

1.2.5 コンダクタンス

抵抗の逆数を**コンダクタンス**という．コンダクタンスを G で表すと，オームの法則は次式となる．

$$I = GV \tag{1.13}$$

抵抗を並列接続した回路の場合，抵抗の代わりにコンダクタンスを用いると，合成コンダクタンス G は各コンダクタンスの和で求められる．

$$\frac{1}{R} = G = G_1 + G_2 + G_3 + \cdots + G_n = \sum_{k=1}^{n} G_k \tag{1.14}$$

分流比は，コンダクタンスを用いると次式で与えられる．

$$I_1 = \frac{G_1}{G_1 + G_2} J, \quad I_2 = \frac{G_2}{G_1 + G_2} J \tag{1.15}$$

● **例題 1.1** Δ–Y 変換によって，図 1.9 の回路の端子 a-b 間の合成抵抗を求めよ．

解 Δ–Y 変換とは，次のような関係をいう．

図 1.10(a) において，端子 a-b 間の抵抗 R_{ab} は

$$R_{ab} = \frac{1}{1/R_3 + 1/(R_1 + R_2)} = \frac{R_3(R_1 + R_2)}{R_1 + R_2 + R_3} \quad \cdots ①$$

である．同様にして，

$$R_{bc} = \frac{R_1(R_2 + R_3)}{R_1 + R_2 + R_3}, \quad R_{ac} = \frac{R_2(R_1 + R_3)}{R_1 + R_2 + R_3} \quad \cdots ②$$

となる．また，図 (b) において，端子 a-b 間の抵抗 R_{ab} は

$$R_{ab} = R_a + R_b \quad \cdots ③$$

となる．同様にして，

$$R_{bc} = R_b + R_c, \quad R_{ac} = R_a + R_c \quad \cdots ④$$

となる．式 ① と ③，式 ② と ④ を比較すると，次のような関係を得る．

$$R_a = \frac{R_2 R_3}{R_1 + R_2 + R_3}, \quad R_b = \frac{R_1 R_3}{R_1 + R_2 + R_3}, \quad R_c = \frac{R_1 R_2}{R_1 + R_2 + R_3}$$

$$R_1 = \frac{R_a R_b + R_b R_c + R_c R_a}{R_a}, \quad R_2 = \frac{R_a R_b + R_b R_c + R_c R_a}{R_b},$$

$$R_3 = \frac{R_a R_b + R_b R_c + R_c R_a}{R_c}$$

図 1.9 の回路の Δ 型結線を Y 型結線へ変換すると，図 1.11 のようになる．

$$R_a = \frac{10 \cdot 30}{10 + 20 + 30} = 5\,[\Omega], \quad R_b = \frac{10 \cdot 20}{10 + 20 + 30} = \frac{10}{3}\,[\Omega],$$

図 1.9

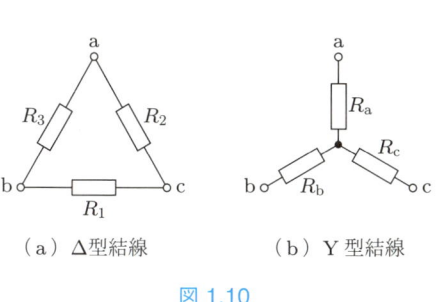

図 1.10

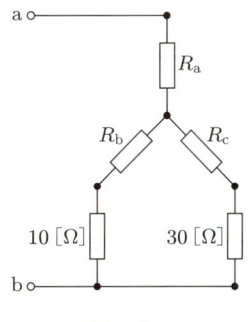

図 1.11

$$R_c = \frac{20 \cdot 30}{10 + 20 + 30} = 10\,[\Omega]$$

より，端子 a-b 間の抵抗 R_{ab} は，次のようになる．

$$R_{ab} = R_a + \frac{1}{1/(R_b + 10) + 1/(R_c + 30)} = 5 + 10 = 15\,[\Omega]$$

○ **演習問題** ○

1.1 問図 1.1(a)〜(d) に示す回路の端子 a-b 間の合成抵抗 R を求めよ．ただし，$R_1 = 10\,[\Omega]$，$R_2 = 20\,[\Omega]$，$R_3 = 25\,[\Omega]$ とする．

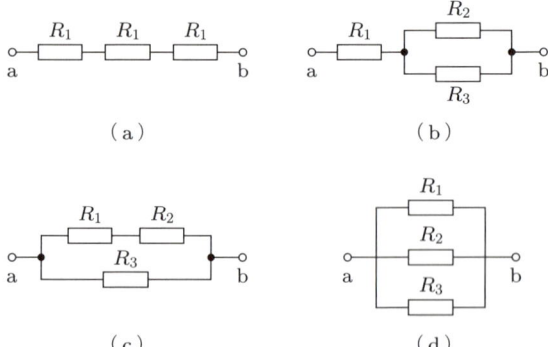

問図 1.1

1.2 問図 1.2 に示される回路の端子 a-b 間の合成抵抗を求めよ．

1.3 問図 1.3 のような回路で端子 a-b 間に $24\,[V]$ の電圧源を接続した．R_1 と R_2 に流れる電流を $2:3$ の比になるようにするには，R_1，R_2 をそれぞれ何 $[\Omega]$ とすればよいか．ただし，$r = 2\,[\Omega]$，抵抗 r を流れる電流を $3\,[A]$ とする．

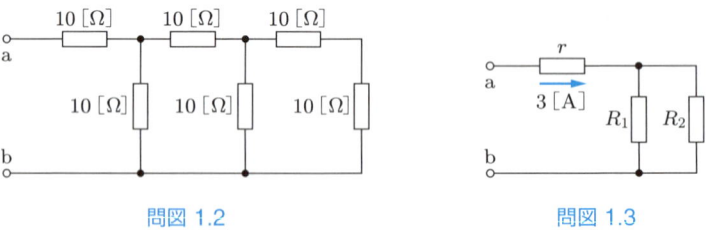

問図 1.2 問図 1.3

1.4 問図 1.4 のような回路で端子 a-b 間の合成抵抗が抵抗 R に等しいとき，抵抗 R に流れる電流を全電流の $1/n$ にするには，r_1 と r_2 の値はそれぞれどのようにすればよいか．

1.5 問図 1.5 に示される回路の電流 I_1，I_2，I_3 を求めよ．

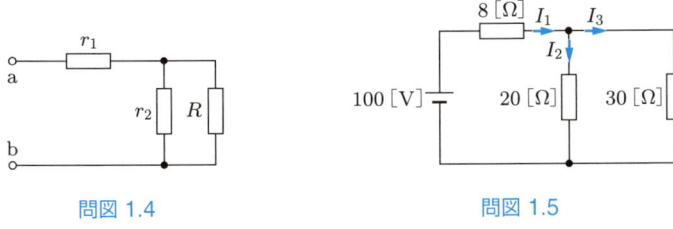

問図 1.4　　　　　　　　　問図 1.5

1.6　問図 1.6 に示される回路の抵抗 R の電圧降下が $60\,[\mathrm{V}]$ のとき，抵抗 R の値を求めよ．

1.7　問図 1.7 の回路の $5\,[\Omega]$ の抵抗を流れる電流が $14\,[\mathrm{A}]$ のとき，電圧源の起電力 E は何 $[\mathrm{V}]$ か．

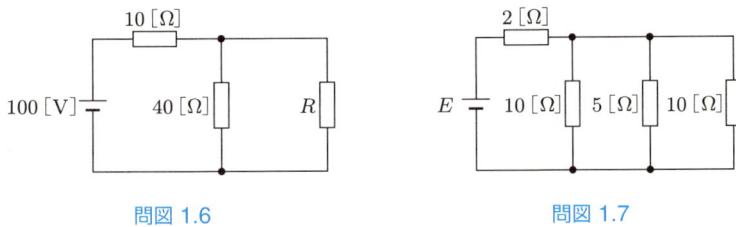

問図 1.6　　　　　　　　　問図 1.7

1.8　問図 1.8 の回路で，矢印の向きに流れる電流は何 $[\mathrm{A}]$ か．

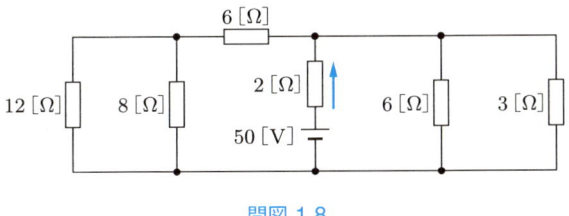

問図 1.8

1.9　問図 1.9 のように，4 個の抵抗 R_1, R_2, R_3, R_4 を接続して，端子 a-b 間の電圧が $200\,[\mathrm{V}]$ で一定になるようにする．このとき，スイッチ S を開閉しても全電流がつねに一定で $25\,[\mathrm{A}]$ である場合には，R_3, R_4 はそれぞれ何 $[\Omega]$ か．ただし，$R_1 = 16\,[\Omega]$，$R_2 = 8\,[\Omega]$ とする．

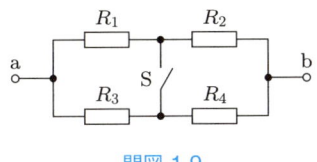

問図 1.9

1.10　問図 1.10 のブリッジ回路において，回路全体に流れる電流を I とすると，スイッチ S

を閉じた場合と開いた場合での電流 I の比を求めよ．

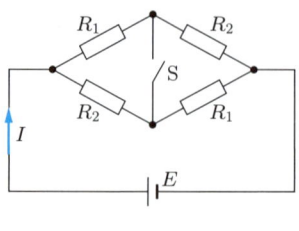

問図 1.10

第2章　回路の性質

　電気回路を流れる電流と各点の電圧は，数学でよく用いられる線形なモデルで考えることができる．本章では，電気回路が線形な性質をもつ場合に導かれる重ね合わせの理と，それによって導かれるテブナンの等価回路，ノートンの等価回路について述べる．また，電流が抵抗に流れるときに発生する熱を定量的に表す電力という考え方について述べる．

2.1　電力

　抵抗に電流が流れると，電気エネルギーが熱エネルギーに変換される．発生した熱を**ジュール熱**という．このような現象を，電気回路学では，「抵抗で電気エネルギーが消費された」という．抵抗で単位時間あたりに消費されるエネルギーを**電力**という．単位は [W]（ワット）を用いる．電力 P は，抵抗 R に流れる電流 I と電圧降下 V を用いて，次式で与えられる．

$$P = VI = RI^2 = \frac{V^2}{R} \tag{2.1}$$

2.2　電力最大問題

　直流電圧源に二つの抵抗 R_0 と R を直列に接続した場合を考える．抵抗 R の値が可変であるとき，この抵抗 R で消費される電力が最大となる抵抗の値を求める．

　電圧源の起電力を E とするとき，抵抗 R の電圧降下 V は，分圧比より次式となる．

$$V = \frac{R}{R_0 + R} E \tag{2.2}$$

したがって，抵抗 R で消費される電力 P は次式で与えられる．

$$P = \frac{V^2}{R} = \frac{RE^2}{(R_0 + R)^2} \tag{2.3}$$

電力 P の抵抗 R による微分が 0 となるとき，電力 P は極値をとる．

$$\frac{dP}{dR} = \frac{R_0 - R}{(R_0 + R)^3} E^2 \tag{2.4}$$

式 (2.4) より，極値は $R = R_0$ のときのみとなる．$R = R_0$ 近傍での dP/dR の符号から，P は $R = R_0$ で最大となることがわかる．P の最大値は次式となる．

$$P_{\max} = \frac{E^2}{4R_0} \tag{2.5}$$

2.3 重ね合わせの理

多数の電源が存在する電気回路を流れる電流は，各電源がそれぞれ単独に（一つ）存在するときの電流を求め，それらを加算することによって求められる．これを，**重ね合わせの理**という．ただし，電源を一つだけ残してほかのすべての電源を取り除くときは，電圧源ならば短絡し，電流源ならば開放する．なぜなら，電圧源は内部で短絡されており，電流源は内部で開放されているからである．

例題 2.1 重ね合わせの理によって，図 2.1(a) の回路の電流 I_3 を求めよ．

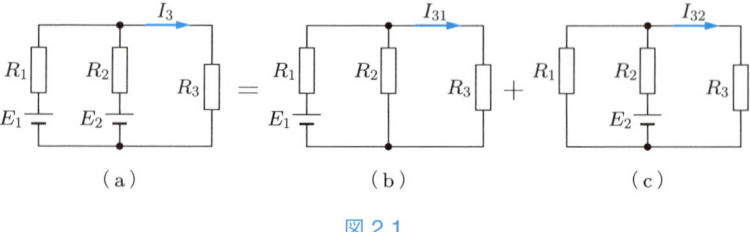

図 2.1

解 図 (a) の回路の電流 I_3 は，図 (b)，(c) のように電源を一つにした回路の電流 I_{31} と I_{32} の和で表される．

$$I_{31} = \frac{E_1}{R_1 + R_2 R_3 / (R_2 + R_3)} \frac{R_2}{R_2 + R_3} = \frac{R_2 E_1}{R_1 R_2 + R_2 R_3 + R_3 R_1}$$

$$I_{32} = \frac{E_2}{R_2 + R_1 R_3 / (R_1 + R_3)} \frac{R_1}{R_1 + R_3} = \frac{R_1 E_2}{R_1 R_2 + R_2 R_3 + R_3 R_1}$$

であるから，I_3 は次式となる．

$$I_3 = I_{31} + I_{32} = \frac{R_2 E_1 + R_1 E_2}{R_1 R_2 + R_2 R_3 + R_3 R_1}$$

2.4 テブナンの定理

図 2.2 に示すような電源を含む電気回路網内の任意の 2 端子 a-b に抵抗 R を接続す

るとき，R を流れる電流 I は次式で与えられる．

$$I = \frac{V_0}{R_0 + R} \tag{2.6}$$

ここで，R_0 は回路網内の電源を外して，端子 a-b から左側を見た回路の合成抵抗を表し，V_0 は端子 a-b を開放したときの端子 a-b 間の電圧を表す．これを**テブナンの定理**という．なお，電圧源を外すときは導線を短絡し，電流源を外すときは導線を開放する．

式 (2.6) で与えられるということは，回路網は図 2.3 の回路と等しいことを示している．図 2.3 のように，電圧源と抵抗を直列接続した回路を**テブナンの等価回路**という．

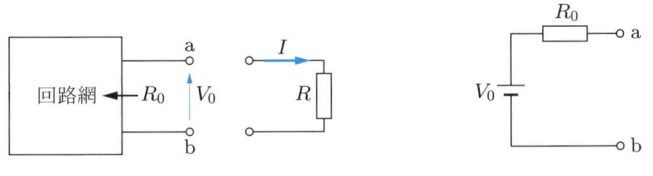

図 2.2　テブナンの定理　　　　　図 2.3　テブナンの等価回路

例題 2.2　テブナンの定理を証明せよ．

解　回路網には，n 個の電圧源 $E_1 \sim E_n$ と，m 個の電流源 $J_1 \sim J_m$ が存在すると考える．

図 2.4(a) のように，端子 a-b 間に二つの電圧源 E_a と E_b を抵抗 R と直列に接続する．$E_a = V_0$，$E_b = -V_0$ とすると，$E_a + E_b = V_0 - V_0 = 0$ となり，端子 a-b 間では電圧源が存在しないことと等しい．つまり，図 2.2 の端子 a-b 間に抵抗 R を接続した回路と等価である．

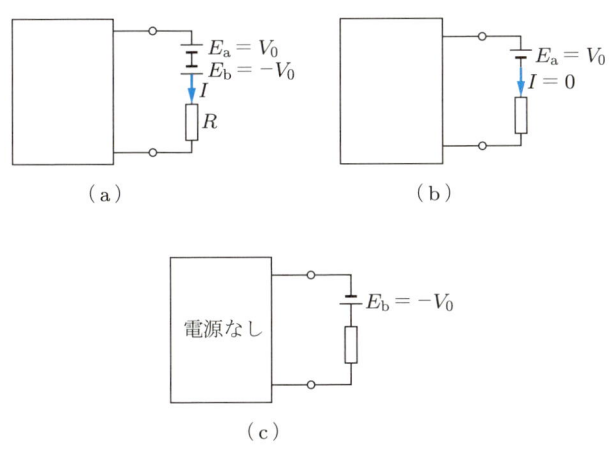

図 2.4

図 (b) のように，$E_b = 0$ とすると，電位差 V_0 の端子 a-b 間に $E_a = V_0$ の電圧源と抵抗 R が接続されているので，端子 a-b 間に電流は流れない．すなわち，抵抗 R には電流が流れない．

図 (c) のように，$E_a = 0$ とし，さらに回路網内のすべての電源を取り除き，電圧源は短絡，電流源は開放して，電圧源 E_b のみ残す．抵抗を流れる電流 I は $I = E_b/(R_0 + R)$ となる．$E_b = V_0$ であるから，$I = V_0/(R_0 + R)$ となる．

重ね合わせの理から，図 (a) の回路は，図 (b) の回路と図 (c) の回路の和で表される．なぜなら，図 (b) の回路には n 個の電圧源 $E_1 \sim E_n$ と，m 個の電流源 $J_1 \sim J_m$ と，1 個の電圧源 E_a が存在し，図 (c) の回路には電圧源 E_b のみが存在するからである．

図 (b) の回路で抵抗 R に流れる電流は 0 であるので，図 (a) の回路の抵抗 R に流れる電流 I は図 (c) の回路の抵抗 R に流れる電流 $I = V_0/(R_0 + R)$ に等しい．

例題 2.3 テブナンの定理を用いて，図 2.1(a) の回路の電流 I_3 を求めよ．

解 図 2.1(a) の回路を，図 2.5(a) のように抵抗 R_3 を回路から切り離して端子 a, b を接続する．

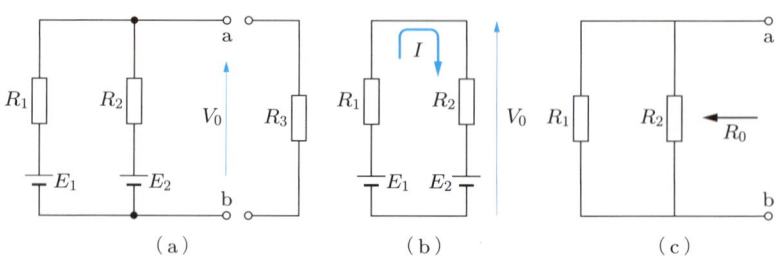

図 2.5

次に，テブナンの定理を用いるために，端子 a-b 間に現れる電圧 V_0 を求める．端子 a-b は開放しているので，図 2.5(b) のように，電流 I は抵抗 R_1 から R_2 へと流れる．したがって，二つの抵抗 R_1 と R_2 は直列接続となる．また，電圧源 E_1 と E_2 は逆向きに直列接続される．このとき，電流 I は次式で与えられる．

$$I = \frac{E_1 - E_2}{R_1 + R_2}$$

したがって，電圧 V_0 は次式となる．

$$V_0 = E_2 + R_2 I = E_2 + R_2 \frac{E_1 - E_2}{R_1 + R_2} = \frac{R_1 E_2 + R_2 E_1}{R_1 + R_2}$$

また，電圧源を取り外して回路を短絡し，端子 a-b から左を見た合成抵抗 R_0 は，図 2.5(c) より並列接続となり，次式で与えられる．

$$R_0 = \frac{R_1 R_2}{R_1 + R_2}$$

これらのことから，テブナンの定理の式 (2.6) より，抵抗 R_3 を流れる電流 I_3 は次式で得られる．

$$I_3 = \frac{V_0}{R_0 + R_3} = \frac{\dfrac{R_1 E_2 + R_2 E_1}{R_1 + R_2}}{\dfrac{R_1 R_2}{R_1 + R_2} + R_3} = \frac{R_1 E_2 + R_2 E_1}{R_1 + R_2} \cdot \frac{R_1 + R_2}{R_1 R_2 + R_2 R_3 + R_1 R_3}$$

$$= \frac{R_1 E_2 + R_2 E_1}{R_1 R_2 + R_2 R_3 + R_1 R_3}$$

これは，例題 2.1 と同じ結果である．

2.5 ノートンの定理

前節のテブナンの定理と同様に，図 2.6 のように電源を含む回路網の任意の 2 端子 a，b に抵抗 R を接続したとき，抵抗 R の電圧降下 V は次式で与えられる．

$$V = \frac{I_0}{1/R_0 + 1/R} \tag{2.7}$$

ここで，R_0 は回路網内の電源を取り除いて，端子 a-b から左側を見た回路の合成抵抗を表し，I_0 は端子 a-b を短絡したときの端子 a から b へ流れる電流を表す．これを**ノートンの定理**という．なお，電圧源を外すときは導線を短絡し，電流源を外すときは導線を開放する．

テブナンの定理は，電圧源と抵抗を直列接続した等価回路で任意の回路網を表したが，ノートンの定理は，電流源と抵抗を並列接続した図 2.7 のような等価回路でも表せることを示している．この回路を**ノートンの等価回路**という．

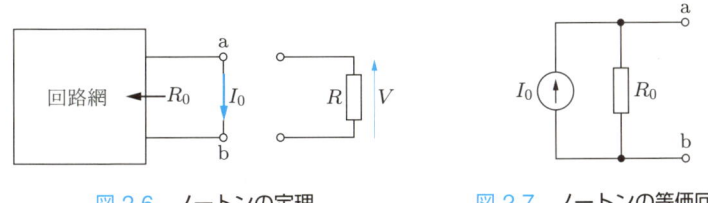

図 2.6　ノートンの定理　　　　図 2.7　ノートンの等価回路

例題 2.4　ノートンの定理を証明せよ．

解　回路網には，n 個の電圧源 $E_1 \sim E_n$ と，m 個の電流源 $J_1 \sim J_m$ が存在すると考える．

図 2.8(a) のように，端子 a-b 間に二つの電流源 J_a と J_b を互いに逆向きに抵抗 R と並列に接続する．$J_a = I_0$，$J_b = I_0$ とすると，端子 a-b 間では $J_a - J_b = I_0 - I_0 = 0$ となり，電流源が存在しないことと等しい．つまり，図 2.6 の端子 a-b 間に抵抗 R を接続した回路と等価である．

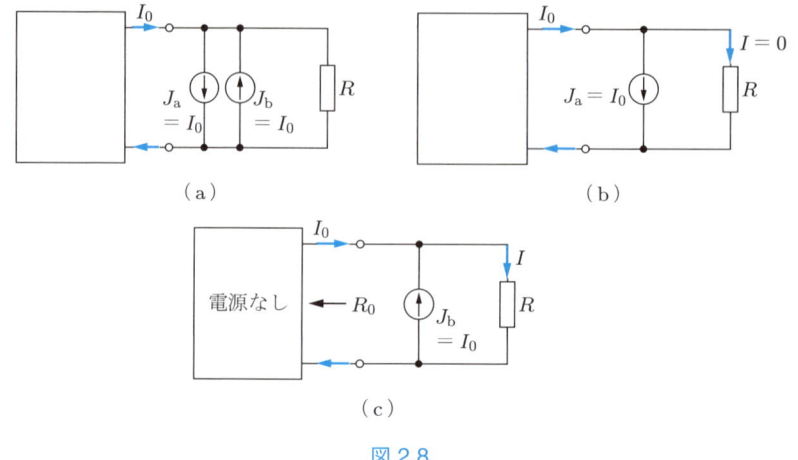

図 2.8

　図 (b) のように，$J_b = 0$ とすると，端子 a-b 間には $J_a = I_0$ の電流源と抵抗 R が並列に接続したことになり，抵抗 R には回路網からの電流と J_a からの電流が逆方向となり，電流が流れない．すなわち，抵抗 R の電圧降下 V_R は 0 である．

　図 (c) のように，$J_a = 0$ とし，さらに回路網内のすべての電源を取り除き，電圧源は短絡，電流源は開放して，電圧源 J_b のみ残す．抵抗の両端の電圧 V は $V = I_b/(1/R_0 + 1/R)$ となる．$J_b = I_0$ であるから，$V = I_0/(1/R_0 + 1/R)$ となる．

　重ね合わせの理から，図 (a) の回路は，図 (b) の回路と図 (c) の回路の和で表される．なぜなら，図 (b) の回路には n 個の電圧源 $E_1 \sim E_n$ と，m 個の電流源 $J_1 \sim J_m$ と，1 個の電流源 J_a が存在し，図 (c) の回路には電流源 J_b のみが存在するからである．

　図 (b) の回路で抵抗 R の両端の電圧は 0 であるので，図 (a) の回路の抵抗 R の両端の電圧 V は，図 (c) の回路の抵抗 R の両端の電圧 $V = I_0/(1/R_0 + 1/R)$ に等しい．

2.6 電源の内部抵抗

　電圧源と電流源は，接続される回路がどのようなものであっても，つねに一定の電圧または電流を回路に供給するものであるが，現実にそのような素子は存在しない．たとえば，乾電池は 1.5 [V] の電圧源として市販されているが，厳密には接続される回路によって電圧は変化する．また，使用時間とともに電圧が下がることはよく経験している．このような，電池の電圧の経時的な変化を含めて回路を考えるためには，電源に抵抗を接続した図 2.9(a) のような回路を用いる必要がある．この抵抗 r を**内部抵抗**という．

　内部抵抗を含む電源と対比して，つねに一定の電圧と電流を供給する電源を，それぞれ**理想電圧源**，**理想電流源**という．したがって，図 (a) の E が理想電圧源，r が内

2.6 電源の内部抵抗

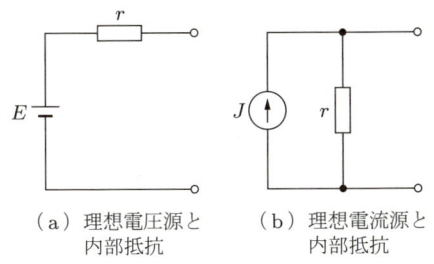

(a) 理想電圧源と内部抵抗　　(b) 理想電流源と内部抵抗

図 2.9　内部抵抗を含む電源

部抵抗，図 (b) の J が理想電流源，r が内部抵抗（または内部コンダクタンス $= 1/r$）となる．

　1.1.5 項「電源」で述べたような水流のモデルで，理想電圧源と理想電流源を考えてみよう．電圧源は，二つの水槽をパイプでつないだ図 1.5(b) のモデルで，二つの水槽の水位をつねに一定にするため，下位の水槽の水をポンプで汲み上げて上位の水槽に供給する循環モデルであると述べた．理想電圧源は，どのような抵抗を接続してもつねに一定の電位差を与える必要があるので，ポンプには下位の水槽の水圧から上位の水槽の水圧へ上昇させる能力が必要である．しかし，たとえば，ポンプの性能が時間とともに低下すると，図 2.10 のように流量が減少する．その結果，上位の水槽の水位は下がり，下位の水槽の水位が上がり，水車にかかる水圧は小さくなる．つまり，ポンプ能力の低下が発生することと同じように，電圧源では直列に接続された内部抵抗による電圧降下によって出力電圧が低下する．

　一方，電流源は，蛇口にホースを接続して，水車に一定の流量の水を供給し，排出するモデルであると述べた．理想電流源は，どのような抵抗を接続してもつねに一定の電流を流す必要があるので，水流のたとえでは，どのような大きさの水車を接続し

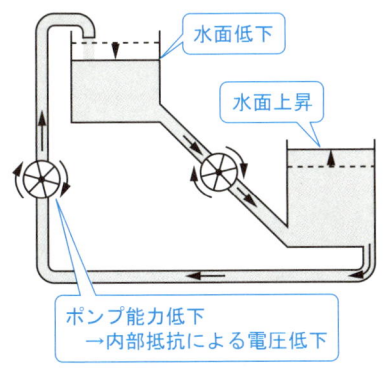

図 2.10　電圧源と内部抵抗に相当する水槽とポンプ

てもつねに一定の流量を供給する必要がある．しかし，たとえば，蛇口を密閉しているゴムが時間とともに劣化すると，図 2.11 のように水漏れを起こす．つまり，水漏れが水車へ供給される流量の減少を引き起こすことと同じように，電流源から出力される電流が負荷抵抗と並列に接続された内部抵抗に分かれて流れるため，出力電流が低下する．

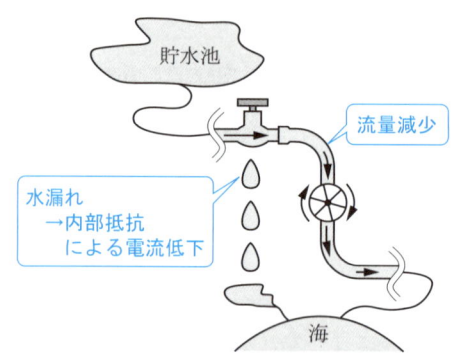

図 2.11　電流源と内部抵抗に相当する蛇口と水漏れ

2.7　電流と電圧の測定

　これまで，回路を流れる電流や各点での電位がいかにして計算されるかについて考えてきたが，ここでは，実際にそれらの量を測定する方法について考えてみよう．ある回路の導線を流れる電流を測定するためには，図 2.12(a) のように抵抗を導線に直列に接続し，その抵抗での電圧降下を測定すればよい．この抵抗の値は小さい必要がある．なぜなら，抵抗の値が大きいと電圧降下が大きくなり，回路を流れる電流が抵抗を接続する前より小さくなるからである．

　これを水流の例で考えてみると，図 (b) のように，ホース中に測定用の水車を接続

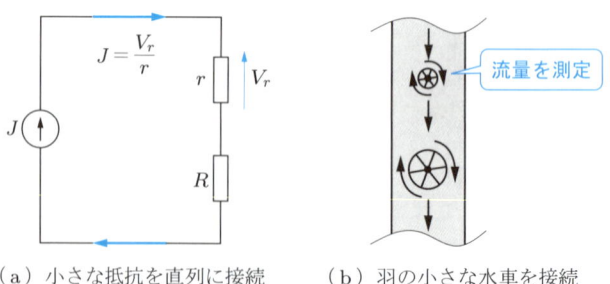

（a）小さな抵抗を直列に接続　　（b）羽の小さな水車を接続

図 2.12　電流の測定

して，回転速度から流量を測定することにあたる．このとき，測定用の水車自体が大きいと，それによって流れが妨げられ，水圧の差が生じて流量が変化してしまう．したがって，ホース中の流量を正確に測定するためには，測定用の水車は，流れを妨げない小さな回転しやすい水車でなければならない．これを電流に置き換えて考えてみると，なるべく小さい値をもつ抵抗を直列に接続することによって測定すればよいことになる．すなわち，ある回路の導線を流れる電流を測定するためには，内部抵抗の小さい電流計を直列に接続して，その電圧降下から推定する．

次に，回路中の任意の 2 点間の電位差を測定することを考えよう．そのためには，図 2.13(a) のように 2 点間に値の大きな抵抗を並列に接続して，その抵抗での電圧降下を測定する．これを水流の例で考えると，ある 2 点間の水圧を測定するために，その 2 点間を迂回するようにホースと水車を接続して，図 (b) のように，水車に少量の水を流して水圧の低下を測定することにあたる．このとき，この水車を流れる水の流量が大きいと，測定しようとする 2 点の水圧の差が迂回ホースを接続する前と比較して小さくなってしまう．つまり，迂回ホースに接続する水車は大きな羽根で回転しにくいことが必要である．このことは，電圧を測定するために，大きな抵抗を並列に接続して小さい電流によって抵抗での電圧降下を測定することと同じである．

電流源と電圧源，電流計と電圧計の内部抵抗の値とその接続方法を，まとめて表 2.1 に示す．

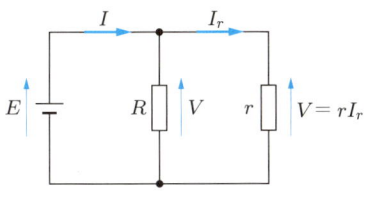 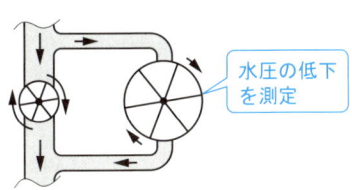

（a）大きな抵抗を並列に接続　　　　（b）羽の大きな水車を接続

図 2.13　電圧の測定

表 2.1　電流・電圧と内部抵抗

種　類	理想電流源	理想電圧源	電流計	電圧計
接続方法	内部抵抗を並列に接続	内部抵抗を直列に接続	直列に接続	並列に接続
内部抵抗	∞（開放）	0（短絡）	小	大

例題 2.5 内部抵抗 20 [kΩ] の 100 [V] レンジ（最大指示値 100 [V]）の直流電圧計がある．内部抵抗に抵抗を追加してこの電圧計を 600 [V] レンジにするには，どのようにすればよいか．

解 電圧計の指示目盛りは，内部抵抗を流れる電流に比例するように作られる．内部抵抗 20 [kΩ] で 100 [V] の電圧降下があるとき，この抵抗には 100 [V]/20 [kΩ] = 5 [mA] の電流が流れる．この電圧計を 600 [V] レンジにするためには，内部抵抗を流れる電流が 5 [mA] で 600 [V] の電圧降下となる必要となる．したがって，内部抵抗を 600 [V]/5 [mA] = 120 [kΩ] とすれば，600 [V] レンジとなる．したがって，120 [kΩ] − 20 [kΩ] = 100 [kΩ] の抵抗を直列に接続すればよい．これを**倍率器**とよぶ．

◯ 演習問題 ◯

2.1 問図 2.1 の回路において，$I_1 + I_2 = I_0$（一定）であるとき，以下の問いに答えよ．
  (1) 回路全体で消費される電力 P を I_0, I_1, R_1, R_2 を用いて表せ．
  (2) (1) の状態で I_1 を変化させるとき，消費電力 P を最小とする I_1 を求めよ．

2.2 問図 2.2 の回路において，抵抗 R における消費電力を最大にする R の値と，そのときの消費電力 $P_{\max}$ を求めよ．

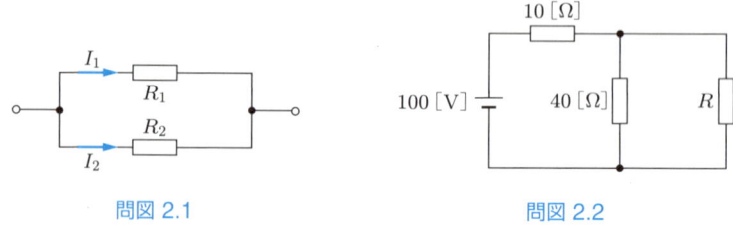

問図 2.1　　　　　　　　　問図 2.2

2.3 100 [V] で 60 [W] および 40 [W] の電球を直列に接続して，100 [V] の電源に接続する．どちらの電球が明るく点灯するか．なお，消費電力の大きい方が明るく点灯する．

2.4 問図 2.3 の回路において，以下の問いに答えよ．
  (1) 端子 b-b' を開放するとき，端子 b-b' 間に現れる電圧 V_2 を求めよ．
  (2) 端子 b-b' を短絡するとき，R_2 に流れる電流 I_2 を求めよ．
  次に，抵抗 R を端子 b-b' 間に接続する．このとき，
  (3) 端子 b-b' 間に現れる電圧 V_2' を求めよ．
  (4) R の大きさを変化させるとき，R_1 に流れる電流は影響を受けるか．

2.5 問図 2.4 の回路について，以下の問いに答えよ．
  (1) 電圧源のみが動作しているときの抵抗 R_2 に流れる電流 I' を求めよ．
  (2) 電流源のみが動作しているときの抵抗 R_2 に流れる電流 I'' を求めよ．
  (3) 二つの電源が同時に動作しているときの抵抗 R_2 に流れる電流 I を求めよ．

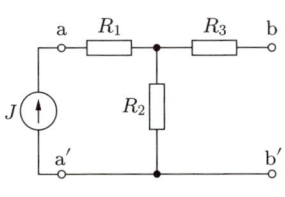
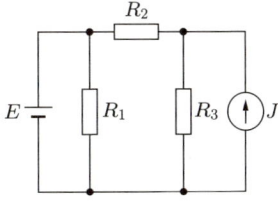

問図 2.3   問図 2.4

2.6 問図 2.5 は，コンダクタンス G と電圧源 E の直列接続素子を，n 個並列接続した回路を示す．このとき，以下の問いに答えよ．
    (1) 電圧源 E_1 のみを駆動するとき，端子 a-b 間に現れる電圧 V_1 を求めよ．
    (2) (1) の結果を用いて，すべての電圧源が駆動されているときの端子 a-b 間に現れる電圧 E_0 を求めよ．
    (3) 電圧源 E_1 のみを駆動し，端子 a-b 間を短絡するとき，端子 a-b 間を流れる電流 I_1 を求めよ．
    (4) (3) の結果を用いて，すべての電圧源を駆動するとき，端子 a-b 間の短絡電流 J_0 を求めよ．

2.7 問図 2.6 の回路において，電流 I の大きさは，スイッチ S を閉じた場合の方が S を開いた場合より 2 倍大きくなった．このときの抵抗 R の値を求めよ．ただし，$R_1 = 100\,[\Omega]$，$R_2 = 200\,[\Omega]$ とする．

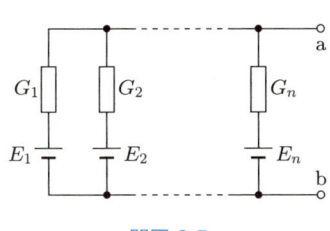
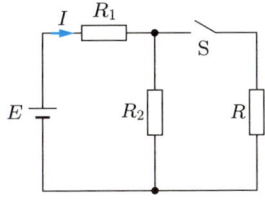

問図 2.5   問図 2.6

2.8 問図 2.7 の回路で，E は理想電圧源である．
    (1) テブナンの定理を用いて，端子 a-b から左側の回路を等価電圧源（テブナンの等価回路）で表せ．
    (2) ノートンの定理を用いて，端子 a-b から左側の回路を等価電流源（ノートンの等価回路）で表せ．
    (3) 端子 a-b 間に抵抗 R_x を接続したときに，この抵抗を流れる電流 I_x を求めよ．
2.9 問図 2.8 の回路で，E は理想電圧源である．
    (1) テブナンの定理を用いて，端子 a-b から左側の回路を等価電圧源（テブナンの等価回路）で表せ．

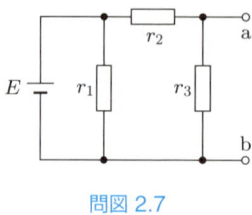

問図 2.7

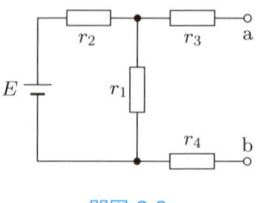

問図 2.8

(2) ノートンの定理を用いて，端子 a-b から左側の回路を等価電流源（ノートンの等価回路）で表せ．

(3) 端子 a-b 間に抵抗 R_x を接続したときに，この抵抗を流れる電流 I_x を求めよ．

2.10 問図 2.9 の回路の J は，理想電流源である．また，G_1, G_2, G_3 はコンダクタンスである．

(1) テブナンの定理を用いて，端子 a-b から左側の回路を等価電圧源（テブナンの等価回路）で表せ．

(2) ノートンの定理を用いて，端子 a-b から左側の回路を等価電流源（ノートンの等価回路）で表せ．

(3) 端子 a-b 間にコンダクタンス G_x を接続したときに，G_x を流れる電流 I_x を求めよ．

2.11 問図 2.10 の回路の E は，理想電圧源である．

(1) テブナンの定理を用いて，端子 a-b から左側の回路を等価電圧源（テブナンの等価回路）で表せ．

(2) ノートンの定理を用いて，端子 a-b から左側の回路を等価電流源（ノートンの等価回路）で表せ．

(3) 端子 a-b 間に抵抗 R_x を接続したときに，この抵抗を流れる電流 I_x を求めよ．

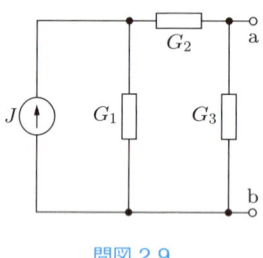

問図 2.9

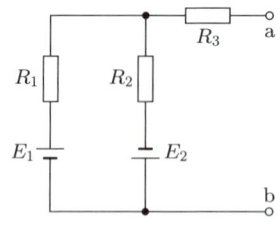

問図 2.10

2.12 問図 2.11 の回路について，以下の問いに答えよ．

(1) 端子 a-b から見た右側の回路を，テブナンの定理を用いて等価電圧源と抵抗で表せ．

(2) 抵抗 R における消費電力が最大となるときの R の値と消費電力 P を求めよ．ただし，$R_1 = 1\,[\Omega]$，$R_2 = 4\,[\Omega]$，$R_3 = 3\,[\Omega]$，$R_4 = 2\,[\Omega]$，$E = 100\,[\mathrm{V}]$ と

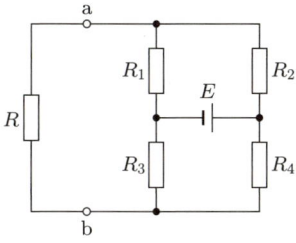

問図 2.11

する.

2.13 問図 2.12 の回路において，端子 a-b 間の等価な電圧源と等価な電流源を，それぞれテブナンの定理とノートンの定理を用いて示せ.

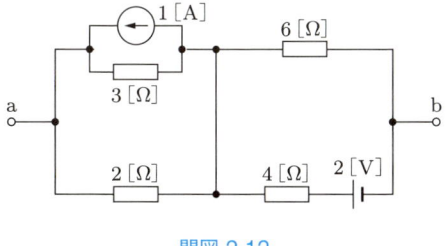

問図 2.12

2.14 200 [V] レンジ（最大指示値 200 [V]）の電圧計 2 個で 250 [V] の電圧を測定したい．電圧計の内部抵抗を 20 [kΩ] と 15 [kΩ] とすると，それぞれの電圧計の指示は何 [V] になるか．

第3章　回路解析法

簡単な電気回路であれば，直列接続と並列接続の組み合わせで表すことができる．しかし，複雑な電気回路では，このような組み合わせで表すことができない．そこで，本章ではどのような回路でも，その回路を流れる電流と各点での電圧を計算できる一般的な解析法について述べる．

3.1　キルヒホッフの法則

電気回路において，電源や抵抗などの回路素子を接続している点を**節点** (node) といい，隣接する節点をつないだ導線を**枝** (branch) という．枝は複数の素子で構成されてもよい．ある節点から同じ枝を2度通ることなくもとの節点に戻る回路を**閉路** (loop) という．

たとえば，図 3.1 のような回路の黒点および白点で表した点 $1, 2, \cdots, 5$ が節点であり，節点 1 と 2 を結ぶ抵抗 R_1 を含む線路が枝である．また，節点 1 と 3 を結ぶ抵抗 R_1 と電圧源 E_1 を含む線路も枝である．

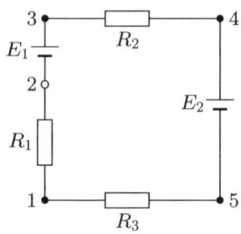

図 3.1　枝と節点

閉路および節点では，次に示すキルヒホッフの法則が成り立つ．
(1) **キルヒホッフの電圧則** (Kirchhoff's voltage law; KVL)：回路中の任意の閉路において，その閉路を構成する各枝の起電力の総和と電圧降下の総和は等しい (図 3.2)．
(2) **キルヒホッフの電流則** (Kirchhoff's current law; KCL)：回路中の任意の節点において，その節点に流入する電流の総和は流出する電流の総和に等しい (図 3.3)．

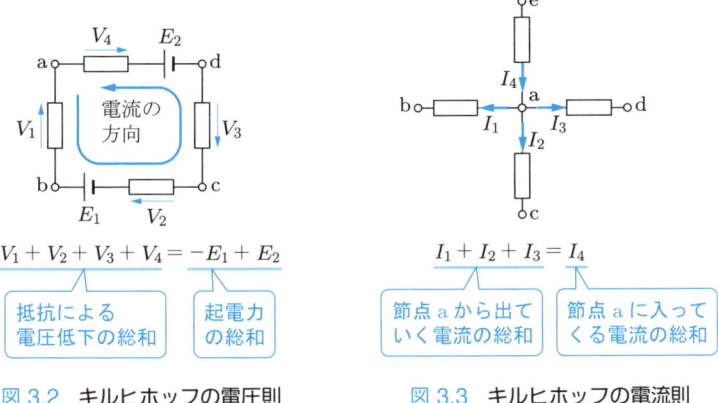

V_4
E_2
a
d
電流の方向
V_1
V_3
b
c
E_1
V_2
$V_1 + V_2 + V_3 + V_4 = -E_1 + E_2$
抵抗による電圧低下の総和
起電力の総和

図 3.2　キルヒホッフの電圧則

e
I_4
a
b
d
I_1
I_3
I_2
c
$I_1 + I_2 + I_3 = I_4$
節点 a から出ていく電流の総和
節点 a に入ってくる電流の総和

図 3.3　キルヒホッフの電流則

この二つの法則は，すべての回路で一般的に成り立つ重要な基本法則である．これらを基にした回路解析の方法を，次節以降で示す．

3.2 閉路解析法

キルヒホッフの電圧則を用いて電流を求める方法の一つに，**閉路解析法**がある．その手順を以下に示す．

(1) 抵抗とコンダクタンスが混在する場合は，コンダクタンスをすべて抵抗で表す．

(2) 電流源を電圧源に変換して，すべての電源を電圧源で表す．

(3) すべての枝が最低 1 回は通る必要最小の独立な閉路を設定する．独立閉路の数 l は，回路網の節点の数を n，枝の和を b とすると，次式で表せる．

$$l = b - n + 1 \tag{3.1}$$

(4) それぞれの閉路に未知の**閉路電流**を定義し，その閉路に KVL を適用することによって，未知電流に対する連立方程式を導く．これを**閉路方程式**という．

(5) 閉路方程式を解く．

次の例題で，具体的な解析手順を確かめよう．

例題 3.1　図 3.4 の回路における閉路電流 I_1 と I_2 を，閉路解析法によって求めよ．ただし，$R_1 = 10\,[\Omega]$，$R_2 = 5\,[\Omega]$，$E_1 = 20\,[\mathrm{V}]$，$E_2 = 10\,[\mathrm{V}]$ とする．

解　手順 (1)〜(3) は問題文ですでに完了しているので必要ない．手順 (4) から始める．

R_1
E_1
I_1
R_2
I_2
E_2

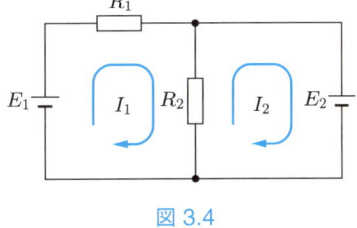

図 3.4

電圧降下の総和＝起電力の総和より，閉路 1 と 2 について閉路方程式を導く．

$$\begin{cases} 閉路 1: R_1 I_1 + R_2 (I_1 - I_2) = (R_1 + R_2) I_1 - R_2 I_2 = E_1 \\ 閉路 2: R_2 (I_2 - I_1) = -R_2 I_1 + R_2 I_2 = -E_2 \end{cases}$$

行列で表すと，

$$\begin{bmatrix} R_1 + R_2 & -R_2 \\ -R_2 & R_2 \end{bmatrix} \begin{bmatrix} I_1 \\ I_2 \end{bmatrix} = \begin{bmatrix} E_1 \\ -E_2 \end{bmatrix}$$

となる．それぞれの抵抗と電源の数値を代入する．

$$\begin{bmatrix} 15 & -5 \\ -5 & 5 \end{bmatrix} \begin{bmatrix} I_1 \\ I_2 \end{bmatrix} = \begin{bmatrix} 20 \\ -10 \end{bmatrix}$$

逆行列を用いて解く．

$$\begin{bmatrix} I_1 \\ I_2 \end{bmatrix} = \begin{bmatrix} 15 & -5 \\ -5 & 5 \end{bmatrix}^{-1} \begin{bmatrix} 20 \\ -10 \end{bmatrix} = \frac{1}{75 - 25} \begin{bmatrix} 5 & 5 \\ 5 & 15 \end{bmatrix} \begin{bmatrix} 20 \\ -10 \end{bmatrix}$$

$$= \begin{bmatrix} 1/10 & 1/10 \\ 1/10 & 3/10 \end{bmatrix} \begin{bmatrix} 20 \\ -10 \end{bmatrix} = \begin{bmatrix} 1 \\ -1 \end{bmatrix}$$

したがって，$I_1 = 1\,[\mathrm{A}]$，$I_2 = -1\,[\mathrm{A}]$ である．

3.3 クラーメルの解法

未知の閉路電流が 3 以上になると，逆行列を求めるのは難しくなる．連立方程式

$$\begin{cases} R_{11} I_1 + R_{12} I_2 + R_{13} I_3 = E_1 \\ R_{21} I_1 + R_{22} I_2 + R_{23} I_3 = E_2 \\ R_{31} I_1 + R_{32} I_2 + R_{33} I_3 = E_3 \end{cases} \tag{3.2}$$

は，次式のような行列の乗算で表せる．

$$\begin{bmatrix} R_{11} & R_{12} & R_{13} \\ R_{21} & R_{22} & R_{23} \\ R_{31} & R_{32} & R_{33} \end{bmatrix} \begin{bmatrix} I_1 \\ I_2 \\ I_3 \end{bmatrix} = \begin{bmatrix} E_1 \\ E_2 \\ E_3 \end{bmatrix} \tag{3.3}$$

クラーメルの解法を用いると，式 (3.2) または式 (3.3) の解は次式で与えられる．

$$I_1 = \frac{1}{\Delta} \begin{vmatrix} E_1 & R_{12} & R_{13} \\ E_2 & R_{22} & R_{23} \\ E_3 & R_{32} & R_{33} \end{vmatrix}, \quad I_2 = \frac{1}{\Delta} \begin{vmatrix} R_{11} & E_1 & R_{13} \\ R_{21} & E_2 & R_{23} \\ R_{31} & E_3 & R_{33} \end{vmatrix},$$

$$I_3 = \frac{1}{\Delta} \begin{vmatrix} R_{11} & R_{12} & E_1 \\ R_{21} & R_{22} & E_2 \\ R_{31} & R_{32} & E_3 \end{vmatrix}$$

$$\Delta = \begin{vmatrix} R_{11} & R_{12} & R_{13} \\ R_{21} & R_{22} & R_{23} \\ R_{31} & R_{32} & R_{33} \end{vmatrix}$$

ここで，| | は行列式を表す．3 行 3 列の行列式は，以下のように展開される．

$$\Delta = R_{11}R_{22}R_{33} + R_{21}R_{32}R_{13} + R_{12}R_{23}R_{31}$$
$$- R_{13}R_{22}R_{31} - R_{12}R_{21}R_{33} - R_{23}R_{32}R_{11}$$

この展開は，図 3.5 のように覚えると便利である（注意：このたすき掛けの覚え方は 4 行 4 列以上になると使えない）．

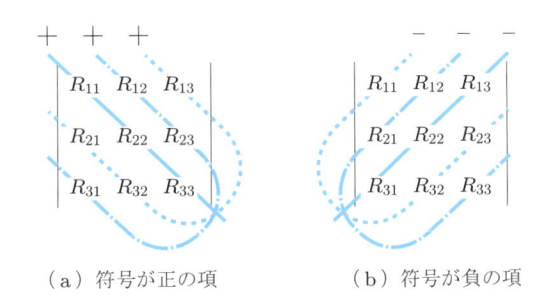

（a）符号が正の項　　　（b）符号が負の項

図 3.5　たすき掛けによる行列式の展開

3.4　節点解析法

　回路の各節点に未知の電位を定義し，それぞれの節点でキルヒホッフの電流則を適用して方程式を導き，その連立方程式を解いて未知電位を求める方法を**節点解析法**という．以下にその手順を示す．
(1) 回路に抵抗とコンダクタンスが混在する場合は，抵抗をすべてコンダクタンスで表す．
(2) すべての電源を，電流源と内部コンダクタンスに置き換えて表す．
(3) 適当な節点を**基準節点**とし，その節点の電位を 0 とする．
(4) 基準節点以外の節点に対する電位を未知変数とする．
(5) 各節点にキルヒホッフの電流則を適用して，未知変数と同数の方程式を導く．これを**節点方程式**という．

(6) 節点方程式を解いて，未知の電位を求める．

次の例題で，具体的な解析手順を確かめよう．

例題 3.2 図 3.6 の回路における節点 0 を基準として，節点 1, 2, 3 の電位 V_1, V_2, V_3 を求めよ．ただし，$G_1 = 1/2\,[\mathrm{S}]$, $G_2 = 1\,[\mathrm{S}]$, $G_3 = 1/2\,[\mathrm{S}]$, $G_4 = 1\,[\mathrm{S}]$, $J_1 = 1\,[\mathrm{A}]$, $J_2 = 2\,[\mathrm{A}]$ とする．

解 手順 (1)〜(4) は問題文で完了している．

流出する電流を左辺，流入する電流を右辺におく．電流は，高い電位の節点から低い電位の節点へ流れることに注意すると，次式を得る．

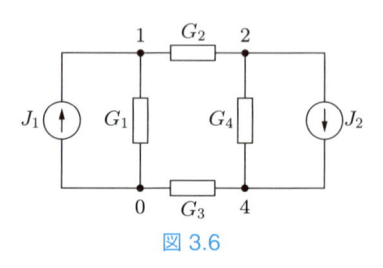

節点 1：$G_1 V_1 + G_2 (V_1 - V_2) = (G_1 + G_2) V_1 - G_2 V_2 = J_1$

節点 2：$G_2 (V_2 - V_1) + G_4 (V_2 - V_4) = -G_2 V_1 + (G_2 + G_4) V_2 - G_4 V_4 = -J_2$

節点 3：$G_3 V_4 + G_4 (V_4 - V_2) = -G_4 V_2 + (G_3 + G_4) V_4 = J_2$

コンダクタンスと電流の値を代入して，節点方程式を行列で表すと次式となる．

$$\begin{bmatrix} 3/2 & -1 & 0 \\ -1 & 2 & -1 \\ 0 & -1 & 3/2 \end{bmatrix} \begin{bmatrix} V_1 \\ V_2 \\ V_3 \end{bmatrix} = \begin{bmatrix} 1 \\ -2 \\ 2 \end{bmatrix}$$

クラーメルの解法で解く．

$$\Delta = \frac{9}{2} - \left(\frac{3}{2} + \frac{3}{2} \right) = \frac{3}{2},$$

$$V_1 = \frac{1}{\Delta} \begin{vmatrix} 1 & -1 & 0 \\ -2 & 2 & -1 \\ 2 & -1 & 3/2 \end{vmatrix} = \frac{3 + 2 - (3 + 1)}{3/2} = \frac{2}{3}\,[\mathrm{V}],$$

$$V_2 = \frac{1}{\Delta} \begin{vmatrix} 3/2 & 1 & 0 \\ -1 & -2 & -1 \\ 0 & 2 & 3/2 \end{vmatrix} = \frac{-9/2 - (-3 - 3/2)}{3/2} = 0\,[\mathrm{V}],$$

$$V_3 = \frac{1}{\Delta} \begin{vmatrix} 3/2 & -1 & 1 \\ -1 & 2 & -2 \\ 0 & -1 & 2 \end{vmatrix} = \frac{6 + 1 - (2 + 3)}{3/2} = \frac{4}{3}\,[\mathrm{V}].$$

図 3.6

● 演習問題 ●

3.1 問図 3.1 の回路について，以下の問いに答えよ．

(1) 三つの閉路電流を仮定して，各閉路に対する KVL (キルヒホッフの電圧則) に基づいて閉路方程式を立てよ．

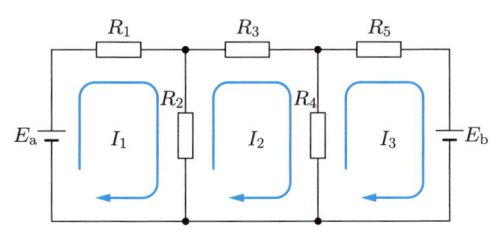

問図 3.1

(2) クラーメルの解法を用いて仮定した三つの閉路電流を計算せよ．ただし，$R_1 = 1\,[\Omega]$, $R_2 = 2\,[\Omega]$, $R_3 = 3\,[\Omega]$, $R_4 = 1\,[\Omega]$, $R_5 = 5\,[\Omega]$, $E_\mathrm{a} = 2\,[\mathrm{V}]$, $E_\mathrm{b} = 1\,[\mathrm{V}]$ とする．

3.2 問図 3.2 の回路について，以下の問いに答えよ．
(1) 三つの閉路電流を仮定して，各閉路に対する KVL（キルヒホッフの電圧則）に基づいて閉路方程式を立てよ．
(2) クラーメルの解法を用いて仮定した三つの閉路電流を計算せよ．ただし，$E_1 = 2\,[\mathrm{V}]$, $E_2 = 3\,[\mathrm{V}]$, $E_3 = 5\,[\mathrm{V}]$, $R_1 = 2\,[\Omega]$, $R_2 = 1\,[\Omega]$, $R_3 = 1\,[\Omega]$, $R_4 = 3\,[\Omega]$, $R_5 = 2\,[\Omega]$, $R_6 = 1\,[\Omega]$ とする．
(3) 抵抗 R_2 を流れる電流を求めよ．

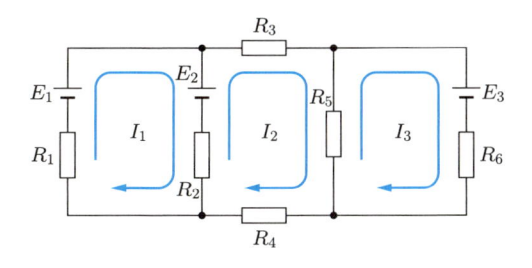

問図 3.2

3.3 問図 3.3 の回路において，端子 a-b 間の電圧 V を閉路解析法によって求めよ．

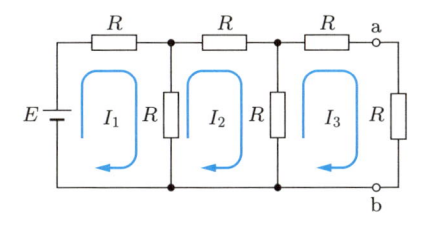

問図 3.3

3.4 問図 3.4 の回路において，閉路電流を図のように仮定するとき，この回路の閉路方程式を示せ．

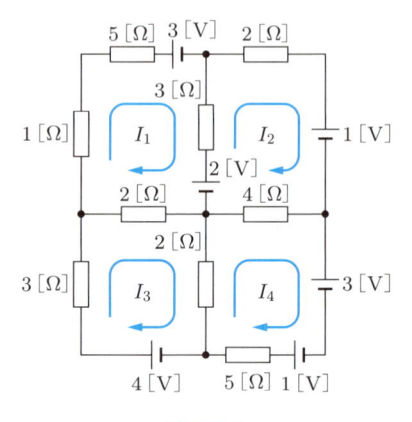

問図 3.4

3.5 問図 3.5 の回路において，閉路解析法によって抵抗 R_1, R_2, R_5 を流れる電流 I_1, I_2, I_3 を求めよ．ただし，$R_0 = 1\,[\Omega]$, $R_1 = 1\,[\Omega]$, $R_2 = 2\,[\Omega]$, $R_3 = 3\,[\Omega]$, $R_4 = 4\,[\Omega]$, $R_5 = 5\,[\Omega]$, $E_1 = 1\,[V]$, $E_2 = 2\,[V]$, $J = 1\,[A]$ とする．

3.6 問図 3.6 の回路の抵抗 R_5 に流れる電流を求めよ．ただし，$R_1 = 1\,[\Omega]$, $R_2 = 2\,[\Omega]$, $R_3 = 3\,[\Omega]$, $R_4 = 4\,[\Omega]$, $R_5 = 5\,[\Omega]$, $E = 1\,[V]$ とする．

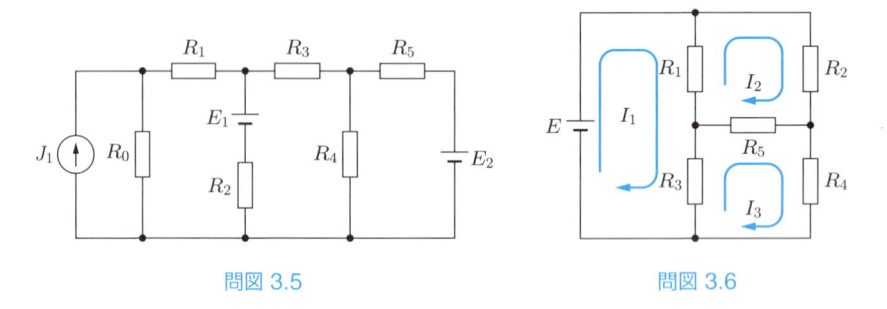

問図 3.5　　　問図 3.6

3.7 問図 3.7 の回路の端子 a-b 間の電圧を閉路解析法で求めよ．
3.8 問図 3.8 の回路について，以下の問いに答えよ．
  (1) 抵抗をコンダクタンスで表し，電圧源を電流源に置き換えた回路を示せ．
  (2) 節点 4 を基準電位 0 として，節点 1, 2, 3 での電位 V_1, V_2, V_3 に関する節点方程式を導け（KCL を用いよ）．
  (3) クラーメルの解法を用いて，三つの節点 1, 2, 3 の電位を計算せよ．ただし，$E_1 = 1\,[V]$, $E_2 = 2\,[V]$, $R_1 = 1\,[\Omega]$, $R_2 = 2\,[\Omega]$, $R_3 = 2\,[\Omega]$, $R_4 = 1\,[\Omega]$, $R_5 = 2\,[\Omega]$, $R_6 = 2\,[\Omega]$ とする．

問図 3.7   問図 3.8

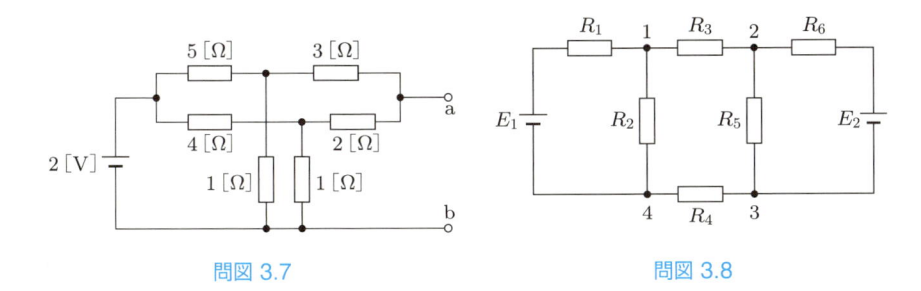

3.9 問図 3.9 の回路について，以下の問いに答えよ．
   (1) 抵抗をコンダクタンスで表し，電圧源を電流源に置き換えた回路を示せ．
   (2) 節点 4 を基準電位 0 として，節点 1, 2, 3 の電位 V_1, V_2, V_3 に関する節点方程式を導け．
   (3) クラーメルの解法を用いて，三つの節点 1, 2, 3 の電位を計算せよ．

3.10 問図 3.10 の回路について，以下の問いに答えよ．
   (1) 抵抗をコンダクタンスで表し，電圧源を電流源に置き換えた回路を示せ．
   (2) 節点 3 を基準電位 0 として，節点 1, 2, 4, 5 における電位 V_1, V_2, V_4, V_5 に関する節点方程式を導け．

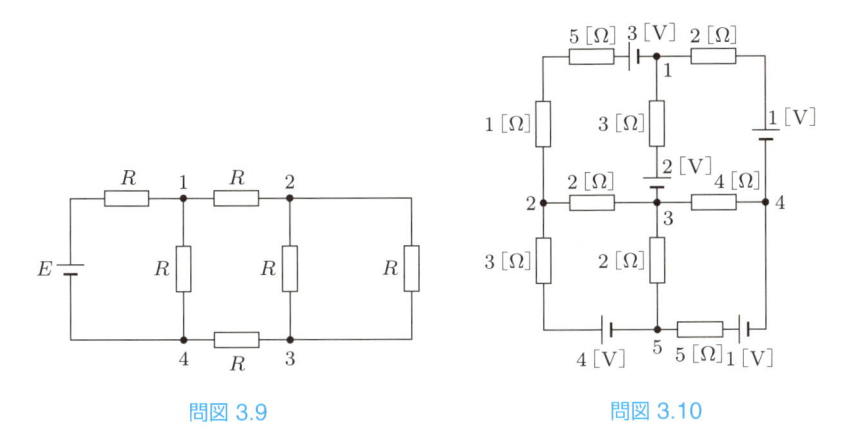

問図 3.9   問図 3.10

3.11 問図 3.11 の回路について，以下の問いに答えよ．
   (1) 電圧源を電流源と内部コンダクタンスに置き換えた回路を示せ．
   (2) 節点 4 を基準電位 0 としたときの節点 1, 2, 3 における電位 V_1, V_2, V_3, に関する節点方程式を立てよ．KCL を用いよ．
   (3) クラーメルの解法によって，電位 V_1, V_2, V_3, を求めよ．ただし，$E_1 = 2\,[\mathrm{V}]$, $E_2 = 3\,[\mathrm{V}]$, $E_3 = 5\,[\mathrm{V}]$, $R_1 = 2\,[\Omega]$, $R_2 = 1\,[\Omega]$, $R_3 = 1\,[\Omega]$, $R_4 = 3\,[\Omega]$, $R_5 = 2\,[\Omega]$, $R_6 = 1\,[\Omega]$ とする．

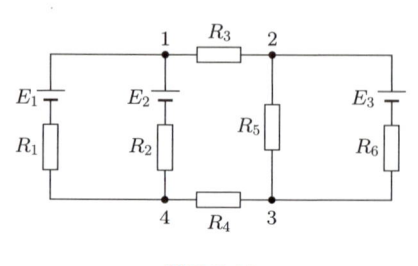

問図 3.11

3.12 問図 3.12 の回路の端子 a-b 間の電圧 V_b を節点解析法で求めよ．

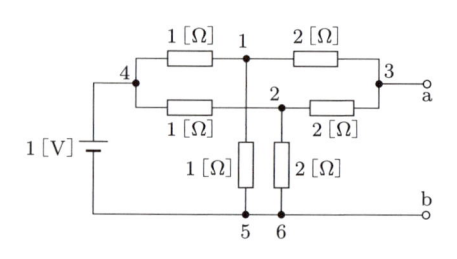

問図 3.12

3.13 問図 3.13 の回路における各閉路を流れる電流を定義して，閉路方程式を立てよ．
3.14 問図 3.14 の回路における各閉路を流れる電流を定義して，閉路方程式を立てよ．

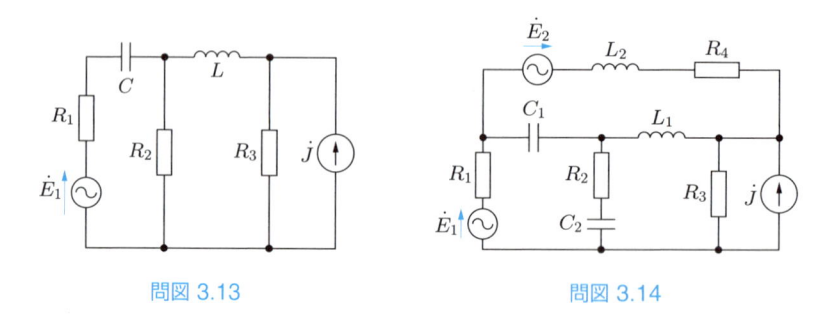

問図 3.13

問図 3.14

3.15 問図 3.15 の回路における各節点に電位を定義して，節点方程式を立てよ．
3.16 問図 3.16 の回路における各節点に電位を定義して，節点方程式を立てよ．
3.17 問図 3.17 に示す**ブリッジ回路**の**平衡条件**（図中 D の検流計に流れる電流が 0 となる条件）を，閉路 1, 2, 3 に関する閉路方程式を解いて求めよ．
3.18 問図 3.18 に示すブリッジ回路の平衡条件を，閉路 1, 2, 3 に関する閉路方程式を解いて求めよ．図中の D は検流計である．

問図 3.15

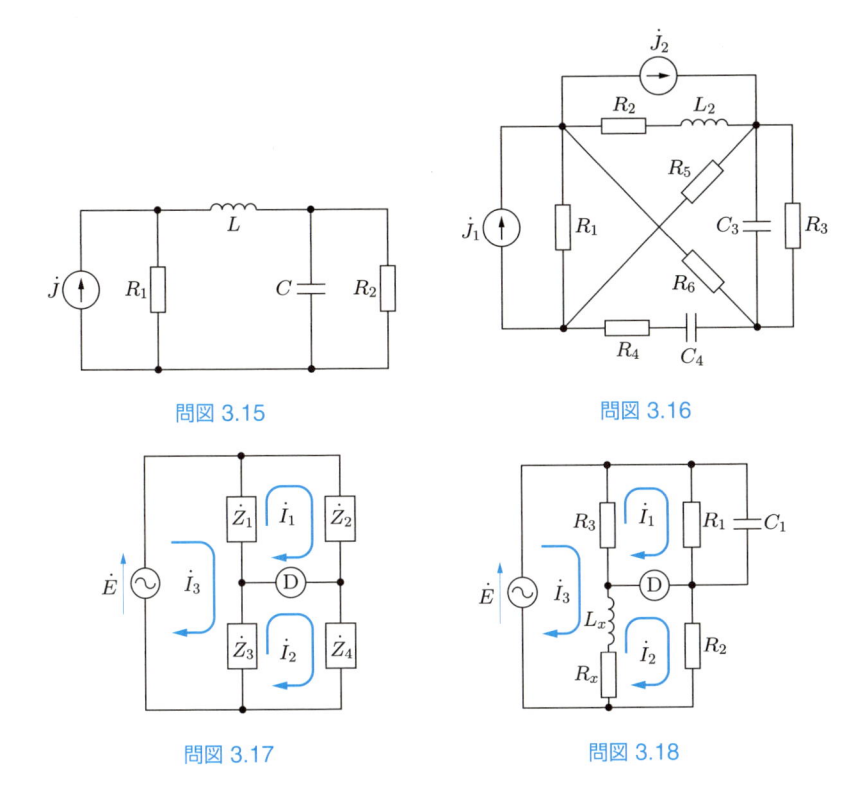

問図 3.16

問図 3.17

問図 3.18

第4章 交流回路の基礎

前章までに直流回路の考え方を学んだ．回路を流れる電流が時間的に変化するような場合には，交流回路となり，抵抗に加えてコイルとコンデンサとよばれる素子が利用される．この二つの素子は，回路を流れる電流や電圧の時間微分にかかわる量によって回路へ影響を与える．直流の場合，時間微分は 0 であるから，これら二つの素子は回路へは影響を与えない．交流回路の解析は，電流や電圧の時間変化が正弦波で表される場合とそうでない場合に分けて考える．本章では，電流や電圧の時間変化が正弦波で表される場合に回路解析を行うための基礎知識について述べる．

4.1 正弦波

直流回路解析では，電圧や電流が時間的に変化せず一定の場合の電気回路について考えてきた．ここでは，電圧や電流が時間的に変化している場合の電気回路について考える．交流回路の中でもっとも簡単かつ基礎的な時間変化は，図 4.1 のように周期的に変化している**正弦波**交流であり，次式で表される．

$$v(t) = V_m \sin \omega t \tag{4.1}$$

ここで，$v(t)$ は時刻 t における電圧を表し，V_m を**振幅**，ω を**角周波数**という．正弦波の**周期**を T，**周波数**を f と表すと，角周波数 ω と次式の関係がある．

$$\omega = \frac{2\pi}{T} = 2\pi f \tag{4.2}$$

図 4.2 のように正弦波が $1/4$ 周期，$t = T/4$ だけ時間が進むと，**位相**が $\pi/2$ 進んで

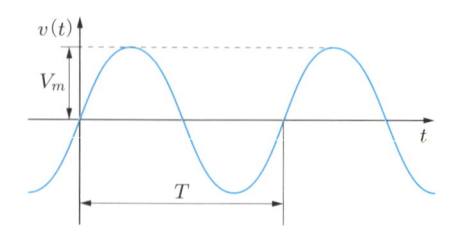

図 4.1　正弦波交流電圧

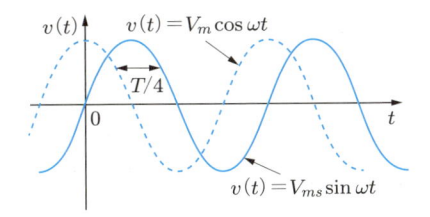

図 4.2 位相の進み・遅れと正弦波・余弦波

余弦波となる．すなわち，次式となる．

$$v(t) = V_m \sin\left\{\omega\left(t + \frac{T}{4}\right)\right\} = V_m \sin\left(\omega t + \frac{\pi}{2}\right) = V_m \cos\omega t \tag{4.3}$$

また，余弦波が時間 $T/4$ だけ遅れると，位相が $\pi/2$ 遅れるため，次式のように正弦波と等しくなる．

$$v(t) = V_m \cos\left\{\omega\left(t - \frac{T}{4}\right)\right\} = V_m \cos\left(\omega t - \frac{\pi}{2}\right) = V_m \sin\omega t \tag{4.4}$$

このように，正弦波と余弦波はそれぞれ位相が $\pi/2$ 進むか遅れるかの違いしかないことがわかる．この考え方を拡張して，余弦波を位相 θ だけ遅れたり進んだりした正弦的変動波形も，広い意味での正弦波と考えて，次式で表す．

$$v(t) = V_m \cos\left(\omega t + \theta\right) \tag{4.5}$$

ここで，波形の進みや遅れを表すパラメータ θ を**初期位相**という．これ以降は，式 (4.5) で表される正弦的時間変動波形を正弦波とよぶことにする．

4.2 交流の電力と実効値

直流の電力 P は，電圧 V と電流 I の積 VI で定義した．交流についても同様に，電力を次式のように定義する．

$$p(t) = v(t)i(t) \tag{4.6}$$

ここで，$v(t)$ と $i(t)$ を，それぞれ振幅 V_m，I_m，初期位相 θ_v，θ_i とする正弦波交流とすると，次式で表される．

$$v(t) = V_m \cos\left(\omega t + \theta_v\right), \quad i(t) = I_m \cos\left(\omega t + \theta_i\right) \tag{4.7}$$

電力 $p(t)$ は次式となる．

$$p(t) = V_m I_m \cos\left(\omega t + \theta_v\right) \cos\left(\omega t + \theta_i\right)$$

$$= \frac{1}{2}V_m I_m \{\cos(2\omega t + \theta_v + \theta_i) + \cos(\theta_v - \theta_i)\} \tag{4.8}$$

式 (4.8) からわかるように，交流の電力は直流の場合のように一定の値ではなく，時間で変化したものとなるので，ある時間 t における電力 $p(t)$ を**瞬時電力**という．

瞬時電力を1周期にわたって平均化したものを**平均電力**とよび，次式で与えられる．

$$P = \frac{1}{T}\int_0^T p(t)\mathrm{d}t = \frac{1}{T}V_m I_m \int_0^T \frac{1}{2}\{\cos(2\omega t + \theta_v + \theta_i) + \cos(\theta_v - \theta_i)\}\mathrm{d}t$$

$$= \frac{1}{2T}V_m I_m \left[\frac{1}{2\omega}\sin(2\omega t + \theta_v + \theta_i) + \cos(\theta_v - \theta_i)\cdot t\right]_0^T$$

$$= \frac{V_m I_m}{2}\cos(\theta_v - \theta_i) \tag{4.9}$$

ここで，

$$V_e = \frac{V_m}{\sqrt{2}}, \quad I_e = \frac{I_m}{\sqrt{2}} \tag{4.10}$$

とすると，

$$P = V_e I_e \cos(\theta_v - \theta_i) \tag{4.11}$$

となり，平均電力は直流の場合と同じ電圧と電流の積に，効率を表す $\cos(\theta_v - \theta_i)$ を掛けた表式になる．式 (4.10) で定義される $V_e = V_m/\sqrt{2}$ と $I_e = I_m/\sqrt{2}$ を，それぞれ電圧と電流の**実効値**という．$\cos(\theta_v - \theta_i)$ を**力率**という．$1/\sqrt{2} \cong 0.707$ であるので，振幅値の約 70% が実効値となる．商用電源の 100 [V] は実効値を示すので，振幅は 100 [V] × 1.414 = 141.4 [V] となる．

4.3 インダクタンス

導線を円柱の表面に沿って巻きつけた図 4.3 のような素子を**コイル**とよぶ．コイルに電流を流すと，その内部を貫くように磁束が発生する．発生する磁束の向きは，電流の向きに右ねじが回転したとき，右ねじが進む向きに等しい．発生する磁束の大きさ Φ は，電流 $i(t)$ に比例する．

$$\Phi = Li(t) \tag{4.12}$$

この比例係数 L を**インダクタンス**といい，単位は [H]（ヘンリー）である．ここで，図 4.4 のように電流 $i(t)$ が増大すると，コイル内の磁束も増大するが，その磁束の変化を打ち消すように，コイルの両端に次式で表される逆起電力 $e(t)$ が現れる．

$$e(t) = -\frac{\mathrm{d}\Phi}{\mathrm{d}t} \tag{4.13}$$

図 4.3　コイル　　　　図 4.4　コイルに発生する起電力

これをファラデーの電磁誘導の法則という．負号は，磁束の変化を打ち消す向き（すなわち，実際には図の矢印とは逆）に起電力が発生することを示す．コイルの端子間電圧を $v(t)$ とすると，キルヒホッフの電圧則より，$v(t) + e(t) = 0$ が成り立つので，次式のようになる．

$$v(t) = L \frac{\mathrm{d}i(t)}{\mathrm{d}t} \tag{4.14}$$

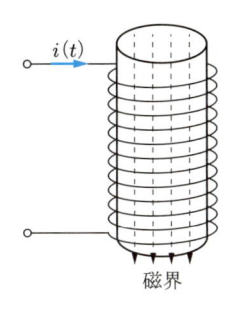

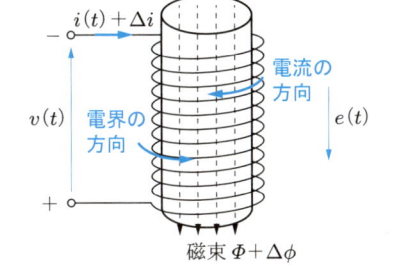

コイルに次式で表される正弦波交流の電流源を接続する．

$$i(t) = I_m \cos(\omega t + \theta) \tag{4.15}$$

このときにコイルの両端に現れる電圧は次式で表される．

$$v(t) = L \frac{\mathrm{d}i(t)}{\mathrm{d}t} = -LI_m \omega \sin(\omega t + \theta) = \omega L I_m \cos\left(\omega t + \theta + \frac{\pi}{2}\right) \tag{4.16}$$

式 (4.16) からわかるように，コイルの両端に現れる電圧は電流源の位相より $\pi/2$ 進み，振幅は ωL 倍になる．また，直流の場合は $\omega = 0$ であるので，電圧は発生しない．

○**例題 4.1**　実効値が 1 [A] で周波数が 60 [Hz]，初期位相が 0 の正弦波で表される交流電流をインダクタンス 1 [H] のコイルに流した．コイルの両端に現れる電圧の式を求めよ．また，流した電流と発生した電圧のグラフを図示せよ．

解　コイルに流れる電流を $i(t)$，両端の電圧を $v(t)$ とすると，それぞれ次式となり，図 4.5 のようになる．

$$i(t) = \sqrt{2} \cos 120\pi t \cong 1.4 \cos 120\pi t \,[\mathrm{A}],$$
$$v(t) = L \frac{\mathrm{d}i}{\mathrm{d}t} = -\sqrt{2} \times 120\pi \sin 120\pi t$$
$$\cong -170\pi \sin 120\pi t \,[\mathrm{V}]$$

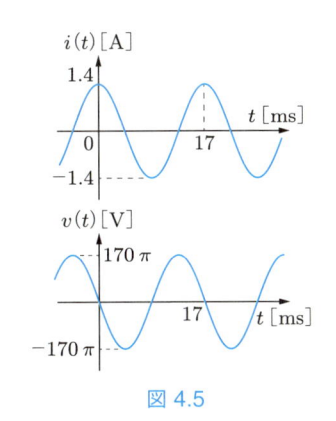

図 4.5

4.4 キャパシタンス

二つの電極で絶縁体を挟んだ図 4.6 の素子を**コンデンサ**とよぶ．コンデンサに電源を接続すると，正と負の電極にそれぞれ同じ量の正負の電荷が蓄えられる．コンデンサに蓄積される電荷 Q [C]（クーロン）とコンデンサに与えられる電圧 V との関係は，次式で表される．

$$Q = CV \tag{4.17}$$

ここで，C を**キャパシタンス**（**静電容量**）という．キャパシタンスの単位は [F]（ファラド）を用いる．電流は電荷の時間的変化で定義されるので，式 (4.17) を時間で微分すると次式を得る．

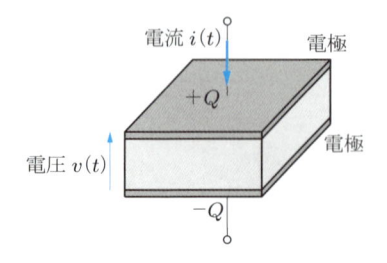

$$I = \frac{dQ}{dt} = C\frac{dV}{dt} \tag{4.18}$$

図 4.6 コンデンサ

コンデンサに次式で表される正弦波交流の電圧源を接続する．

$$v(t) = V_m \cos(\omega t + \theta) \tag{4.19}$$

このときコンデンサを流れる電流は次式で表される．

$$i(t) = -CV_m \omega \sin(\omega t + \theta) = \omega CV_m \cos\left(\omega t + \theta + \frac{\pi}{2}\right) \tag{4.20}$$

式 (4.20) からわかるように，コンデンサを流れる電流は電圧源の位相より $\pi/2$ 進み，振幅は ωC が乗算される．また，直流の場合は $\omega = 0$ であるので，電流は流れない．

例題 4.2 実効値が 100 [V] で周波数が 50 [Hz]，初期位相が 0 の正弦波で表される交流電圧をキャパシタンス 1 [μF] のコンデンサに加えた．コンデンサに流れる電流の式を求めよ．また，加えた電圧と流れる電流のグラフを図示せよ．

解 加えた正弦波交流電圧は $v(t) = 100\sqrt{2} \cos 100\pi t \cong 141 \cos 100\pi t$ [V] で与えられる．また，コンデンサに流れる電流 $i(t)$ は次式となり，図 4.7 のようになる．

$$i(t) = C\frac{dv}{dt}$$
$$= -1 \times 10^{-6} \times 100\sqrt{2} \times 100\pi \sin 100\pi t \text{ [A]}$$
$$\cong -14\pi \sin 100\pi t \text{ [mA]}$$

図 4.7

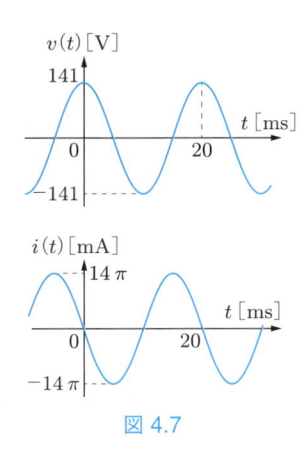

4.5 複素記号法

交流は正弦波で表されると述べたが，実際に計算をするうえでは，三角関数は不便なことが多い．三角関数の代わりに，複素数を用いて指数関数で表すことで，計算をより簡便に行うことができる．ここでは，そのような複素記号法について説明する．

4.5.1 オイラーの式

関数 $f(x)$ を $(x-a)$ の無限べき級数に展開する次式を**テイラー展開**という．

$$f(x) = f(a) + \frac{f'(a)}{1!}(x-a) + \frac{f''(a)}{2!}(x-a)^2 + \frac{f^{(3)}(a)}{3!}(x-a)^3 + \cdots$$
$$+ \frac{f^{(n)}(a)}{n!}(x-a)^n + \cdots$$

ただし，$f^{(n)}(x)$ は $f(x)$ の n 階微分を表す．$f(x) = e^x$，$a = 0$ とすると，次式が成り立つ．

$$e^x = 1 + x + \frac{x^2}{2!} + \frac{x^3}{3!} + \cdots = \sum_{n=0}^{\infty} \frac{x^n}{n!}$$

ここで，$x = j\theta$ を代入する．ただし，j は**虚数単位**で $j = \sqrt{-1}$ である†．

$$e^{j\theta} = 1 + j\theta + \frac{(j\theta)^2}{2!} + \cdots = \left(1 - \frac{\theta^2}{2!} + \frac{\theta^4}{4!} - \cdots\right) + j\left(\theta - \frac{\theta^3}{3!} + \frac{\theta^5}{5!} - \cdots\right)$$
$$= \sum_{n=0}^{\infty} \frac{(-1)^n \theta^{2n}}{(2n)!} + j\sum_{n=0}^{\infty} \frac{(-1)^n \theta^{2n+1}}{(2n+1)!} \tag{4.21}$$

† 電気工学では i は電流を表すため，虚数単位に i ではなく j を使う．

$\cos\theta$, $\sin\theta$ についてもテイラー展開する．

$$\cos\theta = 1 - \frac{\theta^2}{2!} + \frac{\theta^4}{4!} - \cdots = \sum_{n=0}^{\infty} \frac{(-1)^n \theta^{2n}}{(2n)!} \tag{4.22}$$

$$\sin\theta = \theta - \frac{\theta^3}{3!} + \frac{\theta^5}{5!} - \cdots = \sum_{n=0}^{\infty} \frac{(-1)^n \theta^{2n+1}}{(2n+1)!} \tag{4.23}$$

式 (4.21) に式 (4.22), (4.23) を代入すると，**オイラーの式**とよばれる次式を得る．

$$e^{j\theta} = \cos\theta + j\sin\theta$$

4.5.2 複素数の極表示

複素数は $c = a + jb$ と表す．a を実数部，b を虚数部という．図 4.8 のように，横軸に実数部，縦軸に虚数部をとった平面を**複素平面**という．図より，$a = r\cos\theta$, $b = r\sin\theta$ と表せるので，次式を得る．

$$c = r\cos\theta + jr\sin\theta = r(\cos\theta + j\sin\theta) = re^{j\theta}$$

$c = a + jb$ に対して，虚数の符号を反転させた，$\bar{c} = a - jb$ を c の**複素共役**（きょうやく）または，**共役複素数**という．複素数の**絶対値**は，複素共役を用いて次式で表される．

$$|c| = \sqrt{c \cdot \bar{c}} = \sqrt{(a+jb)\cdot(a-jb)} = \sqrt{a^2 + b^2} = \sqrt{re^{j\theta}re^{-j\theta}} = r$$

また，θ を複素数 c の**偏角**という．偏角と実数部と虚数部の関係は次式で表される．

$$\theta = \tan^{-1}\frac{b}{a}$$

このように，絶対値と偏角を用いて複素数を表す方法を**極表示**という．

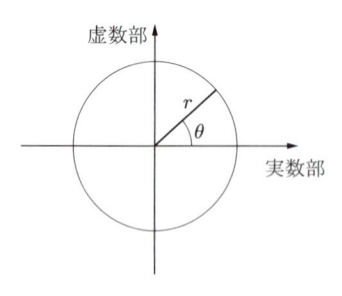

図 4.8 複素平面

4.5.3 正弦波交流のフェーザ表示

角周波数 ω，位相 θ の正弦波と余弦波をそれぞれ虚数部と実数部にもつ複素数で表すと，振幅 V_m の電圧は，次式で表すことができる．

$$V_m \cos(\omega t + \theta) + jV_m \sin(\omega t + \theta) = V_m e^{j(\omega t + \theta)}$$

ここで，虚数は現実には存在しないので，複素数（指数関数）で正弦的波形を表す場合は，実数部のみ意味があると考えることにする．すなわち，

$$v(t) = \sqrt{2}V_e \cos(\omega t + \theta) = \mathrm{Re}\left\{\sqrt{2}V_e e^{j(\omega t + \theta)}\right\} = \mathrm{Re}\left\{\sqrt{2}V_e e^{j\omega t} e^{j\theta}\right\}$$

である．ここで，$\mathrm{Re}\{\ \}$ は複素数の実数部を表す記号である．一方，実効値と位相 θ に関する項の積を新しく $\dot{V}$ とすると，$V_e e^{j\theta} = \dot{V}$ と書くことができるので，上式は，

$$v(t) = \mathrm{Re}\left\{\sqrt{2}\dot{V} e^{j\omega t}\right\}$$

となる．また，電流についても同様に次式となる．

$$i(t) = \sqrt{2}I_e \cos(\omega t + \theta) = \mathrm{Re}\left\{\sqrt{2}I_e e^{j(\omega t + \theta)}\right\} = \mathrm{Re}\left\{\sqrt{2}I_e e^{j\omega t} e^{j\theta}\right\}$$

$$= \mathrm{Re}\left\{\sqrt{2}\dot{I} e^{j\omega t}\right\}$$

このように，電圧と電流を，位相項と実効値の積 $V_e e^{j\theta}$, $I_e e^{j\theta}$ で表す方法を**フェーザ表示**という．本書では，フェーザは上にドットをつけて表す．フェーザは複素数であるので，複素平面上にはベクトルとして表示できる．

4.5.4 複素数の回路解析への適用とフェーザ表示

図 4.9 のように，交流電圧源 $v(t)$ をインダクタンス L のコイルに接続したとき，コイルに流れる電流 $i(t)$ は次式で与えられる．

$$i(t) = \frac{1}{L}\int v(t)\mathrm{d}t \tag{4.24}$$

電圧源から出力される電圧 $v(t)$ が実効値 V_e，周波数 f，初期位相 θ のとき，$v(t)$ は次式で与えられる．

$$v(t) = \sqrt{2}V_e \cos(2\pi f t + \theta) \tag{4.25}$$

したがって，電流 $i(t)$ は次式となる．

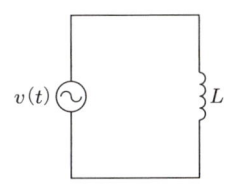

図 4.9　コイルと交流電圧源からなる回路

$$i(t) = \frac{\sqrt{2}V_e}{2\pi fL}\sin(2\pi ft + \theta) = \frac{\sqrt{2}V_e}{2\pi fL}\cos\left(2\pi ft + \theta - \frac{\pi}{2}\right) = \frac{1}{2\pi fL}v_{-\pi/2}(t) \tag{4.26}$$

ただし，$v_{-\pi/2}(t)$ は，$v(t)$ の位相が $\pi/2$ だけ遅れた関数である．

いま，式 (4.25) をフェーザで表すと，$2\pi f = \omega$ より，次のようになる．

$$v(t) = \sqrt{2}V_e\cos(2\pi ft + \theta) \iff \sqrt{2}V_e e^{j(\omega t + \theta)} = \sqrt{2}V_e e^{j\omega t}e^{j\theta} \tag{4.27}$$

ここで，次式のように，実効値と位相を表す項の積を新たに $\dot{V}$ とおく．

$$V_e e^{j(\theta - \pi/2)} = \dot{V} \tag{4.28}$$

同様に，$i(t)$ も

$$i(t) = \sqrt{2}I_e\cos\left(2\pi ft + \theta - \frac{\pi}{2}\right)$$
$$\iff \sqrt{2}I_e e^{j(\omega t + \theta - \pi/2)} = \sqrt{2}I_e e^{j\omega t}e^{j(\theta - \pi/2)} \tag{4.29}$$

であるので，実効値と位相を表す項の積を新たに $\dot{I}$ とおき，

$$I_e e^{j(\theta - \pi/2)} = \dot{I} \tag{4.30}$$

とすると，式 (4.24) は次のようになる．

$$\sqrt{2}\dot{I}e^{j\omega t} = \frac{1}{L}\int \sqrt{2}\dot{V}e^{j\omega t}dt = \frac{\sqrt{2}\dot{V}}{j\omega L}e^{j\omega t} \tag{4.31}$$

$\sqrt{2}e^{j\omega t}$ は両辺に共通であるので，式 (4.31) は次式のように表される．

$$\dot{V} = j\omega L \cdot \dot{I} \tag{4.32}$$

式 (4.32) のように，電圧と電流をフェーザで表示すると，直流の場合のオームの法則と同じ形式，すなわち $V = RI$ のように表すことができる．フェーザは位相項を含んでいるので，複素数であり，複素平面で図 4.10 のように表される．

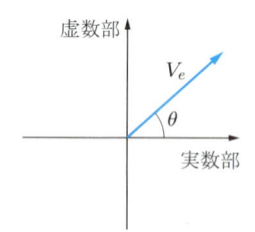

図 4.10 フェーザ表示した電圧 $\dot{V} = V_e e^{j\theta}$

例題 4.3 実効値 100 [V]，周波数 50 [Hz]，初期位相 0 で表される正弦波交流電圧源をインダクタンス 141 [mH] のコイルに接続した．コイルを流れる電流をフェーザで表し，それ

を図示せよ．

解 インダクタンス L のコイルにおいて流れる電流のフェーザを $\dot{I}$，逆起電力のフェーザを $\dot{V}$ で表す．$\dot{V} = j\omega L \dot{I}$ の関係がある．$\dot{V} = 100e^{j0}$ [V]，$L = 100$ [mH]，$\omega = 2\pi f = 2\pi \cdot 50 = 100\pi$ [rad/s] を上式の関係に代入すると，次式となる（図 4.11）．

$$\dot{I} = \frac{\dot{V}}{j\omega L} = \frac{100}{j100\pi \cdot 100 \times 10^{-3}} = -j\frac{10}{\pi}$$
$$= 3.2e^{-j\pi/2} \text{ [A]}$$

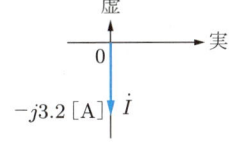

図 4.11

○── **演習問題** ──○

4.1 振幅 100 [mV]，周波数 50 [Hz]，$t = 0$ での位相が $-\pi/4$ である正弦波交流の電圧式を求め，図示せよ．

4.2 問題 4.1 で求めた電圧波形から位相が $\pi/3$ 遅れた振幅 10 [mA] の正弦波交流の電流式を求め，図示せよ．

4.3 次式で与えられる交流電圧源をインダクタンス 1 [mH] のコイルに接続した．コイルを流れる電流波形を求め，図示せよ．

$$v(t) = 10 \sin 100\pi t \text{ [V]}$$

4.4 次式で与えられる交流電圧源をキャパシタンス 1 [μF] のコンデンサに接続した．コンデンサを流れる電流波形を求め，図示せよ．

$$v(t) = 10 \sin 120\pi t \text{ [V]}$$

4.5 $v(t) = V_m \cos(\omega t + \theta)$ で表される正弦波交流の電圧において，振幅が 100 [V]，周波数が 50 [Hz]，位相が $\pi/6$ [rad] のとき，以下の問いに答えよ．
 (1) 角周波数 ω の値を求めよ．
 (2) 周期 T の値を求めよ．
 (3) $t = 0.01$ [s] のときの瞬時電圧値を求めよ．
 (4) 実効値を求めよ．

4.6 実効値が 100 [V] で周波数が 60 [Hz]，時刻 0.1 [s] における瞬時値が 100 [V] のとき，正弦波交流の電圧式を求め，図示せよ．

4.7 次式をオイラーの式を用いて証明せよ．

 (1) $\cos\theta = \dfrac{e^{j\theta} + e^{-j\theta}}{2}$ (2) $\sin\theta = \dfrac{e^{j\theta} - e^{-j\theta}}{2j}$

4.8 次の正弦波交流をフェーザ表示で図示せよ．
 (1) 実効値 100 [V]，周波数 50 [Hz]，初期位相 0 の電圧
 (2) 実効値 1 [A]，周波数 60 [Hz]，初期位相 0 の電流

(3) 実効値 10 [V]，周波数 10 [kHz]，初期位相 $\pi/2$ の電圧

(4) ピークピーク電流 200 [mA]，周波数 2 [kHz]，初期位相 $\pi/3$ の電流

4.9 次の正弦波交流の時間波形（実数部）を図示せよ．

(1) $141e^{j100\pi t}$ [V]　　　　　　　(2) $1.41e^{j120\pi t}$ [A]

(3) $10e^{j(20\pi t + \pi/3)}$ [V]　　　　　(4) $200e^{j(1000\pi t + \pi/4)}$ [mA]

4.10 実効値 10 [V]，周波数 60 [Hz]，初期位相 0 で表される正弦波交流電圧源をキャパシタンス 1.41 [mF] のコンデンサに接続した．回路を流れる電流をフェーザで表し，それを図示せよ．

4.11 周波数 50 [Hz]，電流のフェーザ $\dot{I} = 100e^{j0}$ [mA] で表される正弦波交流電流源をインダクタンス 2 [mH] のコイルに接続した．コイルの両端に現れる電圧をフェーザで表し，それを図示せよ．

4.12 周波数 50 [Hz]，電圧のフェーザ $\dot{V} = 10e^{j0}$ [V] で表される正弦波交流電圧源をキャパシタンス 2 [μF] のコンデンサに接続した．回路を流れる電流をフェーザで表し，それを図示せよ．

第5章 インピーダンスとアドミタンス

回路を流れる電流が正弦波で表される場合，正弦波の角周波数とインダクタンスやキャパシタンスの積が，直流回路の抵抗と同じようなはたらきをする．これをインピーダンスという．インピーダンスは一般に複素数であり，抵抗を実数部に，インダクタンスとキャパシタンスを虚数部にもつ．インピーダンスの逆数をアドミタンスという．

5.1 RL 直列回路

抵抗 R とインダクタンス L のコイルを直列に交流電圧源と接続する．交流電圧源から実効値 E，角周波数 ω，初期位相 θ の正弦波 $e(t)$ を出力すると，$e(t)$ は次式で表される．

$$e(t) = \sqrt{2}E\cos(\omega t + \theta) \tag{5.1}$$

回路を流れる電流を $i(t)$，インダクタンス L のコイルの両端に現れる電圧を $v(t)$ とおくと，キルヒホッフの電圧則から次式を得る．

$$e(t) = Ri(t) + v(t) \tag{5.2}$$

式 (5.2) は，複素数を用いると次式のように表せる．

$$\sqrt{2}\dot{E}e^{j\omega t} = R\sqrt{2}\dot{I}e^{j\omega t} + \sqrt{2}\dot{V}e^{j\omega t} \tag{5.3}$$

ここで，$\dot{E}$, $\dot{I}$, $\dot{V}$ はそれぞれ，電源電圧，電流，コイルの電圧のフェーザである．式 (5.3) において，共通項を消去すると，フェーザに関する関係式が得られる．

$$\dot{E} = R\dot{I} + \dot{V} \tag{5.4}$$

図 5.1 はフェーザで表した回路図である．

インダクタンス L のコイルを流れる電流と発生する電圧の関係をフェーザで表すと，次式で表せる（補足 5.1 参照）．

$$\dot{I} = \frac{1}{j\omega L}\dot{V} \quad \therefore \dot{V} = j\omega L\dot{I} \tag{5.5}$$

式 (5.4) に式 (5.5) を代入すると，次式となる．

$$\dot{E} = R\dot{I} + j\omega L\dot{I} = (R + j\omega L)\dot{I} \tag{5.6}$$

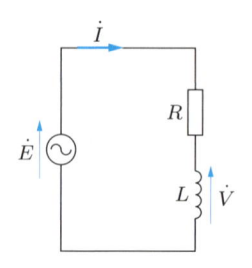

図 5.1 RL 直列回路

ここで，電圧と電流のフェーザの比 $\dot{E}/\dot{I}$ を**インピーダンス**という．

$$\dot{Z} = \frac{\dot{E}}{\dot{I}} = R + j\omega L \tag{5.7}$$

このように，交流回路も，フェーザで表すと直流回路と同じように扱うことができる．インピーダンスは，オームの法則における抵抗を交流回路に拡張したものであり，一般に複素数となる．すなわち，電圧のフェーザ $\dot{V}$，電流のフェーザ $\dot{I}$ とインピーダンス $\dot{Z}$ を用いて，次式のような拡張したオームの法則を得る．

$$\dot{V} = \dot{Z}\dot{I} \tag{5.8}$$

また，電流と電圧のフェーザ比 $\dot{I}/\dot{V}$ を**アドミタンス**といい，記号 $\dot{Y}$ を用いて次式の関係がある．

$$\dot{I} = \dot{Y}\dot{V} \tag{5.9}$$

補足 5.1　式 (5.5) の導出

インダクタンス L を流れる電流 $i(t)$ と電圧 $v(t)$ の関係は，次式で表される．

$$i(t) = \frac{1}{L}\int v(t)\mathrm{d}t = \frac{1}{L}\int \sqrt{2}\dot{V}e^{j\omega t}\mathrm{d}t = \frac{\sqrt{2}}{j\omega L}\dot{V}e^{j\omega t} \tag{5.10}$$

電流も，次式のように複素数で表す．

$$i(t) = \sqrt{2}\dot{I}e^{j\omega t} \tag{5.11}$$

式 (5.10) と式 (5.11) が等しいことから次式を得る．

$$\sqrt{2}\dot{I}e^{j\omega t} = \frac{\sqrt{2}}{j\omega L}\dot{V}e^{j\omega t} \tag{5.12}$$

両辺共通の項を消去して，式 (5.5) を得る．

$$\dot{I} = \frac{1}{j\omega L}\dot{V} \quad \therefore \dot{V} = j\omega L\dot{I}$$

5.2 RC 直列回路

図 5.2 のように，抵抗 R とキャパシタンス C のコンデンサを直列に交流電圧源と接続する．RL 直列回路と同様にして，まず，フェーザ表示により，電源電圧を $\dot{E}$，電流を $\dot{I}$，コンデンサの両端に現れる電圧を $\dot{V}$ とすると，キルヒホッフの電圧則から式 (5.4) と同じ次式を得る．

$$\dot{E} = R\dot{I} + \dot{V} \tag{5.4}$$

コンデンサの両端に現れる電圧と電流には，次式のような関係がある（補足 5.2 参照）．

$$\dot{I} = j\omega C \dot{V} \quad \therefore \dot{V} = \frac{1}{j\omega C}\dot{I} \tag{5.13}$$

式 (5.13) を式 (5.4) に代入すると，次式を得る．

$$\dot{E} = R\dot{I} + \dot{V} = R\dot{I} + \frac{1}{j\omega C}\dot{I} = \left(R + \frac{1}{j\omega C}\right)\dot{I} \tag{5.14}$$

よって，インピーダンスは次式で与えられる．

$$\dot{Z} = \frac{\dot{E}}{\dot{I}} = R + \frac{1}{j\omega C} \tag{5.15}$$

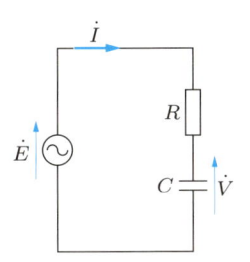

図 5.2 RC 直列回路

補足 5.2 式 (5.13) の導出

コンデンサの両端に加わる電流 $i(t)$ と電圧 $v(t)$ の関係は，次式で与えられる．

$$i(t) = C\frac{\mathrm{d}}{\mathrm{d}t}v(t) = C\frac{\mathrm{d}}{\mathrm{d}t}\sqrt{2}\dot{V}e^{j\omega t} = \sqrt{2}j\omega C\dot{V}e^{j\omega t} \tag{5.16}$$

補足 5.1 と同様にして，$i(t) = \sqrt{2}\dot{I}e^{j\omega t}$ を用いて式 (5.13) を得る．

$$\dot{I} = j\omega C\dot{V} \quad \therefore \dot{V} = \frac{1}{j\omega C}\dot{I}$$

以上のことを，表 5.1 にまとめて示しておく．

表 5.1 各素子のはたらき（インピーダンス $\dot{Z}$ とアドミタンス $\dot{Y}$）

素子	時間信号	フェーザ	$\dot{Z}$	$\dot{Y}$
抵抗（R）	$v(t) = Ri(t)$	$\dot{V} = R\dot{I}$	R	$\dfrac{1}{R}$
インダクタンス（L）	$v(t) = L\dfrac{\mathrm{d}}{\mathrm{d}t}i(t)$	$\dot{V} = j\omega L \dot{I}$	$j\omega L$	$\dfrac{1}{j\omega L}$
キャパシタンス（C）	$v(t) = \dfrac{1}{C}\int i(t)\mathrm{d}t$	$\dot{V} = \dfrac{1}{j\omega C}\dot{I}$	$\dfrac{1}{j\omega C}$	$j\omega C$

5.3 複素平面でのベクトル表示

RL 直列回路におけるインピーダンス $\dot{Z} = R + j\omega L$ を複素平面上にベクトル図で表すと，図 5.3(a) のようになる．

その絶対値 $|\dot{Z}|$ と偏角 ϕ は，

$$|\dot{Z}| = \sqrt{R^2 + (\omega L)^2}, \quad \phi = \tan^{-1}\frac{\omega L}{R} \tag{5.17}$$

となる．

RC 直列回路におけるインピーダンス

$$\dot{Z} = R + \frac{1}{j\omega C} = R - j\frac{1}{\omega C}$$

を複素平面上にベクトル表示すると，図 (b) のようになる．その絶対値 $|\dot{Z}|$ と偏角 ϕ は，

$$|\dot{Z}| = \sqrt{R^2 + \left(\frac{1}{\omega C}\right)^2}, \quad \phi = \tan^{-1}\left(-\frac{1}{\omega CR}\right) \tag{5.18}$$

となる．

図 5.1 の RL 直列回路におけるキルヒホッフの電圧則

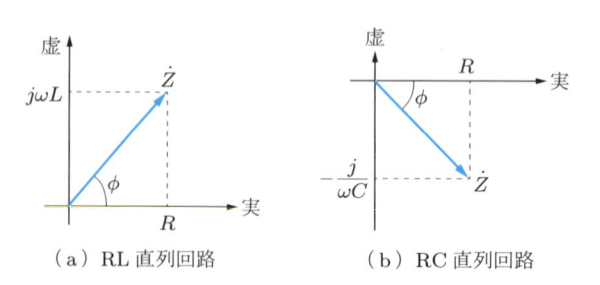

（a）RL 直列回路　　　（b）RC 直列回路

図 5.3 インピーダンス $\dot{Z}$ のベクトル図

$$\dot{E} = R\dot{I} + \dot{V} \tag{5.4}$$

を複素平面上に表すと，図 5.4 のようになる．θ は電源の初期位相である．このような図をフェーザ図とよぶ．初期位相が問題とならない場合は，複素平面の実軸と虚軸は不要である．

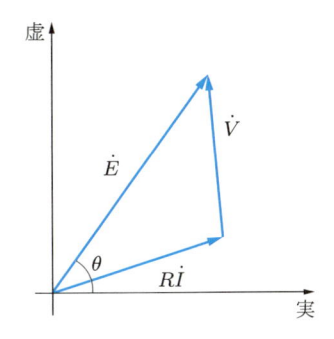

図 5.4　RL 直列回路のフェーザ図

○**例題 5.1**　抵抗 R とインダクタンス L のコイルを並列に交流電圧源に接続した回路のアドミタンスを求め，複素平面上にベクトル表示せよ．ただし，正弦波交流電圧の角周波数を ω とする．

解　$\dot{I} = \dot{V}/R + \dot{V}/j\omega L = (1/R - j/\omega L)\dot{V}$ より，次式となる（図 5.5）．

$$\dot{Y} = \frac{1}{R} - \frac{j}{\omega L} = \sqrt{\frac{1}{R^2} + \frac{1}{(\omega L)^2}}\, e^{j\phi},$$

$$\phi = \tan^{-1}\left(-\frac{R}{\omega L}\right)$$

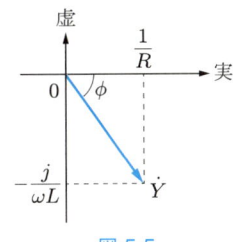

図 5.5

○**例題 5.2**　抵抗 R とキャパシタンス C のコンデンサを並列に交流電圧源に接続した回路のアドミタンスを求め，複素平面上にベクトル表示せよ．ただし，正弦波交流電圧の角周波数を ω とする．

解　$\dot{I} = \dot{V}/R + j\omega C\dot{V} = (1/R + j\omega C)\dot{V}$ より，次式となる（図 5.6）．

$$\dot{Y} = \frac{1}{R} + j\omega C = \sqrt{\frac{1}{R^2} + (\omega C)^2}\, e^{j\phi},$$

$$\phi = \tan^{-1}\omega CR$$

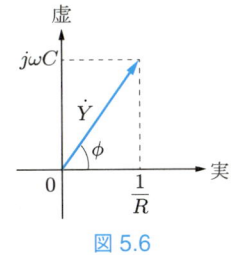

図 5.6

○ 演習問題 ○

5.1 抵抗 R とインダクタンス L のコイルおよびキャパシタンス C のコンデンサを直列に交流電圧源に接続した回路のインピーダンスを求め，複素平面上にベクトル表示せよ．ただし，正弦波交流電圧の角周波数を ω とする．

5.2 抵抗 R とインダクタンス L のコイルおよびキャパシタンス C のコンデンサを並列に交流電圧源に接続した回路のアドミタンスを求め，複素平面でベクトル表示せよ．ただし，正弦波交流電圧の角周波数を ω とする．

5.3 問図 5.1 のように，抵抗 R とインダクタンス L のコイルおよびキャパシタンス C のコンデンサを，周波数 50 [Hz] の正弦波交流電圧源に接続した回路がある．電圧源から見たインピーダンスを求め，複素平面上にベクトル表示せよ．ただし，$R = 1\,[\Omega]$，$L = 0.02/\pi\,[\text{H}]$，$C = 0.01/\pi\,[\text{F}]$ とする．

5.4 問図 5.2 のように，抵抗 R とキャパシタンス C_1，C_2 のコンデンサを，周波数 50 [Hz] の正弦波交流電圧源に接続した回路がある．電圧源から見たアドミタンスを求め，複素平面上にベクトル表示せよ．ただし，$R = 1\,[\text{k}\Omega]$，$C_1 = 10/\pi\,[\mu\text{F}]$，$C_2 = 20/\pi\,[\mu\text{F}]$ とする．

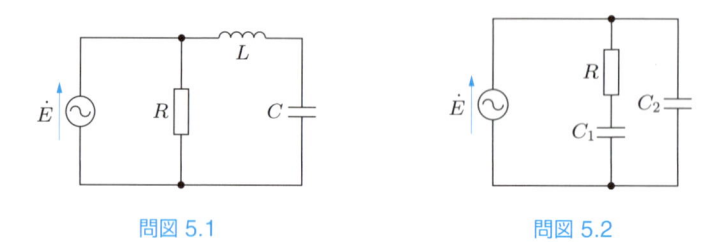

問図 5.1　　　　　　　　　　問図 5.2

5.5 問図 5.3 のように，抵抗 R とインダクタンス L のコイルおよびキャパシタンス C のコンデンサを，周波数 50 [Hz] の正弦波交流電圧源に接続した回路がある．電圧源から見たインピーダンスを求め，複素平面上にベクトル表示せよ．ただし，$R = 1\,[\text{k}\Omega]$，$L = 10/\pi\,[\text{H}]$，$C = 10/\pi\,[\mu\text{F}]$ とする．

5.6 問図 5.4 のように，抵抗 R とインダクタンス L のコイルおよびキャパシタンス C のコンデンサを，周波数 60 [Hz] の正弦波交流電圧源に接続した回路がある．電圧源から見たインピーダンスを求め，複素平面上にベクトル表示せよ．ただし，$R = 300\,[\Omega]$，

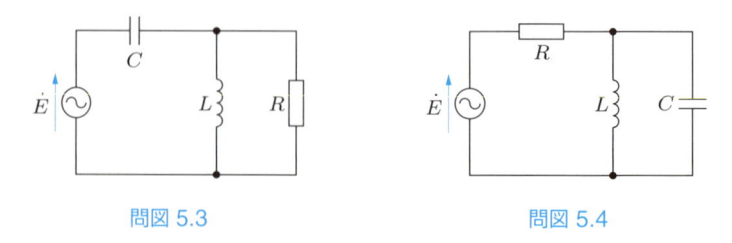

問図 5.3　　　　　　　　　　問図 5.4

$L = 0.5/\pi\,[\text{H}]$, $C = 10/\pi\,[\mu\text{F}]$ とする.

5.7 抵抗 R とインダクタンス L のコイルおよびキャパシタンス C のコンデンサを，実効値 $100\,[\text{V}]$，初期位相 $\pi/3\,[\text{rad}]$，周波数 $50\,[\text{Hz}]$ の正弦波交流電圧源に直列に接続した（RLC 直列回路）．$R = 1\,[\Omega]$, $L = 20/\pi\,[\text{mH}]$, $C = 10/\pi\,[\text{mF}]$ のとき，回路を流れる電流をフェーザで表し，複素平面上にベクトル表示せよ.

5.8 問図 5.5 のように，二つの抵抗 R_1, R_2 とキャパシタンス C のコンデンサを，実効値 $100\,[\text{V}]$，初期位相 0，周波数 $50\,[\text{Hz}]$ の正弦波交流電圧源に接続した回路がある．$R_1 = 2\,[\Omega]$, $R_2 = 1\,[\Omega]$, $C = 10/\pi\,[\text{mF}]$ とするとき，抵抗 R_1 を流れる電流をフェーザで表し，複素平面上にベクトル表示せよ.

5.9 問図 5.6 のように，抵抗 R とインダクタンス L のコイルおよびキャパシタンス C のコンデンサを，実効値 $100\,[\text{V}]$，初期位相 $\pi/2\,[\text{rad}]$，周波数 $50\,[\text{Hz}]$ の正弦波交流電圧源に接続した回路がある．$R = 1\,[\Omega]$, $L = 10/\pi\,[\text{mH}]$, $C = 10/\pi\,[\text{mF}]$ とするとき，コイルを流れる電流をフェーザで表し，複素平面上にベクトル表示せよ.

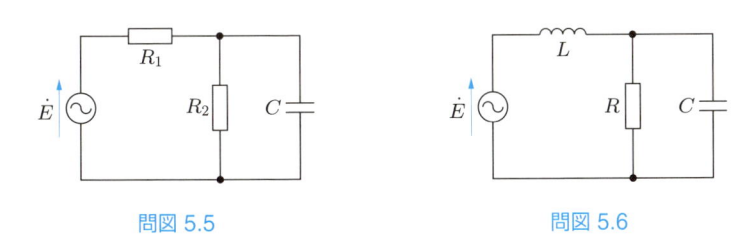

問図 5.5　　　　　　問図 5.6

5.10 問図 5.7 のように，抵抗 R とインダクタンス L のコイルおよびキャパシタンス C のコンデンサを，実効値 $100\,[\text{V}]$，初期位相 0，周波数 $50\,[\text{Hz}]$ の正弦波交流電圧源に接続した回路がある．$R = 1\,[\Omega]$, $L = 10/\pi\,[\text{mH}]$, $C = 10/\pi\,[\text{mF}]$ とするとき，抵抗 R の両端に現れる電圧をフェーザで表し，複素平面上にベクトル表示せよ.

5.11 問図 5.8 のように，抵抗 R とインダクタンス L のコイルおよびキャパシタンス C のコンデンサを，実効値 $100\,[\text{V}]$，初期位相 $\pi/6\,[\text{rad}]$，周波数 $50\,[\text{Hz}]$ の正弦波交流電圧源に接続した回路がある．$R = 1\,[\Omega]$, $L = 0.02/\pi\,[\text{H}]$, $C = 0.01/\pi\,[\text{F}]$ とするとき，コンデンサの両端に現れる電圧をフェーザで表し，複素平面上にベクトル表示せよ.

5.12 問図 5.9 のように，抵抗 R とキャパシタンス C_1, C_2 のコンデンサを，実効値 $100\,[\text{V}]$，初期位相 0，周波数 $50\,[\text{Hz}]$ の正弦波交流電圧源に接続した回路がある．$R = 1\,[\text{k}\Omega]$,

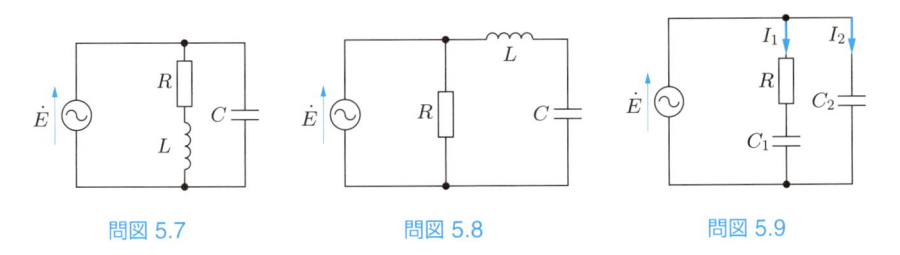

問図 5.7　　　　　　問図 5.8　　　　　　問図 5.9

$C_1 = 10/\pi\,[\mu\mathrm{F}]$, $C_2 = 20/\pi\,[\mu\mathrm{F}]$ とするとき，図中の電流 $\dot{I}_1$ と $\dot{I}_2$ をフェーザで表し，複素平面上にベクトル表示せよ．

5.13 問図 5.10 のように，抵抗 R とインダクタンス L のコイルおよびキャパシタンス C のコンデンサを，実効値 $100\,[\mathrm{V}]$，初期位相 0，周波数 $50\,[\mathrm{Hz}]$ の正弦波交流電圧源に接続した回路がある．$R = 1\,[\mathrm{k\Omega}]$, $L = 10/\pi\,[\mathrm{H}]$, $C = 10/\pi\,[\mu\mathrm{F}]$ とするとき，図中の電流 $\dot{I}_1$ と $\dot{I}_2$，抵抗 R の両端に現れる電圧 $\dot{V}_R$ をフェーザで表し，複素平面上にベクトル表示せよ．

5.14 問図 5.11 のように，抵抗 R_1, R_2 とキャパシタンス C_1, C_2 のコンデンサを，実効値 $100\,[\mathrm{V}]$，初期位相 0，周波数 $50\,[\mathrm{Hz}]$ の正弦波交流電圧源に接続した回路がある．$R_1 = 10\,[\Omega]$, $R_2 = 20\,[\Omega]$, $C_1 = 2/\pi\,[\mathrm{mF}]$, $C_2 = 1/\pi\,[\mathrm{mF}]$ とするとき，回路を流れる電流 $\dot{I}_1$, $\dot{I}_2$, $\dot{I}_3$ をフェーザで表し，複素平面上にベクトル表示せよ．

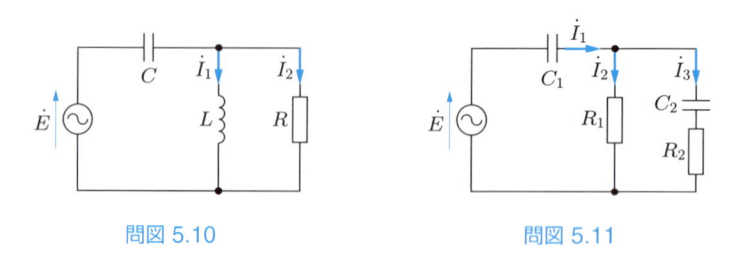

問図 5.10   問図 5.11

5.15 問図 5.12 の回路において，正弦波交流電圧源 $\dot{E} = Ee^{j0}$，角周波数 ω のとき，以下の問いに答えよ．
  (1) 電圧 $\dot{V}_1$ と電流 $\dot{I}_2$ を，電圧 $\dot{V}_2$, ω, C, R を用いてそれぞれ表せ．
  (2) 電圧源の電圧 $\dot{E}$ を，電圧 $\dot{V}_2$, ω, C, R を用いて表せ．
  (3) $\dot{E}/\dot{V}_2$ を求めよ．
  (4) $\dot{E}$ と $\dot{V}_2$ の位相差が $\pi/2$ となる条件を求めよ．また，そのときの $|\dot{E}/\dot{V}_2|$ を求めよ．

5.16 問図 5.13 の回路における $\dot{V}/\dot{E}$ を求めよ．また，$\dot{V}/\dot{E}$ が角周波数 ω によらず一定となる条件を求めよ．ω によらず一定となるには，$\mathrm{d}(\dot{V}/\dot{E})/\mathrm{d}\omega = 0$ である．

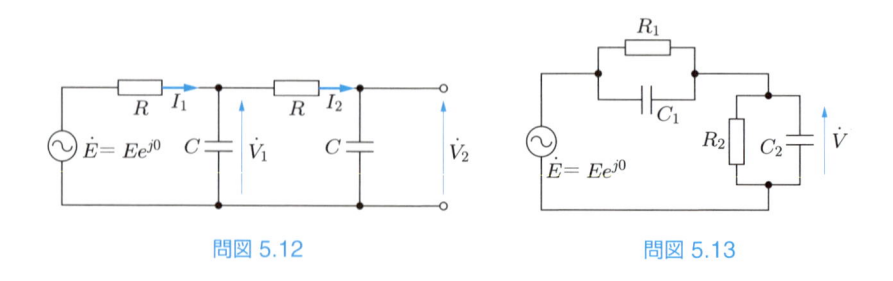

問図 5.12   問図 5.13

第6章　電力の複素表示

交流回路においても，直流回路と同様に，電力はエネルギーを表す重要な物理量である．平均電力は電圧と電流の位相差によって変化するので，位相を含む複素数で電力を定義できると便利である．本章では，電力を複素数で表す考え方とその計算方法について述べる．

6.1　複素電力の定義と意味

フェーザで表した電圧 $\dot{V} = V_e e^{j\theta_1}$ および電流 $\dot{I} = I_e e^{j\theta_2}$ について，**複素電力**は次式で定義される．

$$\dot{P} = \bar{\dot{V}}\dot{I} = V_e I_e e^{j(\theta_2 - \theta_1)} = P_a e^{j\theta} = P_e + jP_r \tag{6.1}$$

ここで，$\theta = \theta_2 - \theta_1$ は，電流を基準とした電流・電圧間の位相差である．このように，複素電力は，基準とするフェーザに対し，他方は複素共役として積をとる．複素電力の実数部 P_e を**有効電力**，虚数部 P_r を**無効電力**という．それぞれは電圧と電流の実効値と偏角 θ を用いて次式で与えられる．

$$P_e = V_e I_e \cos\theta, \quad P_r = V_e I_e \sin\theta \tag{6.2}$$

ここで，$\cos\theta$ を**力率**という．

複素電力の絶対値 P_a は**皮相電力**とよばれ，次式で表される．

$$P_a = \sqrt{P_e{}^2 + P_r{}^2} = V_e I_e \tag{6.3}$$

有効電力の単位は [W]（ワット），無効電力の単位は [var]（ボルト・アンペア・リアクティブまたはバール）という．皮相電力の単位は [VA]（ボルト・アンペア）を用いる．

電圧の初期位相を 0，電流の初期位相を θ とするとき，電圧波形と電流波形は，それぞれの実効値 V_e，I_e と角周波数 ω より次式で表せる．

$$\begin{cases} v(t) = \sqrt{2} V_e \cos\omega t \\ i(t) = \sqrt{2} I_e \cos(\omega t + \theta) \end{cases}$$

ここで，電圧と電流を，それぞれフェーザ $\dot{V} = V_e e^{j0}$，$\dot{I} = I_e e^{j\theta}$ を用いて表すと，上

式は次式で表せる.

$$\begin{cases} v(t) = \dfrac{\sqrt{2}}{2}\left(\dot{V}e^{j\omega t} + \bar{\dot{V}}e^{-j\omega t}\right) \\ i(t) = \dfrac{\sqrt{2}}{2}\left(\dot{I}e^{j\omega t} + \bar{\dot{I}}e^{-j\omega t}\right) \end{cases}$$

したがって,瞬時電力 $p(t)$ は次式で表せる.

$$p(t) = v(t)i(t) = \frac{1}{2}\left(\dot{V}\bar{\dot{I}} + \bar{\dot{V}}\dot{I} + \dot{V}\dot{I}e^{j2\omega t} + \bar{\dot{V}}\bar{\dot{I}}e^{-j2\omega t}\right)$$

周期 T にわたって積分して平均電力 P を求めると,次式となる.

$$P = \frac{1}{T}\int_0^T p(t)\mathrm{d}t = \frac{1}{2T}\int_0^T (\dot{V}\bar{\dot{I}} + \bar{\dot{V}}\dot{I} + \dot{V}\dot{I}e^{j2\omega t} + \bar{\dot{V}}\bar{\dot{I}}e^{-j2\omega t})\mathrm{d}t$$

$$= \frac{1}{2T}\left[\dot{V}\bar{\dot{I}}t + \bar{\dot{V}}\dot{I}t + \frac{1}{j2\omega}\dot{V}\dot{I}e^{j2\omega t} + \frac{1}{-j2\omega}\bar{\dot{V}}\bar{\dot{I}}e^{-j2\omega t}\right]_0^T$$

$$= \frac{1}{2T}\left\{\left(\dot{V}\bar{\dot{I}} + \bar{\dot{V}}\dot{I}\right)T + \frac{1}{j2\omega}\dot{V}\dot{I}\left(e^{j2\omega T} - 1\right) - \frac{1}{j2\omega}\bar{\dot{V}}\bar{\dot{I}}\left(e^{-j2\omega T} - 1\right)\right\}$$

T は周期であるから,$2\omega T = 2(2\pi/T)T = 4\pi$ より,上式の第 2 項と第 3 項は 0 となり,

$$P = \frac{1}{2}\left(\dot{V}\bar{\dot{I}} + \bar{\dot{V}}\dot{I}\right) + \frac{1}{2T}\frac{1}{j2\omega}\dot{V}\dot{I}\left(e^{j4\pi} - 1\right) - \frac{1}{2T}\frac{1}{j2\omega}\bar{\dot{V}}\bar{\dot{I}}\left(e^{-j4\pi} - 1\right)$$

$$= \frac{1}{2}\left(\dot{V}\bar{\dot{I}} + \bar{\dot{V}}\dot{I}\right) + \frac{1}{2T}\frac{1}{j2\omega}\dot{V}\dot{I}(1-1) - \frac{1}{2T}\frac{1}{j2\omega}\bar{\dot{V}}\bar{\dot{I}}(1-1)$$

$$= \frac{1}{2}\left(\dot{V}\bar{\dot{I}} + \bar{\dot{V}}\dot{I}\right)$$

となる.$\bar{\dot{V}\dot{I}} = \overline{\dot{V}\dot{I}}$ であるから,$\dot{V}\bar{\dot{I}} + \overline{\dot{V}\bar{\dot{I}}} = 2\,\mathrm{Re}\left\{\dot{V}\bar{\dot{I}}\right\} = 2\,\mathrm{Re}\left\{\bar{\dot{V}}\dot{I}\right\}$ と表せる[†].したがって,平均電力 P は次式となる.

$$P = \frac{1}{2}\left(\dot{V}\bar{\dot{I}} + \bar{\dot{V}}\dot{I}\right) = \mathrm{Re}\left\{\bar{\dot{V}}\dot{I}\right\} = \mathrm{Re}\left\{V_e e^{-j0} I_e e^{j\theta}\right\} = V_e I_e \cos\theta \qquad (6.4)$$

つまり,平均電力 P は有効電力 P_e と等しい.また,θ が正のときを**進み力率**,θ が負のときを**遅れ力率**という.$P_e = \mathrm{Re}\left\{\bar{\dot{V}}\dot{I}\right\}$ を**平均電力**と定義する.抵抗で消費される平均電力は有効電力に等しい.表 6.1 に,以上をまとめて示す.

[†] $\dot{z} + \bar{\dot{z}} = (x + jy) + (x - jy) = 2x = 2\,\mathrm{Re}\{\dot{z}\}$

6.2 インピーダンス整合（最大電力問題）

表 6.1 複素電力と関連する電力

電力	複素電力 $\dot{P}$	有効電力 P_e	無効電力 P_r	皮相電力 P_a
値	$\dot{P} = \bar{\dot{V}}\dot{I}$ $= P_a\cos\theta + jP_a\sin\theta$	$P_e = P_a\cos\theta$	$P_r = P_a\sin\theta$	$P_a = \|\dot{P}\| = \|\bar{\dot{V}}\dot{I}\|$ $= V_e I_e$
単位	[VA] ボルト・アンペア	[W] ワット	[var] ボルト・アンペア・リアクティブ	[VA] ボルト・アンペア

例題 6.1 図 6.1 のように，抵抗 R とインダクタンス L のコイルを並列に交流電圧源に接続した回路がある．電流（フェーザ）$\dot{I}$，有効電力 P_e，無効電力 P_r，皮相電力 P_a，力率 $\cos\theta$ を求めよ．ただし，$\dot{E} = 100e^{j0}$，電源の周波数 $50\,[\text{Hz}]$, $L = 1/\pi\,[\text{H}]$, $R = 100\,[\Omega]$ とする．

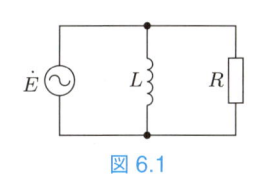

図 6.1

解 電流は次のようになる．
$$\dot{I} = \dot{Y}\dot{E} = \left(\frac{1}{j\omega L} + \frac{1}{R}\right)\dot{E} = \left(\frac{1}{100} - j\frac{1}{100}\right)100e^{j0} = 1 - j = \sqrt{2}e^{-j\pi/4}$$

よって，複素電力
$$\dot{P} = \bar{\dot{E}}\dot{I} = 100e^{-j0}\sqrt{2}e^{-j\pi/4} = 141e^{-j\pi/4} = 141\cos\frac{\pi}{4} + j141\sin\frac{\pi}{4}$$

より，次のようになる．
$$P_e = 141\cos\frac{\pi}{4} = 100\,[\text{W}], \quad P_r = 141\sin\frac{\pi}{4} = 100\,[\text{var}], \quad P_a = 141\,[\text{VA}],$$
$$\cos\theta = \cos\frac{\pi}{4} = \frac{\sqrt{2}}{2} = 0.707 = 71\,[\%]$$

6.2 インピーダンス整合（最大電力問題）

図 6.2 のような，内部インピーダンス $\dot{Z}_0$ と負荷インピーダンス $\dot{Z}$ の回路において，負荷での消費電力（有効電力）が最大となるインピーダンスとそのときの最大電力を求めよう．いま，次式のように定義する．

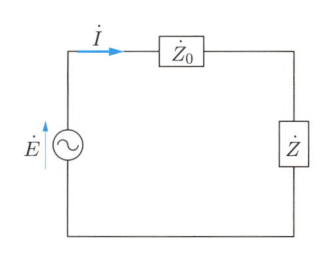

図 6.2 最大電力問題

$$\dot{Z}_0 = R_0 + jX_0, \quad \dot{Z} = R + jX$$

回路を流れる電流（フェーザ）$\dot{I}$ は次式で与えられる．

$$\dot{I} = \frac{\dot{E}}{\dot{Z} + \dot{Z}_0}$$

複素電力 $\dot{P}$ は次式となる．

$$\dot{P} = \bar{V}\dot{I} = \bar{\dot{Z}}|\dot{I}|^2 = \frac{\bar{\dot{Z}}|\dot{E}|^2}{|\dot{Z}_0 + \dot{Z}|^2}$$

有効電力 P_e は次式となる．

$$P_e = \mathrm{Re}\{\dot{P}\} = \mathrm{Re}\left\{\frac{\bar{\dot{Z}}|\dot{E}|^2}{|\dot{Z}_0 + \dot{Z}|^2}\right\} = \mathrm{Re}\left\{\frac{(R - jX)|\dot{E}|^2}{|\dot{Z}_0 + \dot{Z}|^2}\right\} = \frac{R|\dot{E}|^2}{|\dot{Z}_0 + \dot{Z}|^2}$$

$$= \frac{R|\dot{E}|^2}{(R_0 + R)^2 + (X_0 + X)^2}$$

有効電力 P_e を最大とする R と X を求めるために，それぞれで偏微分した値を 0 とおいて方程式を立てる．

$$\begin{cases} \dfrac{\partial P}{\partial R} = \dfrac{(R_0 + R)^2 + (X_0 + X)^2 - 2R(R_0 + R)}{\left\{(R_0 + R)^2 + (X_0 + X)^2\right\}^2}|\dot{E}|^2 = 0 \\ \dfrac{\partial P}{\partial X} = \dfrac{-2R(X_0 + X)}{\left\{(R_0 + R)^2 + (X_0 + X)^2\right\}^2}|\dot{E}|^2 = 0 \end{cases}$$

上式の分子 $= 0$ とおくことによって，次の二つの方程式を得る．

$$\begin{cases} R_0{}^2 - R^2 + (X_0 + X)^2 = 0 \\ X_0 + X = 0 \end{cases} \tag{6.5}$$

上式を解くと次式を得る．

$$R = R_0, \quad X = -X_0$$

すなわち，$\dot{Z} = R_0 - jX_0 = \bar{\dot{Z}}_0$ を得る．このとき，有効電力の最大値は，

$$P_{\max} = \frac{|\dot{E}|^2}{4R_0}$$

となる．このように，負荷インピーダンスが内部インピーダンスの複素共役と等しいとき，有効電力は最大となり，この回路のインピーダンスは**整合**されているという．

また，負荷が純抵抗のとき，すなわち $X = 0$ のとき，有効電力は

$$P_e = \frac{R|\dot{E}|^2}{(R_0 + R)^2 + X_0^2}$$

となるので，式 (6.5) の第 1 式に $X = 0$ を代入して，$R = \sqrt{R_0{}^2 + X_0{}^2}$ を得る．このとき，次式で表せる最大電力となる．

$$P_{\max} = \frac{|\dot{E}|^2}{2(R + R_0)} \tag{6.6}$$

○**例題 6.2** 抵抗 R とインダクタンス L のコイルを，直列に実効値 E，角周波数 ω の交流電圧源に接続した．抵抗で消費される有効電力が最大となる抵抗 R の値と最大電力を求めよ．

解 負荷インピーダンスは純抵抗であるので，最大電力となる R の値は $R = \sqrt{R_0{}^2 + X_0{}^2}$ である．題意より，$R_0 = 0$，$X_0 = \omega L$ であるので，次式を得る．

$$R = \sqrt{R_0{}^2 + X_0{}^2} = \sqrt{0 + \omega^2 L^2} = \omega L,$$

$$P_{\max} = \frac{|\dot{E}|^2}{2\left(R_0{}^2 + \sqrt{R_0{}^2 + \omega^2 L^2}\right)} = \frac{|\dot{E}|^2}{2\omega L}$$

○ **演習問題** ○

6.1 抵抗 R とキャパシタンス C のコンデンサを，直列に交流電圧源に接続した．$R = 1\,[\mathrm{k\Omega}]$，$C = 10/\pi\,[\mu\mathrm{F}]$，電源の実効値 6 [kV]，周波数 50 [Hz]，初期位相 0 のとき，電流（フェーザ），複素電力，有効電力，無効電力，皮相電力，力率を求めよ．

6.2 抵抗 $R = 100\,[\Omega]$，インダクタンス $L = \sqrt{3}/\pi\,[\mathrm{H}]$ のコイルを，実効値 3 [kV]，周波数 50 [Hz]，初期位相 0 の交流電圧源に直列に接続したとき，複素電力，有効電力，無効電力，力率を求めよ．

6.3 ある負荷に電圧 $\dot{V} = V_1 + jV_2$ を印加したところ，電流 $\dot{I} = I_1 + jI_2$ が流れた．この負荷のインピーダンス $\dot{Z}$，複素電力 $\dot{P}$，有効電力 P_e，無効電力 P_r，皮相電力 P_a，力率 $\cos\theta$ を求めよ．

6.4 遅れ力率 80 [%] の負荷 $\dot{Z}_L$ の端子電圧は $100e^{j0}$ [V] であった．この負荷に抵抗 $R = 0.5\,[\Omega]$ を介して交流電圧源 $\dot{E}$ が接続されている．負荷での消費電力（有効電力）が 10 [kW] であるとき，負荷での皮相電力 P_a，無効電力 P_r，電流 $\dot{I}$，抵抗 R での消費電力 P_R，電源電圧 $\dot{E}$ を求めよ．

6.5 問図 6.1 の回路において，抵抗 R で消費される電力（有効電力）が最大となる抵抗 R の値とその最大電力を求めよ．

6.6 問図 6.2 の回路において，破線で囲まれた負荷で消費される電力が最大となる C の値とそのときの最大電力を求めよ．

第 6 章 電力の複素表示

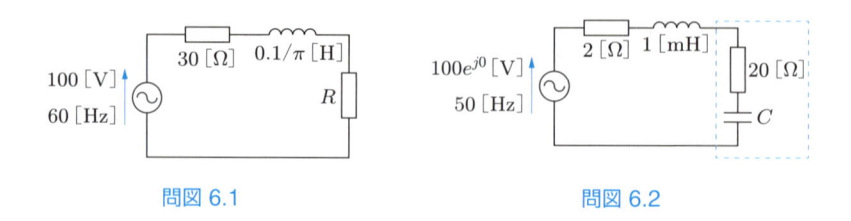

問図 6.1

問図 6.2

第7章 フェーザ図とベクトル軌跡，周波数応答

第4章で述べたフェーザは複素数であるので，複素平面上にベクトル表示できる．周波数や回路素子の値を変化させると，フェーザは複素平面上を移動する．本章では，このようなフェーザのベクトル軌跡の解き方について述べる．ベクトル軌跡を図示することによって，フェーザの変化を視覚的にわかりやすく理解することができる．また，周波数を変化させたときの電流や電圧の値がどのように変化するか理解することは，実用的な回路を設計するときに重要になる．このような周波数応答の計算方法と，その考え方について述べる．

7.1 RL 直列回路

RL 直列回路に，角周波数 ω の正弦波交流電圧源を接続した場合の電源から見たインピーダンスは次式で表せる．

$$\dot{Z} = R + j\omega L \tag{7.1}$$

角周波数 ω が $0 \sim +\infty$ まで変化したときのインピーダンスが変化する様子を複素平面上に表示したのが図 7.1 である．これを**ベクトル軌跡**という．

インピーダンスの絶対値は次式で表される．

$$|\dot{Z}| = \sqrt{R^2 + \omega^2 L^2} \tag{7.2}$$

角周波数 ω が $0 \sim +\infty$ まで変化したときの $|\dot{Z}|$ が変化する様子を，横軸に角周波数

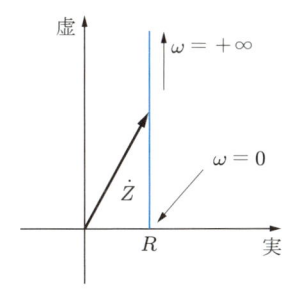

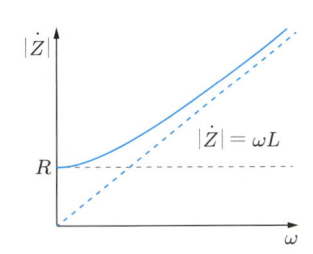

図 7.1 $\dot{Z}$ のベクトル軌跡

図 7.2 $|\dot{Z}|$ の周波数特性

をとって表したのが図 7.2 である．これを $|\dot{Z}|$ の**周波数応答**または**周波数特性**という．

アドミタンスは次式となる．

$$\dot{Y} = \frac{1}{R + j\omega L} = \frac{R - j\omega L}{R^2 + \omega^2 L^2} \tag{7.3}$$

アドミタンスの実数部を x，虚数部 y とすると，次式を得る．

$$x = \frac{R}{R^2 + (\omega L)^2}, \quad y = -\frac{\omega L}{R^2 + (\omega L)^2} \tag{7.4}$$

（ⅰ）**$\omega = 0$ のとき**：$x = 1/R, \ y = 0$ となる．

（ⅱ）**$0 < \omega < +\infty$ のとき**：式 (7.4) の第 2 式を第 1 式で除算する．

$$\frac{y}{x} = -\frac{\omega L}{R} \quad \therefore \ \omega L = -\frac{y}{x}R \tag{7.5}$$

式 (7.5) を式 (7.4) の第 1 式に代入して，ω を消去する．

$$x = \frac{R}{R^2 + \{-(y/x)R\}^2} \Rightarrow x\left\{R^2 + \left(-\frac{y}{x}R\right)^2\right\} = R \Rightarrow x^2 + y^2 = \frac{x}{R}$$

$$\therefore \left(x - \frac{1}{2R}\right)^2 + y^2 = \left(\frac{1}{2R}\right)^2 \tag{7.6}$$

式 (7.6) は，半径 $1/2R$，中心 $(1/2R, 0)$ の円の方程式である．式 (7.4) の第 1 式から $x > 0$，第 2 式から $y < 0$ であるから，ベクトルの軌跡は第 4 象限にある．

（ⅲ）**$\omega = +\infty$ のとき**：$\dot{Y} = 0$ である．

以上のことから，角周波数 ω が $0 \sim +\infty$ まで変化したときのアドミタンスのベクトル軌跡は図 7.3 となる．

次に，アドミタンスの絶対値は次式で表される．

$$|\dot{Y}| = \frac{1}{\sqrt{R^2 + \omega^2 L^2}} \tag{7.7}$$

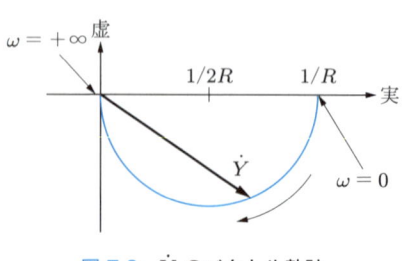

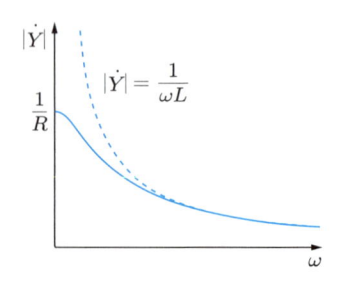

図 7.3 $\dot{Y}$ のベクトル軌跡

図 7.4 $|\dot{Y}|$ の周波数特性

上式を図示すると図 7.4 となる．

7.2 RC 直列回路

RC 直列回路に，角周波数 ω の正弦波交流電圧源を接続した場合の電源から見たインピーダンスは次式で表せる．

$$\dot{Z} = R + \frac{1}{j\omega C} = R - j\frac{1}{\omega C} \tag{7.8}$$

角周波数 ω が $0 \sim +\infty$ まで変化したときの，インピーダンスのベクトル軌跡が図 7.5 である．また，インピーダンスの絶対値は次式で表され，図 7.6 のようになる．

$$|\dot{Z}| = \sqrt{R^2 + \left(\frac{1}{\omega C}\right)^2} \tag{7.9}$$

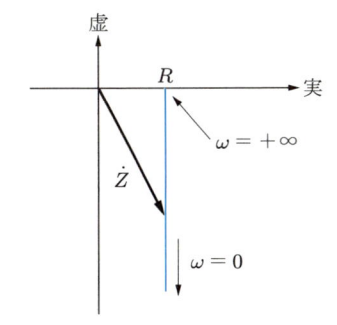

図 7.5　$\dot{Z}$ のベクトル軌跡

図 7.6　$|\dot{Z}|$ の周波数特性

アドミタンスは次式で表せる．

$$\dot{Y} = \frac{1}{R + 1/j\omega C} = \frac{1}{R - j1/\omega C} = \frac{R + j1/\omega C}{R^2 + (1/\omega C)^2} \tag{7.10}$$

アドミタンスの実数部を x，虚数部を y とおくと，次式を得る．

$$x = \frac{R}{R^2 + (1/\omega C)^2}, \quad y = \frac{1/\omega C}{R^2 + (1/\omega C)^2} \tag{7.11}$$

（ⅰ）$\omega = 0$ のとき：$\dot{Y} = 0$ となる．

（ⅱ）$0 < \omega < +\infty$ のとき：式 (7.11) の第 2 式を第 1 式で除算する．

$$\frac{y}{x} = \frac{1}{\omega CR} \quad \therefore \quad \frac{1}{\omega C} = R\frac{y}{x} \tag{7.12}$$

式 (7.12) を式 (7.11) の第 1 式に代入して，ω を消去する．

$$x = \frac{R}{R^2 + R^2\left(\frac{y}{x}\right)^2} \Rightarrow x\left\{R^2 + R^2\left(\frac{y}{x}\right)^2\right\} = R \Rightarrow x^2 + y^2 = \frac{x}{R}$$

$$\therefore \left(x - \frac{1}{2R}\right)^2 + y^2 = \left(\frac{1}{2R}\right)^2 \tag{7.13}$$

式 (7.13) は，半径 $1/2R$，中心 $(1/2R, 0)$ の円の方程式である．式 (7.11) の第 1 式から $x > 0$，第 2 式から $y > 0$ であるから，ベクトルの軌跡は第 1 象限にある．

(iii) $\omega = +\infty$ のとき：$\dot{Y} = 1/R$ となる．

以上のことから，角周波数 ω が $0 \sim +\infty$ まで変化したときのアドミタンスのベクトル軌跡は図 7.7 となる．

次に，アドミタンスの絶対値は次式となる．

$$|\dot{Y}| = \frac{1}{\sqrt{R^2 + (1/\omega C)^2}} \tag{7.14}$$

上式を図示すると，図 7.8 となる．

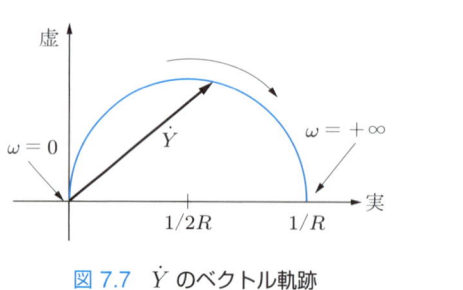

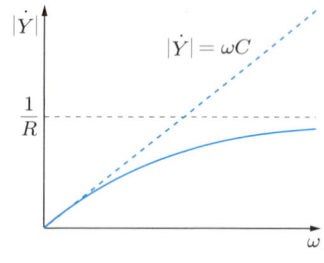

図 7.7　$\dot{Y}$ のベクトル軌跡

図 7.8　$|\dot{Y}|$ の周波数特性

7.3　RL 並列回路

RL 並列回路に，角周波数 ω の正弦波交流電圧源を接続した場合の電源から見たアドミタンスは次式で表せる．

$$\dot{Y} = \frac{1}{R} + \frac{1}{j\omega L} = \frac{1}{R} - j\frac{1}{\omega L} \tag{7.15}$$

角周波数 ω が $0 \sim +\infty$ まで変化したときのアドミタンスのベクトル軌跡は図 7.9 である．

アドミタンスの絶対値は次式で表され，その周波数特性は図 7.10 のようになる．

図 7.9 $\dot{Y}$ のベクトル軌跡

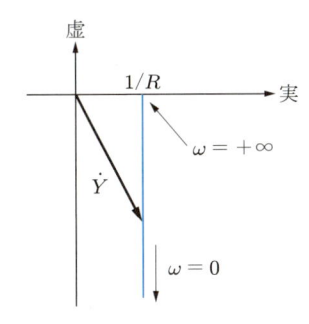

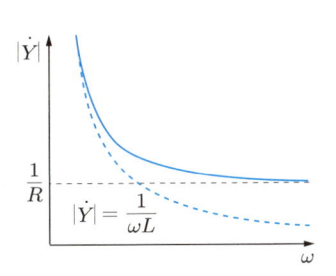

図 7.10 $|\dot{Y}|$ の周波数特性

$$|\dot{Y}| = \sqrt{\left(\frac{1}{R}\right)^2 + \left(\frac{1}{\omega L}\right)^2} \tag{7.16}$$

インピーダンスは次式となる．

$$\dot{Z} = \frac{1}{1/R - j1/\omega L} = \frac{1/R + j1/\omega L}{(1/R)^2 + (1/\omega L)^2} \tag{7.17}$$

インピーダンスの実数部を x，虚数部を y とすると，次式を得る．

$$x = \frac{1/R}{(1/R)^2 + (1/\omega L)^2}, \quad y = \frac{1/\omega L}{(1/R)^2 + (1/\omega L)^2} \tag{7.18}$$

(ⅰ) **$\omega = 0$ のとき**：$\dot{Z} = 0$ である．

(ⅱ) **$0 < \omega < +\infty$ のとき**：式 (7.18) の第 2 式を第 1 式で除算する．

$$\frac{y}{x} = \frac{R}{\omega L} \quad \therefore \quad \frac{1}{\omega L} = \frac{y}{xR} \tag{7.19}$$

式 (7.19) を式 (7.18) の第 1 式へ代入して，ω を消去する．

$$x = \frac{1/R}{(1/R)^2 + (y/xR)^2} \Rightarrow x\left\{\left(\frac{1}{R}\right)^2 + \left(\frac{y}{xR}\right)^2\right\} = \frac{1}{R} \Rightarrow x^2 + y^2 = Rx$$

$$\therefore \left(x - \frac{R}{2}\right)^2 + y^2 = \left(\frac{R}{2}\right)^2 \tag{7.20}$$

式 (7.20) は，半径 $R/2$，中心 $(R/2, 0)$ の円の方程式である．式 (7.18) の第 1 式から $x > 0$，第 2 式から $y > 0$ であるから，ベクトルはつねに第 1 象限にある．

(ⅲ) **$\omega = +\infty$ のとき**：$\dot{Z} = R$ となる．

図 7.11　$\dot{Z}$ のベクトル軌跡

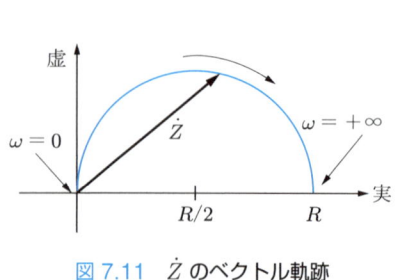

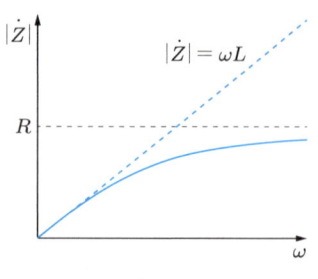

図 7.12　$|\dot{Z}|$ の周波数特性

以上のことから，角周波数 ω が $0\sim+\infty$ まで変化したときのインピーダンスのベクトル軌跡は図 7.11 となる．

また，インピーダンスの絶対値は次式で表され，その周波数特性は図 7.12 のようになる．

$$|\dot{Z}| = \frac{1}{\sqrt{(1/R)^2 + (1/\omega L)^2}} \tag{7.21}$$

○ **例題 7.1**　RL 並列回路にフェーザ $\dot{E} = Ee^{j0}$，角周波数 ω の正弦波交流電圧源を接続した．回路を流れる電流のフェーザ $\dot{I}$ を求め，角周波数 ω が $0\sim+\infty$ まで変化したときの，$\dot{I}$ のベクトル軌跡と $|\dot{I}|$ の周波数特性の概形を描け．

解　電流フェーザは $\dot{I} = E(1/R + 1/j\omega L)$ で与えられる．角周波数 ω が $0\sim+\infty$ まで変化したときの電流フェーザのベクトル軌跡は図 7.13 である．電流の実効値は $|\dot{I}| = E\sqrt{(1/R)^2 + (1/\omega L)^2}$ と表される．(i) $\omega = 0$ のとき：$(1/R)^2 \ll (1/\omega L)^2$ の関係があるので，$|\dot{I}| = E/\omega L$ に漸近する．(ii) $\omega = +\infty$ のとき：$|\dot{I}| = E/R$ となる．(i) と (ii) から，$|\dot{I}|$ の周波数特性は図 7.14 のようになる．

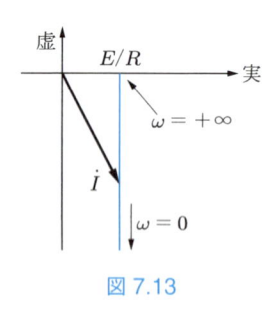

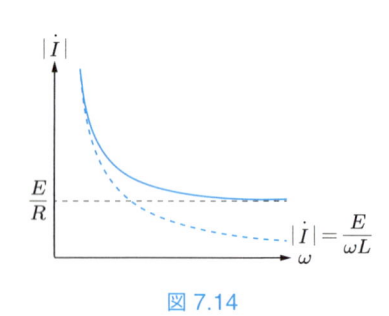

図 7.13

図 7.14

7.4　RC 並列回路

RC 並列回路に，角周波数 ω の正弦波交流電圧源を接続した場合の電源から見たア

ドミタンスは次式で表せる．

$$\dot{Y} = \frac{1}{R} + j\omega C \tag{7.22}$$

角周波数 ω が $0\sim+\infty$ まで変化したときのアドミタンスのベクトル軌跡は図 7.15 である．

アドミタンスの絶対値は次式で表され，図 7.16 のようになる．

$$|\dot{Y}| = \sqrt{\left(\frac{1}{R}\right)^2 + \omega^2 C^2} \tag{7.23}$$

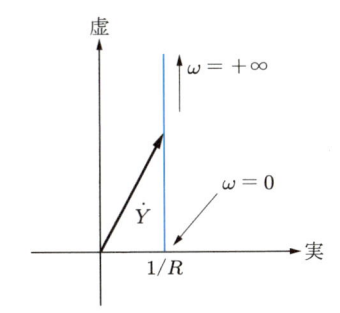

図 7.15 $\dot{Y}$ のベクトル軌跡

図 7.16 $|\dot{Y}|$ の周波数特性

次に，インピーダンスのベクトル軌跡を考える．インピーダンスは次式で与えられる．

$$\dot{Z} = \frac{1}{1/R + j\omega C} = \frac{1/R - j\omega C}{(1/R)^2 + \omega^2 C^2} \tag{7.24}$$

インピーダンスの実数部を x，虚数部 y とすると，次式を得る．

$$x = \frac{1/R}{(1/R)^2 + (\omega C)^2}, \quad y = -\frac{\omega C}{(1/R)^2 + (\omega C)^2} \tag{7.25}$$

（i）$\omega = 0$ のとき：$\dot{Z} = R$ である．

（ii）$0 < \omega < +\infty$ のとき：式 (7.25) の第 2 式を第 1 式で除算すると，次式を得る．

$$\frac{y}{x} = -\omega CR \quad \therefore \quad \omega C = -\frac{y}{xR} \tag{7.26}$$

式 (7.26) を式 (7.25) の第 1 式に代入して，ω を消去する．

$$x = \frac{1/R}{(1/R)^2 + (y/xR)^2} \Rightarrow x\left\{\left(\frac{1}{R}\right)^2 + \left(\frac{y}{xR}\right)^2\right\} = \frac{1}{R} \Rightarrow x^2 + y^2 = Rx$$

$$\therefore \quad \left(x - \frac{R}{2}\right)^2 + y^2 = \left(\frac{R}{2}\right)^2 \tag{7.27}$$

式 (7.27) は，半径 $R/2$，中心 $(R/2, 0)$ の円の方程式である．式 (7.25) の第 1 式より $x > 0$，第 2 式より $y < 0$ であるから，ベクトルはつねに第 4 象限にある．

(iii) $\omega = +\infty$ のとき：$\dot{Z} = 0$ となる．

以上のことから，角周波数 ω が $0 \sim +\infty$ まで変化したときのインピーダンスのベクトル軌跡は図 7.17 となる．

インピーダンスの絶対値は次式で与えられる．

$$|\dot{Z}| = \frac{1}{\sqrt{(1/R)^2 + \omega^2 C^2}} \tag{7.28}$$

これを図示すると，図 7.18 のようになる．

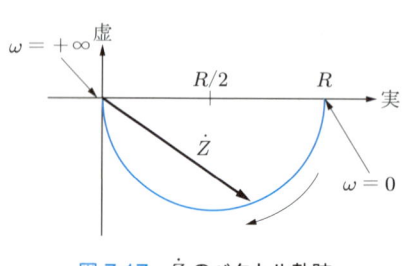

図 7.17　$\dot{Z}$ のベクトル軌跡

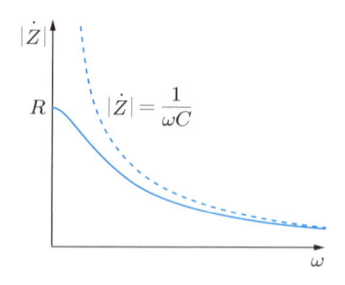

図 7.18　$|\dot{Z}|$ の周波数特性

例題 7.2　RC 並列回路にフェーザ $\dot{E} = E e^{j0}$，角周波数 ω の正弦波交流電圧源を接続した．回路を流れる電流のフェーザ $\dot{I}$ を求め，角周波数 ω が $0 \sim +\infty$ まで変化したときの，$\dot{I}$ のベクトル軌跡と $|\dot{I}|$ の周波数特性の概形を描け．

解　電流フェーザは $\dot{I} = E(1/R + j\omega C)$ で与えられる．角周波数 ω が $0 \sim +\infty$ まで変化したときの電流フェーザのベクトル軌跡は図 7.19 である．電流の実効値は $|\dot{I}| = E\sqrt{(1/R)^2 + (\omega C)^2}$ と表される．(i) $\omega = 0$ のとき：$|\dot{I}| = E/R$ となる．(ii) $\omega = +\infty$ のとき：$(1/R)^2 \ll (\omega C)^2$ の関係があるので，$|\dot{I}| = \omega C E$ に漸近する．(i) と (ii) から，$|\dot{Z}|$ の周波数特性は図 7.20 のようになる．

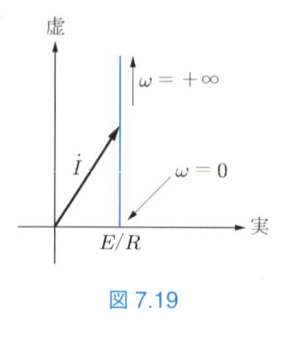

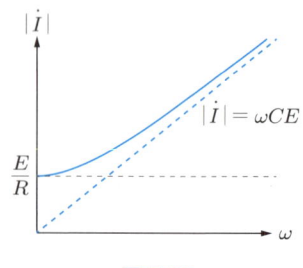

図 7.19

図 7.20

7.5 ベクトル軌跡の解き方

ここでは，複素平面上のベクトル軌跡を解く一般的な方法について述べる．いま，ベクトルを $\dot{A} = a + jb$ と表し，実数部 a と虚数部 b がそれぞれ $-\infty \sim +\infty$ まで変化したときの $\dot{A}$ と $1/\dot{A}$ のベクトル軌跡の解き方について説明する．

(1) 実数部が一定のベクトル軌跡

a が一定で b が $-\infty \sim +\infty$ まで変化すれば，ベクトル $\dot{A}$ の軌跡は図 7.21 のように虚軸に平行な直線となる．

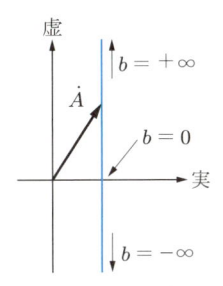

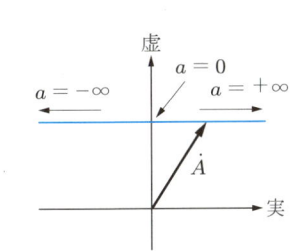

(2) 虚数部が一定のベクトル軌跡

b が一定で a が $-\infty \sim +\infty$ まで変化すれば，ベクトル $\dot{A}$ の軌跡は図 7.22 のように実軸に平行な直線となる．

(3) 実数部が一定のベクトルの逆数のベクトル軌跡

実数部が一定のベクトル軌跡は，虚軸に平行な直線となる．このベクトルの逆数のベクトル $1/\dot{A}$ を考える．

$$\frac{1}{\dot{A}} = \frac{1}{a+jb} = x + jy \tag{7.29}$$

とおけば，次式となる．

$$x = \frac{a}{a^2+b^2}, \quad y = -\frac{b}{a^2+b^2} \tag{7.30}$$

(ⅰ) $b = \pm\infty$ のとき：$1/\dot{A} = 0$ となる．

(ⅱ) $b \neq 0, \pm\infty$ のとき：y/x を計算する．すなわち，

図 7.21 実数部が一定のベクトル軌跡　　図 7.22 虚数部が一定のベクトル軌跡

$$\frac{y}{x} = \frac{b}{a} \quad \therefore \quad b = \frac{ay}{x} \tag{7.31}$$

である．この式 (7.31) を式 (7.30) の第 1 式へ代入すると，

$$x = \frac{a}{a^2 + (ay/x)^2} \Rightarrow x\left\{a^2 + \left(\frac{ay}{x}\right)^2\right\} = a \Rightarrow x^2 + y^2 = \frac{x}{a}$$

$$\therefore \quad \left(x - \frac{1}{2a}\right)^2 + y^2 = \left(\frac{1}{2a}\right)^2 \tag{7.32}$$

となり，式 (7.32) は，図 7.23 のように半径 $1/2a$，中心 $(1/2a, 0)$ の円の方程式となる．

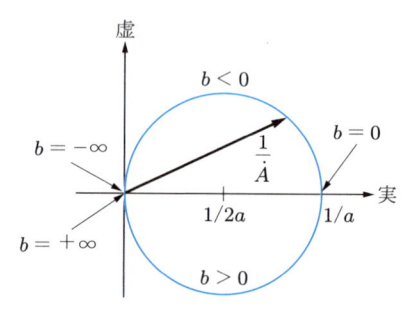

図 7.23　実数部が一定のベクトルの逆数のベクトル軌跡

(iii) $b = 0$ のとき：$1/\dot{A} = 1/a$ となる．

　これらの点はすべて円周上にあることがわかる．したがって，あるベクトルが虚軸に平行な直線であるとき，その逆数のベクトル軌跡は中心が実軸上にあり，原点を通る円となる．$b > 0$ のとき軌跡は第 4 象限にあり，$b < 0$ のとき軌跡は第 1 象限にある．

(4) 虚数部が一定のベクトルの逆数のベクトル軌跡

　虚数部が一定のベクトル軌跡は，実軸に平行な直線となる．このベクトルの逆数のベクトル $1/\dot{A}$ を考える．

(i) $a = \pm\infty$ のとき：$1/\dot{A} = 0$ となる．

(ii) $a \neq 0, \pm\infty$ のとき：x/y を計算する．すなわち，

$$\frac{x}{y} = \frac{a}{b} \quad \therefore \quad a = \frac{bx}{y} \tag{7.33}$$

である．この式 (7.33) を式 (7.30) の第 2 式へ代入すると，

$$y = -\frac{b}{(bx/y)^2 + b^2} \Rightarrow y\left\{\left(\frac{bx}{y}\right)^2 + b^2\right\} = -b \Rightarrow x^2 + y^2 = -\frac{y}{b}$$

$$\therefore x^2 + \left(y + \frac{1}{2b}\right)^2 = \left(\frac{1}{2b}\right)^2 \tag{7.34}$$

となり，式 (7.34) は，図 7.24 のように半径 $1/2b$，中心 $(0, -1/2b)$ の円の方程式となる．

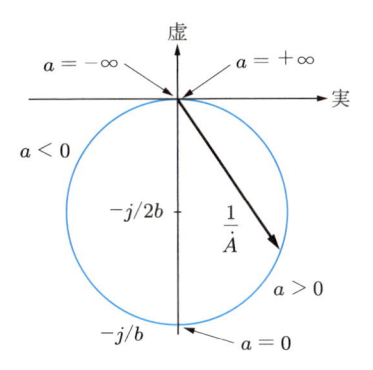

図 7.24 虚数部が一定のベクトルの逆数のベクトル軌跡

(iii) $a = 0$ のとき：$1/\dot{A} = -j1/b$ となる．

これらの点はすべて円周上にあることがわかる．したがって，あるベクトルが虚軸に平行な直線であるとき，その逆数のベクトル軌跡は中心が虚軸上にあり，原点を通る円となる．$a > 0$ のとき軌跡は第 4 象限にあり，$a < 0$ のとき軌跡は第 3 象限にある．

◯ 演習問題 ◯

7.1 RC 直列回路にフェーザ $\dot{E} = Ee^{j0}$，角周波数 ω の正弦波交流電圧源を接続した．以下の問いに答えよ．
  (1) キャパシタンス C のコンデンサの両端に現れる電圧をフェーザ $\dot{V}_C$ で求め，角周波数 ω が $0 \sim +\infty$ まで変化したときの，$\dot{V}_C$ のベクトル軌跡を描け．
  (2) $|\dot{V}_C|$ の周波数特性の概形を図示せよ．
  (3) 角周波数 ω と抵抗 R がそれぞれ $0 \sim +\infty$ まで変化したときに，回路を流れる電流 $\dot{I}$ のベクトル軌跡を描け．
  (4) $|\dot{I}|$ の周波数特性の概形を図示せよ．
7.2 RL 直列回路にフェーザ $\dot{E} = Ee^{j0}$，角周波数 ω の正弦波交流電圧源を接続した．以下の問いに答えよ．

(1) インダクタンス L のコイルに現れる電圧 $\dot{V}_L$ を求め，角周波数 ω が $0\sim+\infty$ まで変化したときの，$\dot{V}_L$ のベクトル軌跡を描け．

(2) $|\dot{V}_L|$ の周波数特性の概形を図示せよ．

(3) 角周波数 ω と R がそれぞれ $0\sim+\infty$ まで変化したときの，回路を流れる電流 $\dot{I}$ のベクトル軌跡を描け．

(4) $|\dot{I}|$ の周波数特性の概形を図示せよ．

7.3 RC 並列回路にフェーザ $\dot{J}=Je^{j0}$，角周波数 ω の正弦波交流電流源を接続した．以下の問いに答えよ．

(1) コンデンサ C を流れる電流 $\dot{I}_C$ を求め，角周波数 ω が $0\sim+\infty$ まで変化したときの，$\dot{I}_C$ のベクトル軌跡を描け．

(2) $|\dot{I}_C|$ の周波数特性の概形を図示せよ．

7.4 RL 並列回路にフェーザ $\dot{J}=Je^{j0}$，角周波数 ω の正弦波交流電流源を接続した．以下の問いに答えよ．

(1) コイル L を流れる電流 $\dot{I}_L$ を求め，角周波数 ω が $0\sim+\infty$ まで変化したときの，$\dot{I}_L$ のベクトル軌跡を描け．

(2) $|\dot{I}_L|$ の周波数特性の概形を図示せよ．

7.5 問図 7.1 の回路について，正弦波交流電圧源 $\dot{E}=Ee^{j0}$，角周波数 ω のとき，以下の問いに答えよ．

(1) 電圧 $\dot{V}_R$ と $\dot{V}_r$ を求めよ．角周波数 ω が $0\sim+\infty$ まで変化するときの，電圧 $\dot{V}_R$ と $\dot{V}_r$ のベクトル軌跡を描け．

(2) 電圧 $\dot{V}$ を求めよ．角周波数 ω が $0\sim+\infty$ まで変化するときの，電圧 $\dot{V}$ のベクトル軌跡を描け．

7.6 問図 7.2 の回路において，二つのキャパシタンス C を連動させて $0\sim+\infty$ まで変化させたとき，電圧 $\dot{V}$ のベクトル軌跡を描け．

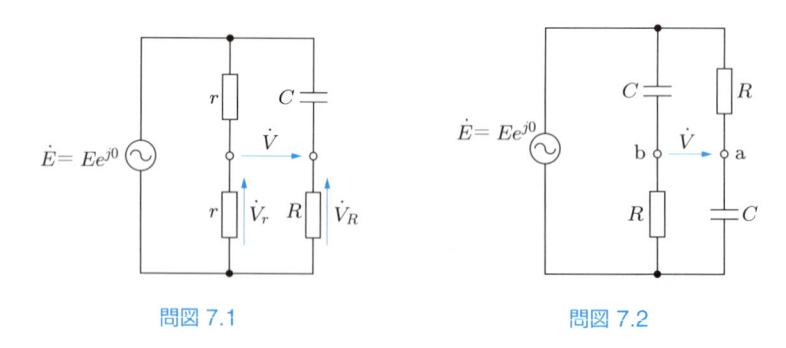

問図 7.1

問図 7.2

第8章 共振回路

インダクタンスとキャパシタンスの両方を含む回路では，接続した電源の周波数を変化させると，ある特定の周波数で電流や電圧が急に大きくなる現象が見られる．このような現象を共振という．共振現象は，電気回路だけでなく，構造物にも見られる．たとえば釣り鐘を叩くと必ず同じピッチ，すなわちある特定の周波数の音が鳴ることは，皆さんも経験しているだろう．この音の周波数を共振周波数という．本章では共振回路の性質について述べる．

8.1 RLC 直列共振回路

RLC 直列回路に，角周波数 ω，初期位相 0 の正弦波交流電圧源を接続した．このとき，電源から見たインピーダンスは次式となる．

$$\dot{Z} = R + j\left(\omega L - \frac{1}{\omega C}\right) \tag{8.1}$$

インピーダンスの虚部が 0 となる角周波数 ω_0 は次式で与えられる．

$$\omega_0 L - \frac{1}{\omega_0 C} = 0 \quad \therefore \omega_0 = \frac{1}{\sqrt{LC}} \tag{8.2}$$

このとき，$|\dot{Z}| = R$ となる．

いま，角周波数 ω が $0 \sim +\infty$ まで変化したときにインピーダンスのベクトル軌跡を図示すると，図 8.1 のように虚軸に平行で $-\infty \sim +\infty$ となる．

次に，角周波数 ω が $0 \sim +\infty$ まで変化したときの回路を流れる電流 $\dot{I}$ のベクトル軌

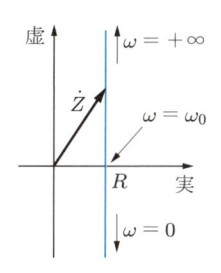

図 8.1 $\dot{Z}$ のベクトル軌跡

跡を考える．電流 $\dot{I}$ は次式で与えられる．

$$\dot{I} = \frac{\dot{E}}{\dot{Z}} = \frac{E}{R + j(\omega L - 1/\omega C)} \tag{8.3}$$

$\dot{I} = x + jy$ とおくと，x, y はそれぞれ次式で表される．

$$x = \frac{ER}{R^2 + (\omega L - 1/\omega C)^2}, \quad y = -\frac{E(\omega L - 1/\omega C)}{R^2 + (\omega L - 1/\omega C)^2} \tag{8.4}$$

（i）**$\omega = 0$ のとき**：$x = 0$ であり，y は

$$y = -\frac{E\left(\omega L - \dfrac{1}{\omega C}\right)}{R^2 + \left(\omega L - \dfrac{1}{\omega C}\right)^2} = -\frac{E}{R^2 \bigg/ \left(\omega L - \dfrac{1}{\omega C}\right) + \left(\omega L - \dfrac{1}{\omega C}\right)} = 0$$

となる．つまり $\dot{I} = 0$ である．

（ii）**$0 < \omega < +\infty$ のとき**：y/x を計算する．

$$\frac{y}{x} = \frac{\omega L - 1/\omega C}{R} \quad \therefore \quad \omega L - \frac{1}{\omega C} = -\frac{Ry}{x} \tag{8.5}$$

式 (8.5) を式 (8.4) の第 1 式に代入すると，

$$x = \frac{ER}{R^2 + (Ry/x)^2} \Rightarrow xR^2\left\{1 + \left(\frac{y}{x}\right)^2\right\} = ER \Rightarrow x^2 + y^2 = \frac{E}{R}x$$

$$\therefore \left(x - \frac{E}{2R}\right)^2 + y^2 = \left(\frac{E}{2R}\right)^2 \tag{8.6}$$

となり，式 (8.6) は中心 $E/2R$，半径 $E/2R$ の円の方程式である．

(1) $\omega < \omega_0$ のとき：$\omega L - 1/\omega C < 0$ より，$x > 0, y > 0$ となる．虚数部はキャパシタンス C のリアクタンス $1/\omega C$ が大きいので，回路はキャパシティブ（容量性）であるという．

(2) $\omega = \omega_0$ のとき：$x = E/R, y = 0$ となる．虚数部は 0 となり，電流は最大値 $I_0 = E/R$ をとる．この現象を**直列共振**または単に**共振**という．この周波数 ω_0 を**共振角周波数**という．

(3) $\omega > \omega_0$ のとき：$\omega L - 1/\omega C > 0$ より，$x > 0, y < 0$ となる．虚数部はインダクタンス L のリアクタンス ωL が大きいので，回路はインダクティブ（誘導性）であるという．

（iii）**$\omega = +\infty$ のとき**：(i) と同様に，$\dot{I} = 0$ である．

図 8.2 $\dot{I}$ のベクトル軌跡

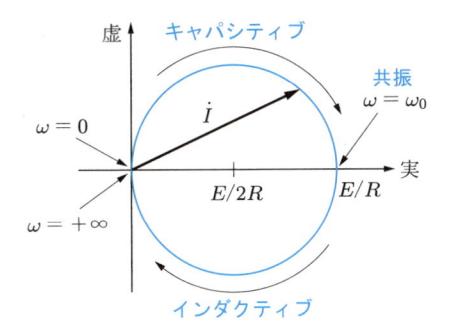

以上のことからベクトル軌跡を図示すると，図 8.2 のようになる．

電流の絶対値（実効値）は次式で与えられる．

$$|\dot{I}| = \left|\frac{\dot{E}}{\dot{Z}}\right| = \frac{E}{R} \bigg/ \sqrt{1 + \frac{1}{R^2}\left(\omega L - \frac{1}{\omega C}\right)^2} = I_0 \bigg/ \sqrt{1 + \frac{1}{R^2}\left(\omega L - \frac{1}{\omega C}\right)^2} \tag{8.7}$$

$|\dot{I}|$ の周波数特性を考える．

(ⅰ) $\boldsymbol{\omega = 0}$ のとき：$|\dot{I}| = I_0 CR\omega$ に漸近する．

(ⅱ) $\boldsymbol{\omega = \omega_0}$ のとき：$|\dot{I}| = I_0$ となる．

(ⅲ) $\boldsymbol{\omega = +\infty}$ のとき：$|\dot{I}| = I_0 R/\omega L$ に漸近する．

これらのことから，実効値の周波数特性は図 8.3 のようになる．二つの漸近線の交点の角周波数は共振角周波数と等しく，交点の電流の実効値は次式で与えられる．

$$|\dot{I}| = I_0 CR\omega_0 = \frac{I_0 CR}{\sqrt{LC}} = I_0 R\sqrt{\frac{C}{L}} \tag{8.8}$$

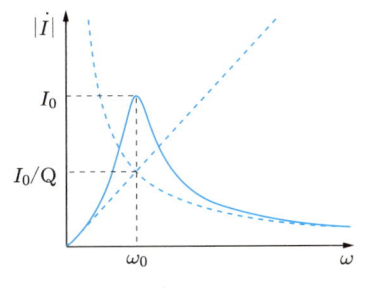

図 8.3　$|\dot{I}|$ の周波数特性

$\omega = \omega_0$ のときの R, L, C での電圧 $\dot{V}_R$, $\dot{V}_L$, $\dot{V}_C$ を求めよう．

$$\dot{V}_R = R\dot{I} = \dot{E}, \quad \dot{V}_L = j\omega_0 L \dot{I} = j\frac{\omega_0 L \dot{E}}{R},$$

$$\dot{V}_C = \frac{\dot{I}}{j\omega_0 C} = -j\frac{\dot{E}}{\omega_0 C R} \tag{8.9}$$

ここで，

$$\frac{\omega_0 L}{R} = \frac{1}{R}\sqrt{\frac{L}{C}} \quad \therefore \quad \frac{1}{\omega_0 C R} = \frac{1}{R}\sqrt{\frac{L}{C}} \tag{8.10}$$

であるので，

$$Q = \frac{1}{R}\sqrt{\frac{L}{C}} \tag{8.11}$$

とおくと，$\dot{V}_L = jQ\dot{E}$, $\dot{V}_C = -jQ\dot{E}$ となる．このことから，Q が大きいと大きな電圧を発生することがわかる．この Q を **Q値** (quality factor)[†] とよぶ．

一方，実効値の共振角周波数での最大値 I_0 に対して，漸近線の交点の実効値は式 (8.8) で表されるので，式 (8.8) に式 (8.11) を代入すると，

$$|\dot{I}| = I_0 R \sqrt{\frac{C}{L}} = \frac{I_0}{Q} \tag{8.12}$$

となる．つまり，Q が 1 より大きい場合，漸近線の交点より実効値の最大値 I_0 の方が大きく，Q が 1 より小さい場合，漸近線の交点より実効値の最大値 I_0 の方が小さい．図 8.3 は Q が 1 より大きい場合を示している．

電流の絶対値 $|\dot{I}|$ を，Q を用いて表すと次式となる．

$$|\dot{I}| = I_0 \Big/ \sqrt{1 + \frac{1}{R^2}\left(\omega L - \frac{1}{\omega C}\right)^2} = I_0 \Big/ \sqrt{1 + \frac{\omega_0^2 L^2}{R^2}\left(\frac{\omega}{\omega_0} - \frac{1}{\omega C \omega_0 L}\right)^2}$$

$$= I_0 \Big/ \sqrt{1 + Q^2\left(\frac{\omega}{\omega_0} - \frac{\omega_0}{\omega}\right)^2} \tag{8.13}$$

$I_0/\sqrt{2} = |\dot{I}|$ となるときを考える．

$$\frac{I_0}{\sqrt{2}} = I_0 \Big/ \sqrt{1 + Q^2\left(\frac{\omega}{\omega_0} - \frac{\omega_0}{\omega}\right)^2}$$

[†] Q値は英語 Quality factor の頭文字をとったもので，次式で定義される．

$$Q = \frac{2\pi \times (回路内に蓄積されるエネルギー)}{(1\,周期あたり回路で消費されるエネルギー)}$$

$$\Rightarrow Q^2\left(\frac{\omega}{\omega_0}-\frac{\omega_0}{\omega}\right)^2=1 \Rightarrow Q\left(\frac{\omega}{\omega_0}-\frac{\omega_0}{\omega}\right)=\pm 1$$

$$\Rightarrow \frac{Q}{\omega\omega_0}\left(\omega^2-\omega_0{}^2\right)=\pm 1 \quad \therefore\ Q\omega^2 \pm \omega\omega_0 - Q\omega_0{}^2 = 0 \tag{8.14}$$

式 (8.14) を解くと，

$$\omega = \frac{\pm\omega_0 + \omega_0\sqrt{1+4Q^2}}{2Q} \tag{8.15}$$

となる．式 (8.15) の二つの解を ω_1, ω_2 ($\omega_2 > \omega_1$) とすると，

$$\omega_2 - \omega_1 = \frac{\omega_0}{Q} \quad \therefore\ Q = \frac{\omega_0}{\omega_2 - \omega_1}$$

となる．$\omega_2-\omega_1$ は電流の最大値 I_0 から $I_0/\sqrt{2}$ となる角周波数の幅を表し，$|\dot{I}|^2$ が $1/2$ の値になる幅という意味で**半値幅**とよばれる．電流の実効値の周波数特性と半値幅の関係を，図 8.4 に示す．

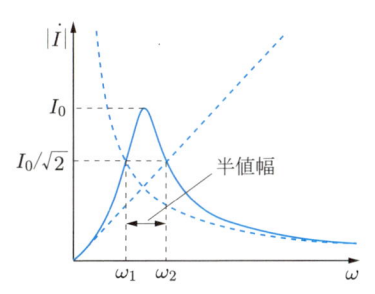

図 8.4 $|\dot{I}|$ と半値幅の関係

○**例題 8.1** RLC 直列共振回路を，周波数可変な交流電圧源 $\dot{E} = 1e^{j0}\,[\mathrm{V}]$ に接続した．ただし，$R = 50\,[\Omega]$, $L = 10\,[\mathrm{mH}]$, $C = 0.01\,[\mu\mathrm{F}]$ とする．以下の問いに答えよ．
(1) 回路を流れる電流 $\dot{I}$ を求め，ω が $0\sim+\infty$ まで変化するときのベクトル軌跡を描け．
(2) 電流の実効値 $|\dot{I}|$ の周波数特性の概形を図示せよ．
(3) 共振角周波数 ω_0, Q 値，半値幅 B を求めよ．また，共振周波数でのコンデンサ C の両端の電圧 $\dot{V}_C$ を求めよ．

解 (1) RLC 直列共振回路の電流は式 (8.3) で与えられる．ω が $0\sim+\infty$ まで変化したときのベクトル軌跡は式 (8.6) で与えられ，中心 $E/2R = 1/100 = 0.01\,[\mathrm{A}]$, 半径 $E/2 = 0.01\,[\mathrm{A}]$ の円を描く．$\omega = 0$, $+\infty$ で $\dot{I} = 0$, 共振角周波数 $\omega_0 = 1/\sqrt{LC}$ $= 1/\sqrt{10\times 10^{-3}\cdot 0.01\times 10^{-6}} = 1\times 10^5\,[\mathrm{rad/s}] = 100\,[\mathrm{krad/s}]$ となる．
(i) $\omega < 100\,[\mathrm{krad/s}]$ のとき：$\omega L - 1/\omega C < 0$ より，$x > 0$, $y > 0$ となる．(ii) $\omega = 100\,[\mathrm{krad/s}]$ のとき：$x = 0.02$, $y = 0$ となり，電流は最大値 $I_0 = 0.02\,[\mathrm{A}]$ をと

る．(iii) $\omega > 100\,[\text{krad/s}]$ のとき：$\omega L - 1/\omega C > 0$ より，$x > 0$, $y < 0$ となる．(i)〜(iii) より，ベクトル軌跡は図 8.5 のようになる．
(2) 電流の実効値は次式で与えられる．

$$|\dot{I}| = \left|\frac{\dot{E}}{\dot{Z}}\right| = \frac{E/R}{\sqrt{1+(\omega L - 1/\omega C)^2/R^2}} = \frac{I_0}{\sqrt{1+(\omega L - 1/\omega C)^2/R^2}}$$

(i) $\omega = 0$ のとき，$|\dot{I}| = I_0 CR\omega = 1 \times 10^{-8}\omega\,[\text{A}]$ に漸近する．(ii) $\omega = 100\,[\text{krad/s}]$ のとき，$|\dot{I}| = 0.02\,[\text{A}]$ となる．(iii) $\omega = \infty$ のとき，$|\dot{I}| = I_0 R/\omega L = 100/\omega\,[\text{A}]$ に漸近する．
(i)〜(iii) より，実効値の周波数特性は図 8.6 のようになる．
(3) 次のようになる．

$$\omega_0 = 100\,[\text{krad/s}], \quad Q = \frac{1}{R}\sqrt{\frac{L}{C}} = \frac{1}{50}\sqrt{\frac{10 \times 10^{-3}}{0.01 \times 10^{-6}}} = 20,$$

$$B = \frac{\omega_0}{Q} = \frac{100}{20} = 5\,[\text{krad/s}],$$

$$\dot{V}_C = \frac{\dot{I}_0}{j\omega_0 C} = -j\frac{0.02}{1 \times 10^5 \cdot 0.01 \times 10^{-6}} = -j20 = 20e^{-j\pi/2}\,[\text{V}]$$

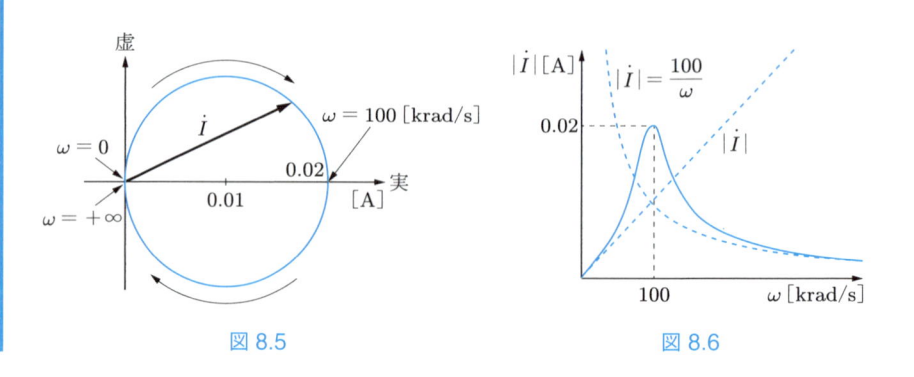

図 8.5

図 8.6

8.2　RLC 並列共振回路

RLC 並列回路に角周波数 ω，初期位相 0 の正弦波交流電流源 $\dot{J} = Je^{j0}$ を接続した．このとき，電源から見たアドミタンスは次式となる．

$$\dot{Y} = \frac{1}{R} + j\left(\omega C - \frac{1}{\omega L}\right) \tag{8.16}$$

アドミタンスの虚数部が 0 となる角周波数 ω_0 は次式で与えられる．

$$\omega_0 C - \frac{1}{\omega_0 L} = 0 \quad \therefore \omega_0 = \frac{1}{\sqrt{LC}} \tag{8.17}$$

図 8.7　$\dot{Y}$ のベクトル軌跡

このとき，$|\dot{Y}| = 1/R$ となる．

いま，角周波数 ω が $0\sim+\infty$ まで変化したときのアドミタンスのベクトル軌跡を図示すると，図 8.7 のようになる．

次に，角周波数 ω が $0\sim+\infty$ まで変化したときの回路の電圧 $\dot{V}$ のベクトル軌跡を考える．電圧 $\dot{V}$ は次式で与えられる．

$$\dot{V} = \frac{\dot{J}}{\dot{Y}} = \frac{J}{1/R + j(\omega C - 1/\omega L)} \tag{8.18}$$

$\dot{V} = x + jy$ とおくと，次式が得られる．

$$x = \frac{J/R}{1/R^2 + (\omega C - 1/\omega L)^2}, \quad y = -\frac{J(\omega C - 1/\omega L)}{1/R^2 + (\omega C - 1/\omega L)^2} \tag{8.19}$$

（ⅰ）$\omega = 0$ のとき：$\dot{V} = 0$ となる．

（ⅱ）$0 < \omega < +\infty$ のとき：y/x を計算する．

$$\frac{y}{x} = -R\left(\omega C - \frac{1}{\omega L}\right) \quad \therefore \quad \omega C - \frac{1}{\omega L} = -\frac{y}{xR} \tag{8.20}$$

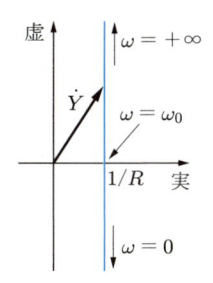

式 (8.20) を式 (8.19) の第 1 式に代入すると，

$$x = \frac{J/R}{1/R^2 + (y/xR)^2} \Rightarrow x\frac{1}{R^2}\left\{1 + \left(\frac{y}{x}\right)^2\right\} = \frac{J}{R} \Rightarrow x^2 + y^2 = JRx$$

$$\therefore \left(x - \frac{JR}{2}\right)^2 + y^2 = \left(\frac{JR}{2}\right)^2 \tag{8.21}$$

となる．式 (8.21) は中心 $JR/2$，半径 $JR/2$ の円の方程式である．

(1) $\omega < \omega_0$ のとき：$\omega C - 1/\omega L < 0$ より，$x > 0$，$y > 0$ となる．虚数部はインダクタンス L のサセプタンス $1/\omega L$ が大きいので，回路はインダクティブ（誘導性）であるという．

(2) $\omega = \omega_0$ のとき：$x = JR$，$y = 0$ となる．虚数部は 0 となり，電圧は最大値

$V_0 = JR$ をとる．この現象を**並列共振**または**反共振**という．この周波数 ω_0 を**反共振角周波数**という．

(3) $\omega > \omega_0$ のとき：$\omega C - 1/\omega L > 0$ より，$x > 0$，$y < 0$ となる．虚数部はキャパシタンス C のサセプタンス ωC が大きいので，回路はキャパシティブ（容量性）であるという．

(iii) **$\omega = +\infty$ のとき**：$\dot{V} = 0$ となる．

以上のことからベクトル軌跡を図示すると，図 8.8 のようになる．

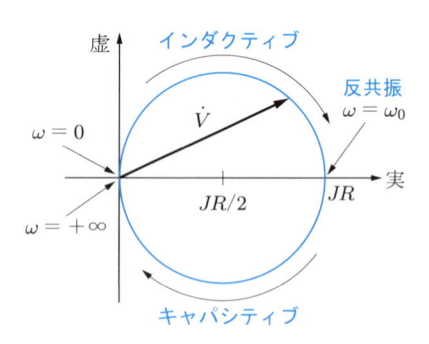

図 8.8 $\dot{V}$ のベクトル軌跡

電圧の絶対値（実効値）は次式で与えられる．

$$|\dot{V}| = \left|\frac{\dot{J}}{\dot{Y}}\right| = \frac{JR}{\sqrt{1 + R^2(\omega C - 1/\omega L)^2}} = \frac{V_0}{\sqrt{1 + R^2(\omega C - 1/\omega L)^2}} \quad (8.22)$$

$|\dot{V}|$ の周波数特性を考える．

(i) **$\omega = 0$ のとき**：$|\dot{V}| = V_0 \omega L/R$ に漸近する．

(ii) **$\omega = \omega_0$ のとき**：$|\dot{V}| = V_0$ となる．

(iii) **$\omega = +\infty$ のとき**：$|\dot{V}| = V_0/\omega CR$ に漸近する．

$\omega = \omega_0$ のときの R，L，C を流れる電流 $\dot{I}_R$，$\dot{I}_L$，$\dot{I}_C$ を求めよう．

$$\dot{I}_R = \frac{\dot{V}}{R} = \frac{V_0}{R}, \quad \dot{I}_C = j\omega_0 C V_0 = j\omega_0 CRJ, \quad \dot{I}_L = \frac{V_0}{j\omega_0 L} = -j\frac{RJ}{\omega_0 L} \quad (8.23)$$

である．ここで，

$$\omega_0 CR = R\sqrt{\frac{C}{L}} \quad \therefore \quad \frac{R}{\omega_0 L} = R\sqrt{\frac{C}{L}} \quad (8.24)$$

であるので，この並列回路の Q 値を，

$$Q = R\sqrt{\frac{C}{L}} \tag{8.25}$$

とおくと，$\dot{I}_C = jQ\dot{J}$, $\dot{I}_L = -jQ\dot{J}$ となり，Q が大きいと大きな電流が流れることがわかる．これは，直列回路の Q 値 ($Q = (1/R)\sqrt{L/C}$) の逆数となることに注意してほしい．

一方，漸近線の交点は，角周波数は反共振角周波数と等しく，実効値は

$$|\dot{V}| = V_0 \frac{L}{R}\omega_0 = V_0 \frac{L}{R}\frac{1}{\sqrt{LC}} = V_0 \frac{1}{R}\sqrt{\frac{L}{C}} = \frac{V_0}{Q}$$

となる．Q が 1 より大きければ，実効値の最大値は図 8.9 のように漸近線の交点より大きくなり，Q が 1 より小さければ，実効値の最大値の方が漸近線の交点より小さくなる．

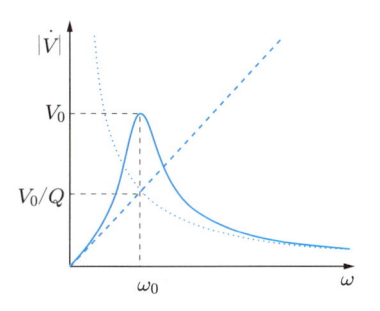

図 8.9 $|\dot{V}|$ の周波数特性

電流の実効値 $|\dot{V}|$ を Q を用いて表すと次式となる．

$$|\dot{V}| = V_0 \Big/ \sqrt{1 + R^2\left(\omega C - \frac{1}{\omega L}\right)^2} = V_0 \Big/ \sqrt{1 + \omega_0^2 C^2 R^2 \left(\frac{\omega}{\omega_0} - \frac{1}{\omega L \omega_0 C}\right)^2}$$

$$= V_0 \Big/ \sqrt{1 + Q^2\left(\frac{\omega}{\omega_0} - \frac{\omega_0}{\omega}\right)^2} \tag{8.26}$$

$V_0/\sqrt{2} = |\dot{V}|$ となるときを考える．

$$\frac{V_0}{\sqrt{2}} = V_0 \Big/ \sqrt{1 + Q^2\left(\frac{\omega}{\omega_0} - \frac{\omega_0}{\omega}\right)^2} \Rightarrow Q^2\left(\frac{\omega}{\omega_0} - \frac{\omega_0}{\omega}\right)^2 = 1$$

$$\Rightarrow Q\left(\frac{\omega}{\omega_0} - \frac{\omega_0}{\omega}\right) = \pm 1$$

$$\Rightarrow \frac{Q}{\omega\omega_0}\left(\omega^2 - \omega_0{}^2\right) = \pm 1 \quad \therefore \quad Q\omega^2 \pm \omega\omega_0 - Q\omega_0{}^2 = 0 \tag{8.27}$$

式 (8.27) を解く．

$$\omega = \frac{\pm\omega_0 + \omega_0\sqrt{1 + 4Q^2}}{2Q} \tag{8.28}$$

式 (8.28) の二つの解を ω_1, ω_2 ($\omega_2 > \omega_1$) とすると，

$$\omega_2 - \omega_1 = \frac{\omega_0}{Q} \quad \therefore \quad Q = \frac{\omega_0}{\omega_2 - \omega_1} \tag{8.29}$$

となる．半値幅 $\omega_2 - \omega_1$ は，電圧が最大値 V_0 から $V_0/\sqrt{2}$，つまり $|\dot{V}|^2$ が $1/2$ となる角周波数の幅を表す．電圧の実効値の周波数特性と半値幅の関係を，図 8.10 に示す．

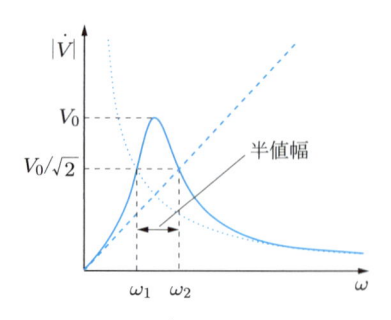

図 8.10 $|\dot{V}|$ と半値幅の関係

○**例題 8.2** RLC 並列共振回路を，周波数可変な交流電流源 $\dot{J} = 1e^{j0}$ [A] に接続した．ただし，$R = 50$ [Ω]，$L = 10$ [mH]，$C = 0.01$ [µF] とする．以下の問いに答えよ．
(1) 抵抗の両端の電圧 $\dot{V}$ を求め，ω が $0 \sim +\infty$ まで変化するときのベクトル軌跡を描け．
(2) 電圧の実効値 $|\dot{V}|$ の周波数特性の概形を図示せよ．
(3) 反共振角周波数 ω_0，Q 値，半値幅 B を求めよ．また，反共振角周波数でのコイル L を流れる電流 $\dot{I}_L$ を求めよ．

解 (1) 電圧は式 (8.18) で与えられる．電圧のベクトル軌跡は式 (8.21) で与えられ，中心 $(JR/2, 0) = (25, 0)$，半径 $JR/2 = 25$ [V] の円を描く．$\omega = 0$, $+\infty$ で $\dot{V} = 0$，共振角周波数 $\omega_0 = 1/\sqrt{LC} = 1/\sqrt{10 \times 10^{-3} \cdot 0.01 \times 10^{-6}} = 1 \times 10^5$ [rad/s] $= 100$ [krad/s] となる．

(i) $\omega < 100$ [krad/s] のとき：$\omega C - 1/\omega L < 0$ より，$x > 0$, $y > 0$ となる．(ii) $\omega = 100$ [krad/s] のとき：$x = 50$, $y = 0$ となり，電圧は最大値 $V_0 = 50$ [V] をとる．(iii) $\omega > 100$ [krad/s] のとき：$\omega C - 1/\omega L > 0$ より，$x > 0$, $y < 0$ となる．(i)〜(iii) より，電圧のベクトル軌跡は図 8.11 のようになる．
(2) 電圧の実効値は次式で与えられる．

$$|\dot{V}| = \left|\frac{\dot{J}}{\dot{Y}}\right| = \frac{JR}{\sqrt{1+R^2(\omega C - 1/\omega L)^2}} = \frac{V_0}{\sqrt{1+R^2(\omega C - 1/\omega L)^2}}$$

(i) $\omega = 0$ のとき：$|\dot{V}| = V_0 \omega L/R = 0.01\omega$ [V] に漸近する．(ii) $\omega = 100$ [krad/s] のとき：$|\dot{V}| = 50$ [V] となる．(iii) $\omega = \infty$ のとき：$|\dot{V}| = V_0/\omega CR = 1 \times 10^8/\omega$ [V] に漸近する．(i)〜(iii) より，$|\dot{V}|$ の周波数特性は図 8.12 のようになる．
(3) 次のようになる．

$$\omega_0 = 100\,[\text{krad/s}], \quad Q = R\sqrt{\frac{C}{L}} = 50\sqrt{\frac{0.01 \times 10^{-6}}{10 \times 10^{-3}}} = 0.05,$$

$$B = \frac{\omega_0}{Q} = \frac{100}{0.05} = 2000\,[\text{krad/s}],$$

$$\dot{I}_L = \frac{V_0}{j\omega_0 L} = -j\frac{50}{1 \times 10^5 \cdot 10 \times 10^{-3}} = -j0.05\,[\text{A}] = 0.05 e^{-j\pi/2}\,[\text{A}]$$

図 8.11

図 8.12

○ 演習問題 ○

8.1 問図 8.1 の回路の反共振角周波数 ω_0 を求めよ．ただし，$\dot{E} = 80e^{j0}$ [V]，$R_1 = 10$ [kΩ]，$R_2 = 30$ [kΩ]，$L = 50$ [mH]，$C = 1.25$ [μF] とする．また，この共振回路の Q 値，反共振角周波数でのコンデンサ C の両端の電圧 $\dot{V}$ を求めよ（ヒント：電圧源と抵抗 R_1 を電流源とコンダクタンスに置き換えて，RLC 並列共振回路として考えてみよ）．

8.2 問図 8.2 の回路の端子 a-b に角周波数 ω の交流電源を接続した．ω が 0〜$+\infty$ まで変

問図 8.1

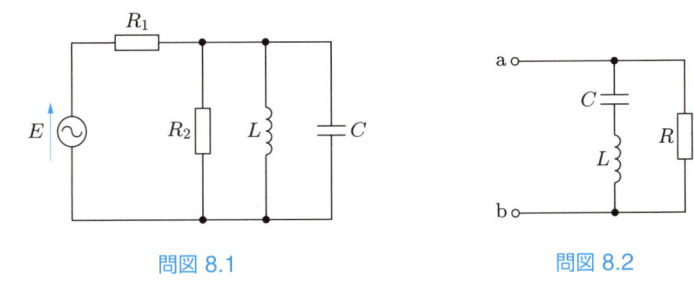

問図 8.2

化するときの，端子 a-b から右側を見たアドミタンス $\dot{Y}$ とインピーダンス $\dot{Z}$ のベクトル軌跡を描け．

8.3 問図 8.3 の回路の端子 a-b に角周波数 ω の交流電源を接続した．抵抗 R が $0 \sim +\infty$ まで変化するときの，端子 a-b から右側を見たインピーダンス $\dot{Z}$ とアドミタンス $\dot{Y}$ のベクトル軌跡を描け．ただし，$\omega C = 1/2\omega L$ とする．

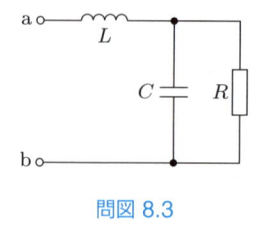

問図 8.3

8.4 問図 8.3 の回路の端子 a-b に角周波数 ω の交流電源を接続した．インダクタンス L が $0 \sim +\infty$ まで変化するときの，端子 a-b から右側を見たインピーダンス $\dot{Z}$ とアドミタンス $\dot{Y}$ のベクトル軌跡を描け．

第9章 磁気結合回路

これまで，R, L, C という三つの回路素子で構成される電気回路網に正弦波交流を接続した場合の，電圧や電流を解析する手法について述べてきた．本章では，それらに加えて電気現象と磁気現象が相互作用する磁気結合回路の解析方法について考える．

9.1 自己誘導現象

4.3節で述べたように，コイルに電流を流すと磁束が発生する．電流 $i(t)$ が変化すると，それに伴って磁束も変化し，電磁誘導によって，次式で示す電圧がコイルの両端に現れる．

$$v(t) = L\frac{\mathrm{d}i(t)}{\mathrm{d}t}$$

この現象を**自己誘導**といい，L を**自己インダクタンス**という．

9.2 相互誘導現象

鉄心の上下2箇所に同じ方向に導線を巻いた図 9.1 のような素子を考える．端子 1-1' に電流源を接続して，鉄心の上部に巻かれた導線に電流 $i(t)$ を流すと，鉄心中に磁界が発生し，図中の破線に示した磁束 Φ が現れる．電流が時間的に変化すると，この磁束も時間的に変化するので，次式で表される電圧 $v_1(t)$ が現れる．

$$v_1(t) = L\frac{\mathrm{d}i}{\mathrm{d}t} \tag{9.1}$$

同時に，磁束 Φ は下部に巻いた導線にも影響を与え，端子 2-2' 間に次式のような電圧 $v_2(t)$ が現れる．

$$v_2(t) = M\frac{\mathrm{d}i}{\mathrm{d}t} \tag{9.2}$$

この現象を**相互誘導**とよび，式 (9.2) のインダクタンス M を**相互インダクタンス**という．

端子 2-2' が開放されていれば，下部に巻いた導線には電流が流れないが，もし，図 9.2

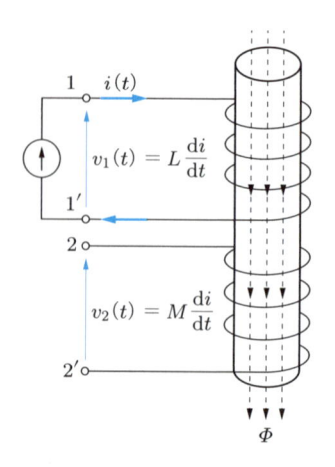

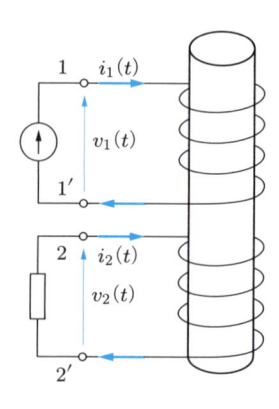

図 9.1　相互誘電現象

図 9.2　端子 2-2′ に負荷を接続した相互誘導回路

のように端子 2-2′ に負荷が接続されて（または短絡されて）いて，コイルに電流 $i_2(t)$ が流れると，その電流による自己誘導も発生するので，端子 2-2′ 間に現れる電圧 $v_2(t)$ は次式となる．

$$v_2(t) = L_2 \frac{di_2}{dt} + M \frac{di_1}{dt} \tag{9.3}$$

さらに，$i_2(t)$ は磁束を発生して上部に巻いたコイルにも影響を与え，その結果，$v_1(t)$ は次式で与えられる．

$$v_1(t) = L_1 \frac{di_1}{dt} + M \frac{di_2}{dt} \tag{9.4}$$

一般に，相互誘導現象を利用した回路を**相互誘導回路**といい，電源を接続する側のコイルを 1 次側コイル，負荷を接続する側のコイルを 2 次側コイルという．

9.3　巻き方向と極性

図 9.2 の相互誘導コイルの巻き方向を，上下で逆にした図 9.3 の場合を考える．この場合，自己誘導によって発生する電圧は変わらないが，相互誘導によって発生する電圧の向きが逆になるので，$v_1(t), v_2(t)$ は次式のようになる．

$$v_1(t) = L_1 \frac{di_1}{dt} - M \frac{di_2}{dt} \tag{9.5}$$

$$v_2(t) = L_2 \frac{di_2}{dt} - M \frac{di_1}{dt} \tag{9.6}$$

これを**減極性の結合**という．また，図 9.2 の場合を**加極性の結合**という．

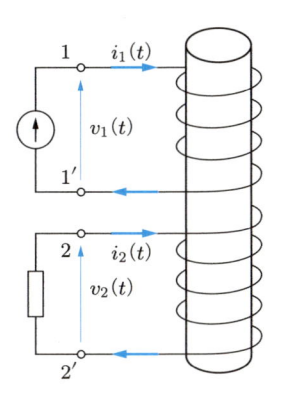

図 9.3　逆方向に巻いた相互誘導回路

このように，相互誘導回路においては，導線の巻く方向によって極性が変わるので，それを明示する必要がある．図 9.4(a) は端子 1-1′ 側の導線の巻き方と 2-2′ 側の巻き方が同じ方向である場合を表し，黒丸を同じ側につける．一方，逆向きのときは，黒丸の位置を図 (b) のように逆側につける．どちらのコイルに対しても黒丸のついた側に電流の流入方向をとるとき，加極性の結合になる．逆に，一方のコイルは黒丸のついた側に流入方向をとり，他方は黒丸のついた側に流出方向をとるとき，減極性の結合となる．

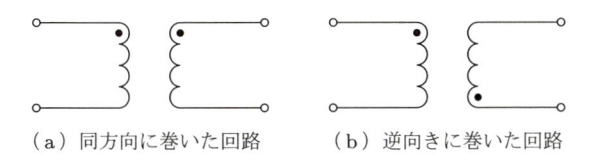

（a）同方向に巻いた回路　　（b）逆向きに巻いた回路

図 9.4　相互誘導回路の記号

◯例題 9.1　図 9.5 のような相互誘導回路において，端子 2-2′ にインピーダンス $\dot{Z}_2$ の負荷を接続したときに，端子 1-1′ から見たインピーダンス $\dot{Z}_1$ を求めよ．ただし，相互インダクタンスを M とする．

解　電圧 $\dot{V}_1, \dot{V}_2$ は，$\dot{I}_1, \dot{I}_2$ とそれぞれ次式の関係がある．

$$\begin{cases} \dot{V}_1 = j\omega L_1 \dot{I}_1 + j\omega M \dot{I}_2 \\ \dot{V}_2 = j\omega L_2 \dot{I}_2 + j\omega M \dot{I}_1 \end{cases} \quad \cdots ①$$

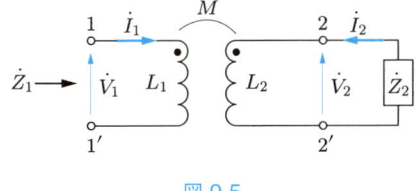

図 9.5

また，$\dot{Z}_2$ については，次式が成り立つ．

$$\dot{Z}_2 = -\frac{\dot{V}_2}{\dot{I}_2} \quad \cdots ②$$

式②を式①の第 2 式へ代入して次式を得る．

$$-\dot{Z}_2 \dot{I}_2 = j\omega L_2 \dot{I}_2 + j\omega M \dot{I}_1 \quad \therefore \dot{I}_2 = -\frac{j\omega M \dot{I}_1}{j\omega L_2 + \dot{Z}_2} \quad \cdots ③$$

式③を式①の第 1 式へ代入すると，次式を得る．

$$\dot{V}_1 = j\omega L_1 \dot{I}_1 + \frac{\omega^2 M^2 \dot{I}_1}{j\omega L_2 + \dot{Z}_2} = \left(j\omega L_1 + \frac{\omega^2 M^2}{j\omega L_2 + \dot{Z}_2}\right)\dot{I}_1$$

したがって，インピーダンス $\dot{Z}_1$ は次式となる．

$$\dot{Z}_1 = \frac{\dot{V}_1}{\dot{I}_1} = j\omega L_1 + \frac{\omega^2 M^2}{j\omega L_2 + \dot{Z}_2}$$

9.4 相互誘導回路の等価回路

図 9.6 の相互誘導回路において，電圧と電流について次式が成り立つ．

$$\begin{cases} \dot{V}_1 = j\omega L_1 \dot{I}_1 + j\omega M \dot{I}_2 \\ \dot{V}_2 = j\omega L_2 \dot{I}_2 + j\omega M \dot{I}_1 \end{cases} \tag{9.7}$$

式 (9.7) を変形すると次式となる．

$$\begin{cases} \dot{V}_1 = j\omega L_1 \dot{I}_1 - j\omega M \dot{I}_1 + j\omega M \dot{I}_1 + j\omega M \dot{I}_2 \\ \quad = j\omega(L_1 - M)\dot{I}_1 + j\omega M(\dot{I}_1 + \dot{I}_2) \\ \dot{V}_2 = j\omega L_2 \dot{I}_2 - j\omega M \dot{I}_2 + j\omega M \dot{I}_2 + j\omega M \dot{I}_1 \\ \quad = j\omega(L_2 - M)\dot{I}_2 + j\omega M(\dot{I}_2 + \dot{I}_1) \end{cases} \tag{9.8}$$

式 (9.8) を回路図で表すと，図 9.7 のようになる．この回路を相互誘導回路の等価回路という．

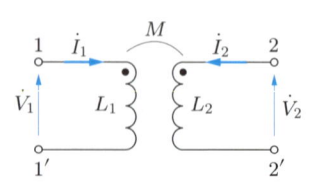

図 9.6 相互誘導回路

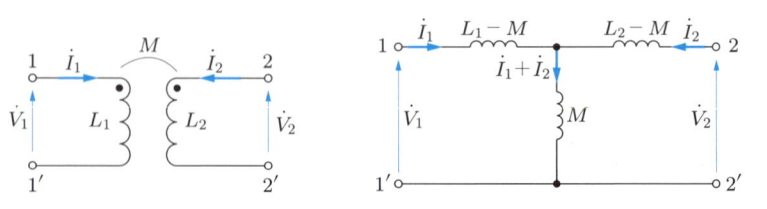

図 9.7 図 9.6 の等価回路

例題 9.2 例題 9.1 を等価回路で計算せよ.

解 図 9.5 の等価回路を図 9.8 に示す. 図の回路において, 端子 1-1′ から見たインピーダンス $\dot{Z}_1$ は次式となる.

$$\dot{Z}_1 = j\omega(L_1 - M)$$
$$+ \frac{j\omega M \{j\omega(L_2 - M) + \dot{Z}_2\}}{j\omega M + j\omega(L_2 - M) + \dot{Z}_2}$$
$$= j\omega L_1 + \frac{\omega^2 M^2}{j\omega L_2 + \dot{Z}_2}$$

このように, 例題 9.1 と同じ答えが得られる.

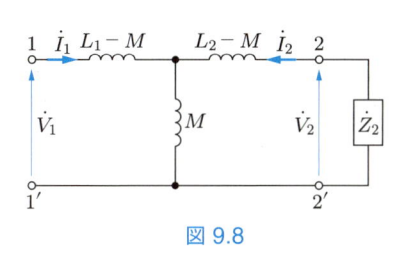

図 9.8

例題 9.3 図 9.9 の回路の相互誘導回路を, 等価回路に置き換えよ.

解 等価回路に置き換えるときに注意しなければいけないことがある. 図 9.7 の等価回路では端子 1′ と 2′ が短絡しているので, この等価回路で置き換えることによって新たに閉路が作られたりしないようにする必要がある. たとえば, 図 9.9 の回路を図 9.10 のように置き換えると, 抵抗 R_2 の周りに新たに閉路が作られ, 明らかに図 9.9 とは異なる回路となっている. そこで, 図 9.9 の回路の二つの抵抗は直列接続であるので, これを図 9.11 のような回路に変換してから相互誘導回路を等価回路に置き換えると, 図 9.12 のようになり, 新たな閉路が生じない.

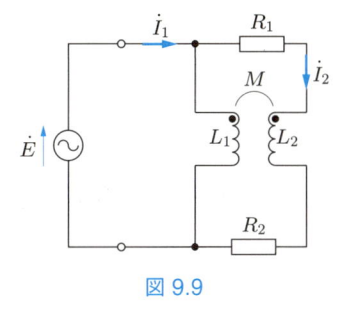

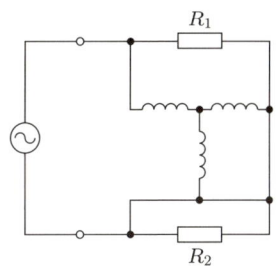

図 9.9

図 9.10

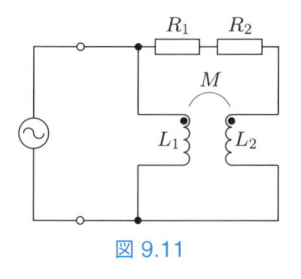

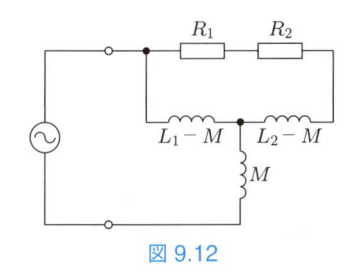

図 9.11

図 9.12

例題 9.4 図 9.13 の回路の端子 a-b 間のインピーダンスを求めよ.

解 図に示される回路は，相互誘導回路を直接等価回路に置き換えられない回路である．この場合は，次のように解く．

$$\dot{V}_1 = j\omega L_1 \dot{I}_1 + j\omega M \dot{I}_2,$$
$$\dot{V}_2 = j\omega L_2 \dot{I}_2 + j\omega M \dot{I}_1$$

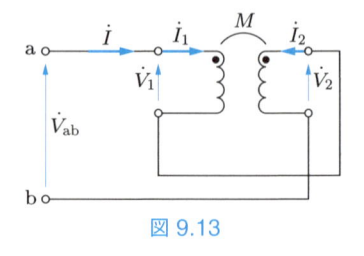

$\dot{I}_1 = \dot{I}_2 = \dot{I}$ とおくと，

$$\dot{V}_1 = j\omega(L_1 + M)\dot{I}, \quad \dot{V}_2 = j\omega(L_2 + M)\dot{I}$$
$$\dot{V}_{ab} = \dot{V}_1 + \dot{V}_2 = j\omega(L_1 + M)\dot{I} + j\omega(L_2 + M)\dot{I} = j\omega(L_1 + L_2 + 2M)\dot{I}$$

となる．したがって，インピーダンス $\dot{Z}$ は次のようになる．

$$\dot{Z} = \frac{\dot{V}_{ab}}{\dot{I}} = j\omega(L_1 + L_2 + 2M)$$

図 9.13

9.5 相互誘導回路の閉路方程式

相互誘導回路の 1 次側端子 1-1' に交流電圧源を接続し，2 次側端子 2-2' を短絡した図 9.14 の回路の閉路方程式を考える．

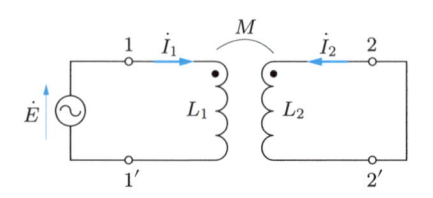

図 9.14 2 次側端子を短絡した相互誘導回路

1 次側と 2 次側の閉路について KVL を適用した方程式は，それぞれ次式となる．

$$j\omega L_1 \dot{I}_1 + j\omega M \dot{I}_2 = \dot{E}$$

$$j\omega L_2 \dot{I}_2 + j\omega M \dot{I}_1 = 0$$

これら 2 式をまとめて行列で表すと，次式となる．

$$\begin{bmatrix} j\omega L_1 & j\omega M \\ j\omega M & j\omega L_2 \end{bmatrix} \begin{bmatrix} \dot{I}_1 \\ \dot{I}_2 \end{bmatrix} = \begin{bmatrix} \dot{E} \\ 0 \end{bmatrix}$$

9.6 理想変成器

9.6.1 結合係数

自己インダクタンス L_1, L_2 と相互インダクタンス M の間には，次のような関係がある．

$$L_1 L_2 \geq M^2 \tag{9.9}$$

そこで，次式のように**結合係数** k を導入する．

$$M = k\sqrt{L_1 L_2} \tag{9.10}$$

ここで，$0 \leq k \leq 1$ である．$k = 0$ とは，相互誘導現象がまったく見られない場合であり，$k = 1$ とは，1 次コイルで生成される磁束がすべて 2 次コイルを貫く理想的な場合である．

9.6.2 理想変成器

1 次側と 2 次側のコイルの巻数が N_1 と N_2 であり，$k = 1$ の相互誘導回路を考える．このとき，次式が成り立つ．

$$L_1 = \frac{N_1}{I_1}\Phi, \quad L_2 = \frac{N_2}{I_2}\Phi \tag{9.11}$$

$$M = \frac{N_2}{I_1}\Phi, \quad M = \frac{N_1}{I_2}\Phi \tag{9.12}$$

いま，巻数比を $N_1 : N_2 = 1 : n$ と書くと，式 (9.11)，(9.12) から次式の関係が導かれる．

$$L_1 = \frac{N_1}{N_2}M = \frac{1}{n}M, \quad L_2 = \frac{N_2}{N_1}M = nM \tag{9.13}$$

一方，相互誘導の基本式は次式で表される．

$$\begin{cases} \dot{V}_1 = j\omega L_1 \dot{I}_1 + j\omega M \dot{I}_2 \\ \dot{V}_2 = j\omega M \dot{I}_1 + j\omega L_2 \dot{I}_2 \end{cases} \tag{9.14}$$

式 (9.14) に式 (9.13) を代入すると次式を得る．

$$\dot{V}_2 = j\omega n L_1 \dot{I}_1 + j\omega n M \dot{I}_2 = n\left(j\omega L_1 \dot{I}_1 + j\omega M \dot{I}_2\right) = n\dot{V}_1 \tag{9.15}$$

次に，1 次側端子に交流電圧源を接続し，2 次側端子にインピーダンス $\dot{Z}$ の負荷を接続した図 9.15 のような相互誘導回路を考える．この回路は図 9.16 のような等価回路で表せるので，電流 $\dot{I}_1$ と $\dot{I}_2$ の関係は分流比より求めることができて，次式となる．

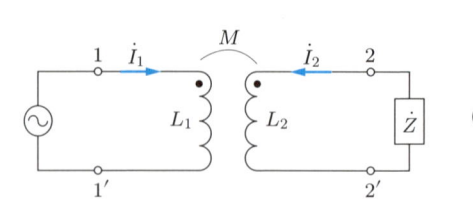

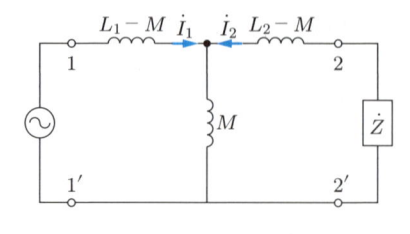

図 9.15　相互誘導回路

図 9.16　図 9.15 の等価回路

$$\dot{I}_2 = -\frac{j\omega M}{j\omega M + j\omega(L_2 - M) + \dot{Z}}\dot{I}_1 = -\frac{j\omega M}{j\omega L_2 + \dot{Z}}\dot{I}_1 \tag{9.16}$$

いま，$\omega L_2 \gg |\dot{Z}|$ とすると，式 (9.16) は次式で表せる．

$$\dot{I}_2 = -\frac{j\omega M}{j\omega L_2}\dot{I}_1 = -\frac{M}{L_2}\dot{I}_1 = -\frac{1}{n}\dot{I}_1 \tag{9.17}$$

このように，$k = 1$，$\omega L_2 \gg |\dot{Z}|$ の相互誘導回路を**理想変成器**とよび，図 9.17 のような回路図で表す．また，式 (9.15) と式 (9.17) から次式の関係がある．

$$\dot{V}_2 = n\dot{V}_1, \quad \dot{I}_1 = -n\dot{I}_2 \tag{9.18}$$

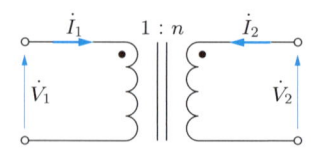

図 9.17　理想変成器の回路図

○**例題 9.5**　図 9.18 に示すような相互誘導回路の端子 1-1' から見たインピーダンス $\dot{Z}_1$ を求めよ．

解　理想変成器の関係式である式 (9.18) から，次式が導かれる．

$$\dot{V}_2 = n\dot{V}_1, \quad \dot{I}_1 = -n\dot{I}_2$$

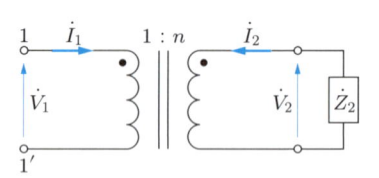

図 9.18

また，$\dot{V}_2 = -\dot{Z}_2\dot{I}_2$ の関係がある．したがって，インピーダンス $\dot{Z}_1$ は次式となる．

$$\dot{Z}_1 = \frac{\dot{V}_1}{\dot{I}_1} = -\frac{\dot{V}_2/n}{n\dot{I}_2} = \frac{\dot{Z}_2}{n^2}$$

演習問題

9.1 問図 9.1 に示す相互誘導回路を等価回路に置き換えて，端子 a-b 間のインピーダンスを求めよ．

9.2 問図 9.2 に示す相互誘導回路を等価回路に置き換えて，端子 a-b 間のインピーダンスを求めよ．

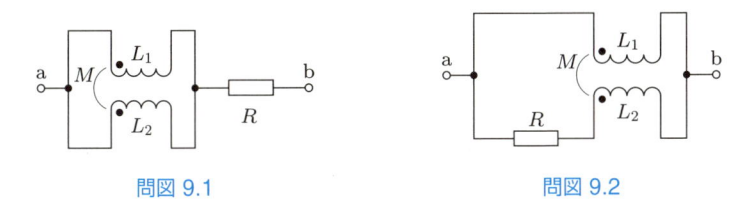

問図 9.1

問図 9.2

9.3 問図 9.3 に示す相互誘導回路を等価回路に置き換えて，端子 a-b 間のインピーダンスを求めよ．

9.4 問図 9.4 に示す相互誘導回路について，閉路方程式を立てよ．

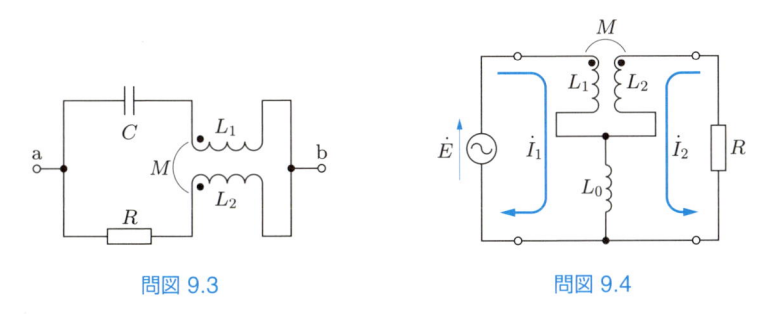

問図 9.3

問図 9.4

9.5 問図 9.5 に示す相互誘導回路について，閉路方程式を立てよ．相互誘導回路の巻線の方向（図中黒丸の位置）に注意せよ．

9.6 問図 9.6 に示す相互誘導回路について，以下の問いに答えよ．
  (1) 等価回路に置き換えて，電流 $\dot{I}_1$ と $\dot{I}_2$ について閉路方程式を立てよ．
  (2) 抵抗 R の両端に現れる電圧 $\dot{V}_R$ を求めよ．

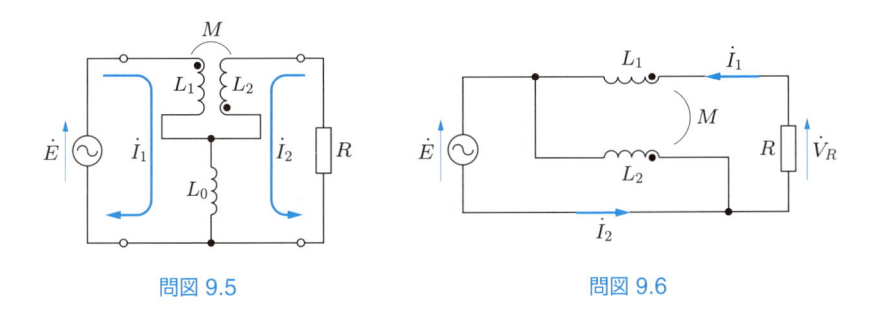

問図 9.5

問図 9.6

(3) 電圧 $\dot{V}_R$ が電源電圧 $\dot{E}$ と同位相になる条件を求めよ．

9.7 問図 9.7 に示す相互誘導回路について，以下の問いに答えよ．
　(1) 閉路 1 と 2 について閉路方程式を立てよ．
　(2) 端子 1-1' から右側を見た回路のインピーダンス $\dot{Z}$ を求めよ．
　(3) 抵抗 r が $0\sim+\infty$ まで変化したときのインピーダンス $\dot{Z}$ のベクトル軌跡を描け．
　(4) インピーダンス $\dot{Z}$ の実効抵抗（実数部）を最大にする r の値を求めよ．

9.8 相互誘導回路を含む問図 9.8 の回路について，以下の問いに答えよ．
　(1) 端子 a-a' を開放したときの $\dot{I}_1$ と $\dot{V}_2$ を求めよ．
　(2) 端子 a-a' から見たテブナンの等価回路を求めよ．
　(3) 端子 a-a' に抵抗 R_L を接続したとき，その抵抗の両端に現れる電圧 $\dot{V}_L$ を求めよ．

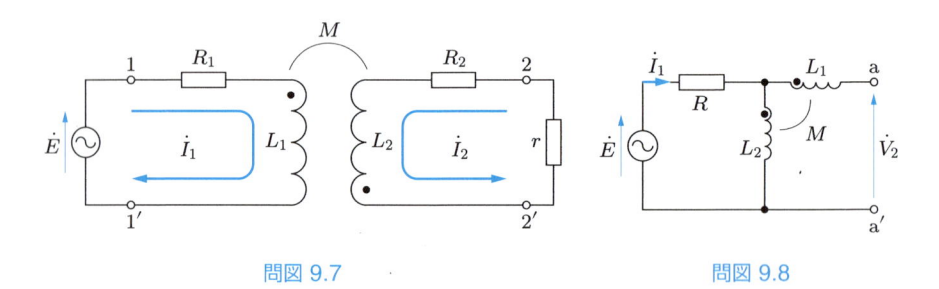

問図 9.7　　　　　　　　　　問図 9.8

9.9 相互誘導回路を含む問図 9.9 の回路について，以下の問いに答えよ．
　(1) スイッチが開いているときの端子 a-a' から見た回路のインピーダンスを求めよ．
　(2) スイッチを閉じたときの端子 a-a' から見た回路のインピーダンスを求めよ．

9.10 相互誘導回路を含む問図 9.10 の回路について，抵抗 R で消費される有効電力を求めよ．

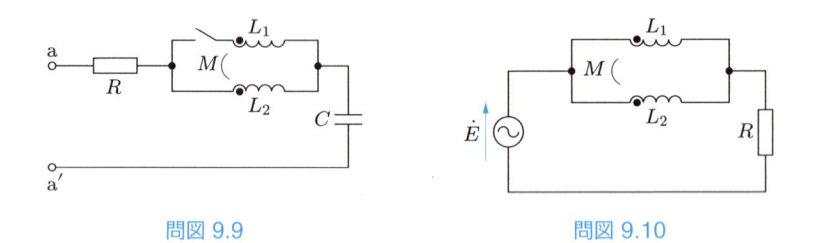

問図 9.9　　　　　　　　　　問図 9.10

9.11 問図 9.11 に示す理想変成器を含む回路の端子 1-1' から見たインピーダンス $\dot{Z}$ を求めよ．
9.12 問図 9.12 に示す理想変成器を含む回路について，以下の値を求めよ．ただし，$r = 4\,[\Omega]$，$R = 4\,[\Omega]$，交流電圧源 $\dot{E} = 200e^{j0}\,[\mathrm{V}]$，巻数比 $N_1 : N_2 = 2 : 1$ とする．
　(1) 変成器 1 次側から見たインピーダンスの値
　(2) 電源から見たインピーダンスの値
　(3) 1 次側電流と 2 次側電流の値
　(4) 1 次側電圧と 2 次側電圧の値

問図 9.11

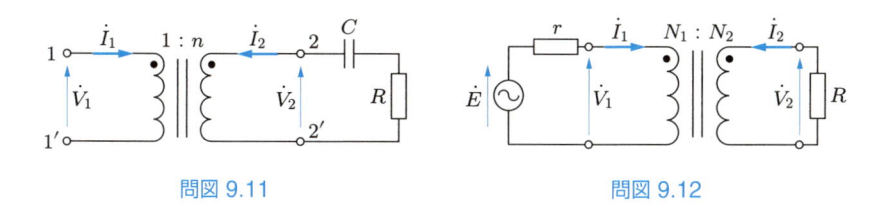

問図 9.12

(5) 抵抗 r および R で消費される電力の値

9.13 問図 9.13 に示す理想変成器を含む回路について，以下の問いに答えよ．

(1) 電流 $\dot{I}_1$ と $\dot{I}_2$ を求めよ．

(2) 抵抗 R_3 で消費される電力 P_e を求めよ．

9.14 問図 9.12 に示した理想変成器を含む回路について，巻数比が $1:n$ のとき，抵抗 R で消費される電力が最大となるための n の値を求めよ．

9.15 問図 9.14 に示すブリッジ回路の平衡条件（図中 D の検流計に流れる電流が 0 となる条件）を，閉路 1, 2, 3 に関する閉路方程式を解いて求めよ．

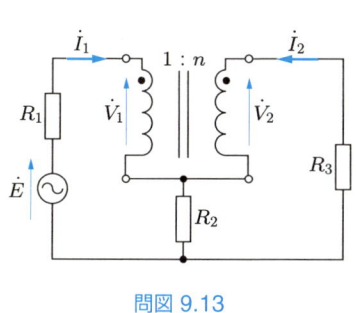

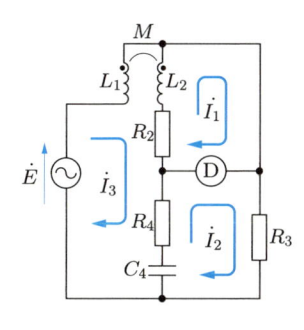

問図 9.13

問図 9.14

第10章 一端子対回路

図 10.1 のような，2 個の端子をもつ回路網を**一端子対回路**という．ここで，一端子対とは，通常，電源が接続されるところを指し，この一端子対から見たインピーダンスを**駆動点インピーダンス**という．一端子対回路の主題は，周波数の関数としてのインピーダンスやアドミタンスである．

与えられた一端子対回路の周波数特性を求めることは「回路解析」の問題である．一方，与えられた周波数特性をもつ一端子対回路を実現することは「回路構成」の問題である．

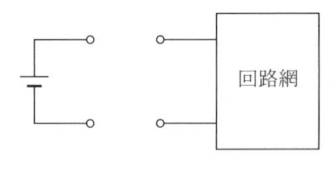

図 10.1　一端子対回路

10.1　リアクタンス回路

リアクタンス素子，すなわちインダクタンス L とキャパシタンス C のみで構成される抵抗のない回路を，**リアクタンス回路**という．リアクタンス回路の駆動点インピーダンスは純虚数であり，次式で表される．

$$Z(j\omega) = jX(\omega)$$

ここで，$Z(\ )$ は**インピーダンス関数**，$X(\ )$ は**リアクタンス**とよばれる．また，リアクタンスの逆数は**サセプタンス** B とよばれる．次式の関係がある．

$$Z = jX = \frac{1}{jB}$$

簡単なリアクタンス回路の周波数特性を，図 10.2 に示す．LC 直列回路において，リアクタンス X は図 (c) のような周波数特性をもつ．このときのリアクタンスは次式で与えられる．

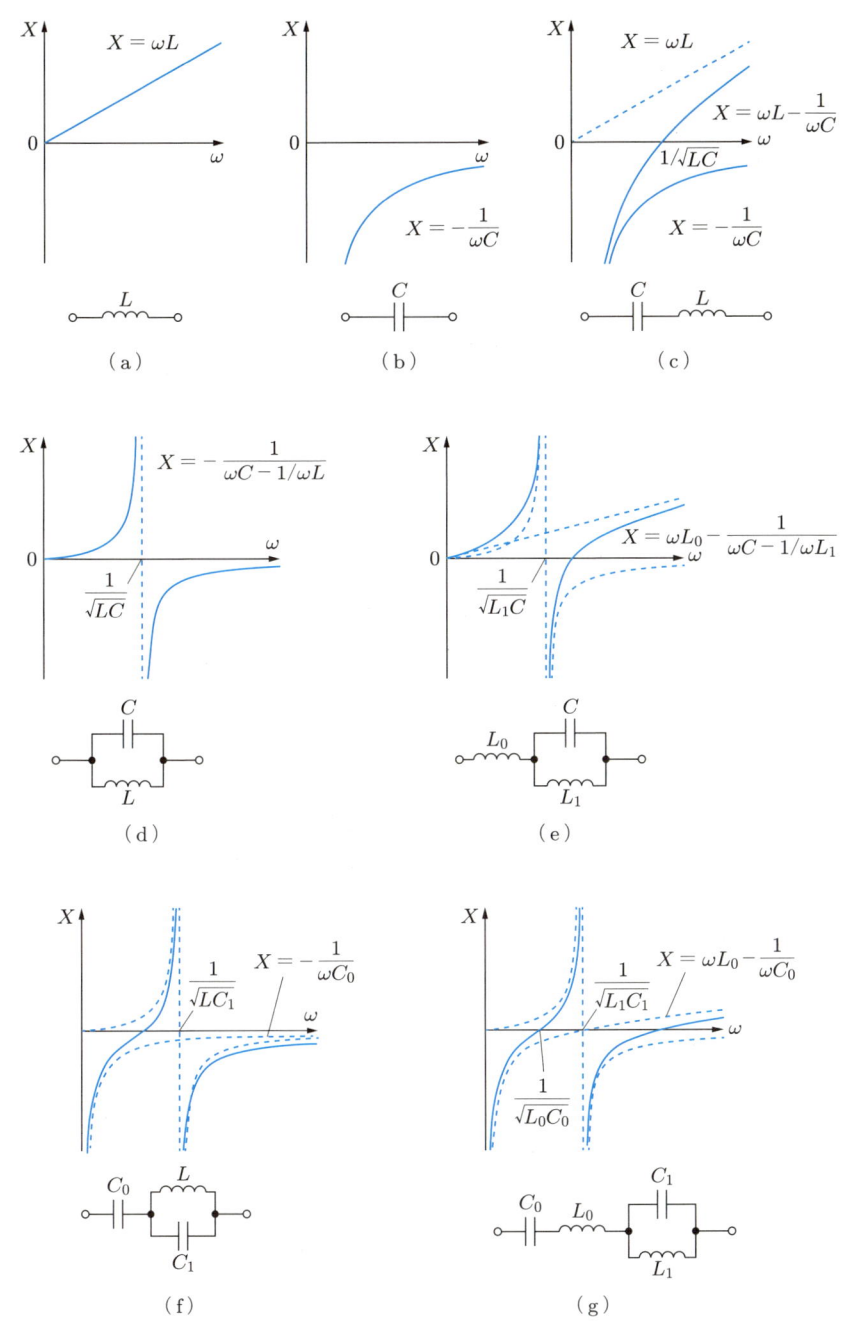

図 10.2 簡単なリアクタンス回路の周波数特性

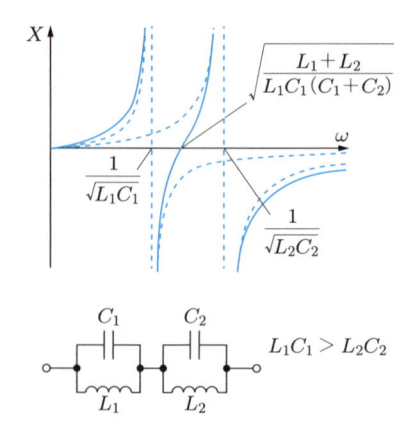

図 10.2 （つづき）

$$X = \omega L - \frac{1}{\omega C} = \frac{\omega^2 LC - 1}{\omega C}$$

ここで，$X = 0$ となる $\omega_r = 1/\sqrt{LC}$ を**共振角周波数**という．

LC並列回路において，リアクタンス X は図 (d) のような周波数特性をもつ．このときのリアクタンスは次式で与えられる．

$$X = -\frac{1}{\omega C - 1/\omega L} = -\frac{\omega L}{\omega^2 LC - 1}$$

ここで，$X = \infty$ となる $\omega_a = 1/\sqrt{LC}$ を**反共振角周波数**という．

以上を整理すると，リアクタンス回路のリアクタンスは有理関数となり，$X = 0$（分子が 0）となる角周波数を共振角周波数といい，$X = \infty$（分母が 0）となる角周波数を反共振角周波数という．

10.2 リアクタンス関数

リアクタンス回路のリアクタンスは ω の単調増加関数であるので，共振点の次は反共振点があり，反共振点の次は共振点というように交互に現れる．このことから，駆動点インピーダンス関数は $s = j\omega$ とおいて，次式で与えられる．

$$Z(s) = \frac{H(s^2 + \omega_1^2)(s^2 + \omega_3^2) \cdots (s^2 + \omega_{2n-1}^2)}{s(s^2 + \omega_2^2)(s^2 + \omega_4^2) \cdots (s^2 + \omega_{2n-2}^2)}$$

ただし，$H > 0$，$0 \leq \omega_1 < \cdots < \omega_{2n-2} < \omega_{2n-1} < \infty$ である．

この関数形をリアクタンス関数という．$\omega_1, \omega_3, \cdots, \omega_{2n-1}$ は共振角周波数であり，

$\omega_2, \omega_4, \cdots, \omega_{2n-2}$ は反共振角周波数である.

$Z(0) = 0$ のときは,$\omega_1 = 0$ とし,$Z(\infty) = 0$ のときは,$(s^2 + \omega_{2n-1}{}^2)$ を取り除く.

以上を整理すると,リアクタンス回路の駆動点インピーダンス関数 $Z(s)$ は次のような性質をもつ.

(1) $Z(s)$ は s の正の実係数の有理関数である.
(2) $Z(s)$ の極(分母 $=0$)と零点(分子 $=0$)は虚軸上に交互に存在する.共振点と反共振点は交互に現れる.
(3) $Z(s)$ は単調増加関数である.

この三つの条件を満たすことを,**フォスターのリアクタンス定理**という.

10.3 リアクタンス回路の構成

駆動点インピーダンス関数が与えられたとき,この関数を満足するリアクタンス回路を構成する方法として,以下の方法が提案されている.

(1) 共振回路による構成(フォスターの方法)
(2) はしご型回路による構成(カウアの方法)

10.3.1 フォスターの方法

(1) 並列共振回路の直列接続による構成(フォスターの第 1 回路)

駆動点インピーダンス関数が次式のようなリアクタンス関数で与えられている.

$$Z(s) = \frac{H(s^2 + \omega_1{}^2)(s^2 + \omega_3{}^2)\cdots(s^2 + \omega_{2n-1}{}^2)}{s(s^2 + \omega_2{}^2)(s^2 + \omega_4{}^2)\cdots(s^2 + \omega_{2n-2}{}^2)} \tag{10.1}$$

上式を部分分数に展開する.

$$Z(s) = s\left(\frac{A_0}{s^2} + \frac{A_2}{s^2 + \omega_2{}^2} + \frac{A_4}{s^2 + \omega_4{}^2} + \cdots + \frac{A_{2n-2}}{s^2 + \omega_{2n-2}{}^2} + A_\infty\right) \tag{10.2}$$

A_k は**留数**とよばれ,次式で表せる.

$$\begin{cases} A_\infty = H \\ A_k = \left\{(s^2 + \omega_k{}^2)\dfrac{Z(s)}{s}\right\}_{s=j\omega_k} \end{cases} \quad (k = 0, 2, \cdots, 2n-2) \tag{10.3}$$

図 10.3 のような L_k と C_k の並列回路のインピーダンス Z_k は次式で与えられる.

$$Z_k = \frac{1}{j\omega C_k + 1/j\omega L_k} = \frac{1}{sC_k + 1/sL_k} = \frac{(1/C_k)s}{s^2 + 1/L_k C_k} \tag{10.4}$$

式 (10.2) は,

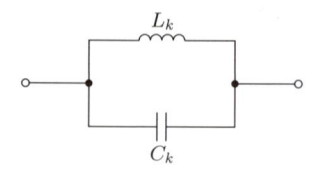

図 10.3　LC 並列共振回路

$$Z(s) = \frac{A_0}{s} + \frac{A_2 s}{s^2 + \omega_2{}^2} + \frac{A_4 s}{s^2 + \omega_4{}^2} + \cdots + \frac{A_k s}{s^2 + \omega_k{}^2} + \cdots + \frac{A_{2n-2} s}{s^2 + \omega_{2n-2}{}^2} + A_\infty s \tag{10.5}$$

となるので，部分分数の k 番目の項を，式 (10.4) で表されるインピーダンス Z_k に等しいとおけば，次式を得る．

$$\frac{A_k s}{s^2 + \omega_k{}^2} = Z_k = \frac{(1/C_k)s}{s^2 + 1/L_k C_k} \tag{10.6}$$

上式から，次式の関係が得られる．

$$A_k = \frac{1}{C_k}, \quad \omega_k{}^2 = \frac{1}{L_k C_k} \tag{10.7}$$

すなわち，

$$C_k = \frac{1}{A_k}, \quad L_k = \frac{1}{C_k \omega_k{}^2} \tag{10.8}$$

となる．したがって，リアクタンス回路は図 10.4 のような回路で実現できる．この回路を**フォスターの第 1 回路**という．

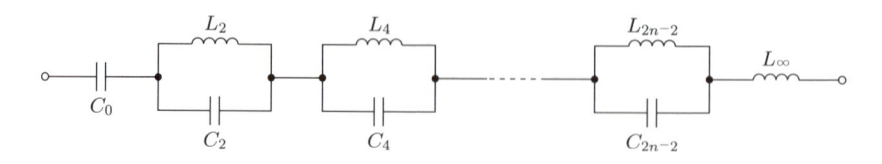

図 10.4　フォスターの第 1 回路

式 (10.5) における第 1 項 A_0/s は，図 10.4 のコンデンサ C_0 のインピーダンスを表すので，

$$\frac{A_0}{s} = Z_0 = \frac{1}{sC_0} \tag{10.9}$$

となる．つまり，

$$C_0 = \frac{1}{A_0} \tag{10.10}$$

を得る．また，式 (10.5) の最後の項 $A_\infty s$ は図 10.4 のインダクタンス L_∞ のインピーダンスを表すので，次式の関係が得られる．

$$sA_\infty = sH = Z_\infty = sL_\infty \tag{10.11}$$

つまり，

$$L_\infty = H \tag{10.12}$$

である．ここで，$s=0$ のとき，$Z(s)=0$ のときは $A_0=0$ となるので，$C_0=\infty$ である．つまり，コンデンサ C_0 を外して短絡する．

また，$s=\infty$ のとき，$Z(s)=0$ のときは，

$$\begin{aligned}Z(s) &= \frac{H(s^2+\omega_1{}^2)(s^2+\omega_3{}^2)\cdots(s^2+\omega_{2n-3}{}^2)}{s(s^2+\omega_2{}^2)(s^2+\omega_4{}^2)\cdots(s^2+\omega_{2n-2}{}^2)} \\ &= \frac{a_0+a_2 s^2+a_4 s^4+\cdots+a_{2n-2}s^{2n-2}}{b_1 s+b_3 s^3+b_5 s^5+\cdots+b_{2n-1}s^{2n-1}}\end{aligned} \tag{10.13}$$

となり，分子の s の次数 $(2n-2)$ が分母の次数 $(2n-1)$ より小さくなるので，$A_\infty=0$ となる．したがって，$L_\infty = A_\infty = 0$ となる．

以上を整理すると，次のようになる．

$$\begin{cases} C_k = \dfrac{1}{A_k} = \left\{\dfrac{s}{(s^2+\omega_k{}^2)Z(s)}\right\}_{s=j\omega_k} \\ L_k = \dfrac{1}{C_k \omega_k{}^2} \end{cases} \quad (k=0,2,\cdots,2n-2) \tag{10.14}$$

駆動点インピーダンス関数の分母に s があれば，$C_0 = 1/A_0 = \{1/sZ(s)\}_{s=0}$ となり，分子に s があれば，コンデンサ C_0 を外して短絡する．

駆動点インピーダンス関数の分子と分母の次数を比較して，分母の次数が小さければ，$L_\infty = H$ となり，分子の次数が小さければ，インダクタンス L_∞ を外して短絡する．

分子の次数が小さい場合とは，言い換えると，リアクタンス X の周波数特性が $\omega = \infty$ で $X = 0$ となるので，共振角周波数より反共振角周波数の方が大きい場合である．

例題 10.1 あるリアクタンス回路の駆動点インピーダンス関数 $Z(s)$ が次式で与えられている．ただし，$H=0.2$，共振角周波数 $\omega_1 = 3\,[\text{rad/s}]$，$\omega_3 = 5\,[\text{rad/s}]$，反共振角周波数 $\omega_2 = 4\,[\text{rad/s}]$ である．この回路をフォスターの第 1 回路で実現せよ．

$$Z(s) = \frac{H(s^2+\omega_1{}^2)(s^2+\omega_3{}^2)}{s(s^2+\omega_2{}^2)} \,[\Omega]$$

解 $s=0$ のとき，$Z(s) \neq 0$ であるので，

$$C_0 = \frac{1}{A_0} = \left\{\frac{1}{sZ(s)}\right\}_{s=0} = \left\{\frac{s(s^2+\omega_2{}^2)}{sH(s^2+\omega_1{}^2)(s^2+\omega_3{}^2)}\right\}_{s=0}$$

$$= \frac{\omega_2{}^2}{H\omega_1{}^2\omega_3{}^2} = \frac{4^2}{0.2 \cdot 3^2 \cdot 5^2} = \frac{16}{45} = 0.356\,[\text{F}]$$

となる．また，$s=\infty$ のとき，$Z(s) \neq 0$ であるので，$L_\infty = H = 0.2\,[\text{H}]$ となる．

反共振周波数は ω_2 だけなので，LC 並列回路は一つとなる．これらのことから，フォスターの第 1 回路は図 10.5 のような回路となる．ここで，C_2 と L_2 の値は次のように計算される．

$$C_2 = \left\{\frac{s}{(s^2+\omega_2{}^2)Z(s)}\right\}_{s=j\omega_2} = \left\{\frac{s^2(s^2+\omega_2{}^2)}{(s^2+\omega_2{}^2)H(s^2+\omega_1{}^2)(s^2+\omega_3{}^2)}\right\}_{s=j\omega_2}$$

$$= \frac{-\omega_2{}^2}{H(-\omega_2{}^2+\omega_1{}^2)(-\omega_2{}^2+\omega_3{}^2)} = \frac{-4^2}{0.2(-4^2+3^2)(-4^2+5^2)}$$

$$= \frac{-16}{0.2 \cdot (-7) \cdot 9} = \frac{16}{12.6} = 1.27\,[\text{F}]$$

$$L_2 = \frac{1}{C_2\omega_2{}^2} = \frac{1}{16/12.6 \cdot 4^2} = \frac{12.6}{256} = 0.049\,[\text{H}]$$

以上より，フォスターの第 1 回路は図 10.5 となり，各素子の値はそれぞれ，次のようになる．

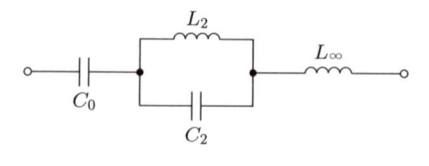

$$C_0 = 0.356\,[\text{F}], \quad C_2 = 1.27\,[\text{F}], \quad L_2 = 0.049\,[\text{H}], \quad L_\infty = 0.2\,[\text{H}]$$

図 10.5

(2) 直列共振回路の並列接続による構成（フォスターの第 2 回路）

式 (10.1) で与えられる駆動点インピーダンス関数 $Z(s)$ から駆動点アドミタンス関数 $Y(s)$ を求めると，次式のようになる．

$$Y(s) = \frac{1}{Z(s)} = \frac{s(s^2+\omega_2{}^2)(s^2+\omega_4{}^2)\cdots(s^2+\omega_{2n-2}{}^2)}{H(s^2+\omega_1{}^2)(s^2+\omega_3{}^2)\cdots(s^2+\omega_{2n-1}{}^2)} \tag{10.15}$$

式 (10.15) を部分分数に展開すると，次式となる．

$$Y(s) = s\left(\frac{B_1}{s^2+\omega_1{}^2} + \frac{B_3}{s^2+\omega_3{}^2} + \cdots + \frac{B_{2n-1}}{s^2+\omega_{2n-1}{}^2}\right) \tag{10.16}$$

B_k は留数であり，式 (10.3) と同様にして，

$$B_k = \left\{(s^2 + \omega_k{}^2)\frac{Y(s)}{s}\right\}_{s=j\omega_k} \quad (k = 1, 3, \cdots, 2n-1) \tag{10.17}$$

となる．図 10.6 のような LC 直列共振回路におけるアドミタンス Y_k は次式となる．

$$Y_k = \frac{sC_k}{1 + L_k C_k s^2} = \frac{(1/L_k)s}{s^2 + 1/L_k C_k} \tag{10.18}$$

式 (10.16) の k 番目の項と式 (10.18) の Y_k を等しいとおくと，

$$Y_k = \frac{B_k s}{s^2 + \omega_k{}^2} = \frac{(1/L_k)s}{s^2 + 1/L_k C_k} \tag{10.19}$$

となるので，次式を得る．

$$B_k = \frac{1}{L_k}, \quad \omega_k{}^2 = \frac{1}{L_k C_k} \tag{10.20}$$

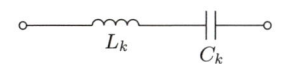

図 10.6　LC 直列共振回路

　これらの結果から，駆動点アドミタンス関数が式 (10.15) で表されるリアクタンス回路は，直列共振回路の並列接続で図 10.7 のように実現することができる．これを**フォスターの第 2 回路**という．

$$\begin{cases} L_k = \left\{\dfrac{s}{(s^2 + \omega_k{}^2)\,Y(s)}\right\}_{s=j\omega_k} \\ C_k = \dfrac{1}{L_k \omega_k{}^2} \end{cases} \quad (k = 1, 3, \cdots, 2n-1) \tag{10.21}$$

ここで，$s = 0$ のとき，$Y(s) = \infty$ ならば，$\omega_1 = 0$ として，$C_1 = \infty$ となる．つまり，C_1 を外して短絡する．$s = \infty$ で $Y(s) = \infty$ ならば，$\omega_{2n-1} = \infty$ として，$L_{2n-1} = 0$

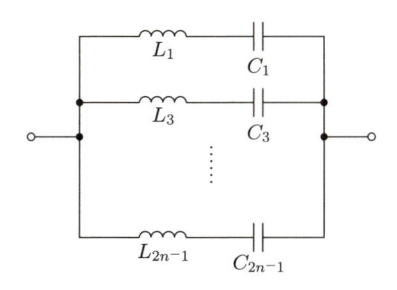

図 10.7　フォスターの第 2 回路

となり，$C_{2n-1} = 1/H$ となる．

例題 10.2 あるリアクタンス回路の駆動点アドミタンス関数 $Y(s)$ が次式で与えられている．ただし，$H = 0.2$, 共振角周波数 $\omega_1 = 3\,[\mathrm{rad/s}]$, $\omega_3 = 5\,[\mathrm{rad/s}]$, 反共振角周波数 $\omega_2 = 4\,[\mathrm{rad/s}]$ である．この回路をフォスターの第 2 回路で実現せよ．

$$Y(s) = \frac{s(s^2 + \omega_2{}^2)}{H(s^2 + \omega_1{}^2)(s^2 + \omega_3{}^2)}\,[\mathrm{S}]$$

解 $s = 0$ のとき，$Y(s) = 0$ であり，共振角周波数は ω_1 と ω_2 の二つあるので，直列共振回路が 2 個必要となる．また，$s = \infty$ のとき，$Y(s) = 0$ であるので，図 10.8 のような回路となる．それぞれの素子の値は以下のように計算される．

$$L_1 = \left\{\frac{s}{(s^2 + \omega_1{}^2)Y(s)}\right\}_{s=j\omega_1} = \left\{\frac{sH(s^2 + \omega_1{}^2)(s^2 + \omega_3{}^2)}{(s^2 + \omega_1{}^2)\,s(s^2 + \omega_2{}^2)}\right\}_{s=j\omega_1}$$

$$= \frac{H(-\omega_1{}^2 + \omega_3{}^2)}{-\omega_1{}^2 + \omega_2{}^2} = \frac{0.2(-3^2 + 5^2)}{-3^2 + 4^2} = \frac{3.2}{7} = 0.457\,[\mathrm{H}]$$

$$C_1 = \frac{1}{3.2/7 \cdot 3^2} = 0.243\,[\mathrm{F}]$$

$$L_3 = \left\{\frac{s}{(s^2 + \omega_3{}^2)Y(s)}\right\}_{s=j\omega_3} = \left\{\frac{sH(s^2 + \omega_1{}^2)(s^2 + \omega_3{}^2)}{(s^2 + \omega_3{}^2)\,s(s^2 + \omega_2{}^2)}\right\}_{s=j\omega_3}$$

$$= \frac{H(-\omega_3{}^2 + \omega_1{}^2)}{-\omega_3{}^2 + \omega_2{}^2} = \frac{0.2(-5^2 + 3^2)}{-5^2 + 4^2} = \frac{-0.2 \cdot 16}{-9} = 0.356\,[\mathrm{H}]$$

$$C_3 = \frac{1}{L_3\omega_3{}^2} = \frac{1}{0.356 \cdot 5^2} = 0.112\,[\mathrm{F}]$$

以上のことから，フォスターの第 2 回路は図 10.8 となり，各素子の値はそれぞれ次のようになる．

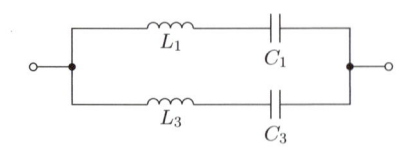

$$C_1 = 0.243\,[\mathrm{F}], \quad C_3 = 0.112\,[\mathrm{F}], \quad L_1 = 0.457\,[\mathrm{H}], \quad L_3 = 0.356\,[\mathrm{H}]$$

図 10.8

10.3.2 カウアの方法

リアクタンス回路の駆動点インピーダンス関数 $Z(s)$ を s の多項式で表すと，次式となる．

$$Z(s) = \frac{H(s^2 + \omega_1{}^2)(s^2 + \omega_3{}^2)\cdots(s^2 + \omega_{2n-1}{}^2)}{s(s^2 + \omega_2{}^2)(s^2 + \omega_4{}^2)\cdots(s^2 + \omega_{2n-2}{}^2)}$$

$$= \frac{a_0 + a_2 s^2 + a_4 s^4 + \cdots + a_{2n} s^{2n}}{s(b_1 + b_3 s^2 + b_5 s^4 + \cdots + b_{2n-1} s^{2n-2})} \tag{10.22}$$

ここで，式 (10.22) の分子を次のように変形して，s の最高次の項から分母をくくり出す．

$$\begin{aligned}
\text{分子} =& \frac{a_{2n}}{b_{2n-1}} s \left(b_{2n-1} s^{2n-1} + \cdots + b_3 s^3 + b_1 s \right) \\
& - \frac{a_{2n}}{b_{2n-1}} \left(b_{2n-3} s^{2n-2} + \cdots + b_3 s^4 + b_1 s^2 \right) \\
& + a_{2n-2} s^{2n-2} + \cdots + a_4 s^4 + a_2 s^2 + a_0
\end{aligned}$$

すると，式 (10.22) は次のような形になる．

$$Z(s) = \frac{a_{2n}}{b_{2n-1}} s + \frac{c_{2n-2} s^{2n-2} + \cdots + c_4 s^4 + c_2 s^2 + c_0}{b_{2n-1} s^{2n-1} + \cdots + b_3 s^3 + b_1 s} \tag{10.23}$$

上式の第 2 項は，今度は逆に分母のほうが s の次数が高いので，全体を分母にもってきて分母分子を逆にし，同様に最高次の項からくくり出すと次のような形となる．

$$Z(s) = \frac{a_{2n}}{b_{2n-1}} s + \cfrac{1}{\cfrac{b_{2n-1}}{c_{2n-2}} s + \cfrac{d_{2n-3} s^{2n-3} + \cdots + d_3 s^3 + d_1 s}{c_{2n-2} s^{2n-2} + \cdots + c_4 s^4 + c_2 s^2 + c_0}} \tag{10.24}$$

このような変形を繰り返していくと，$Z(s)$ は連分数の形となり，次式で表せる．

$$Z(s) = \frac{a_{2n}}{b_{2n-1}} s + \cfrac{1}{\cfrac{b_{2n-1}}{c_{2n-2}} s + \cfrac{1}{\cfrac{c_{2n-2}}{d_{2n-3}} s + \cfrac{1}{\cfrac{d_{2n-3}}{e_{2n-4}} s + \cdots}}} \tag{10.25}$$

一方，図 10.9 のような**はしご型回路**のインピーダンス $\dot{Z}$ は次式となる．

$$\dot{Z} = j\omega L_1 + \cfrac{1}{j\omega C_1 + \cfrac{1}{j\omega L_2 + \cfrac{1}{j\omega C_2 + \cdots}}} \tag{10.26}$$

式 (10.25) と式 (10.26) を比較して，$s = j\omega$ を考慮すると次式を得る．このようにしてはしご型回路で実現する手法を**カウアの方法**という．

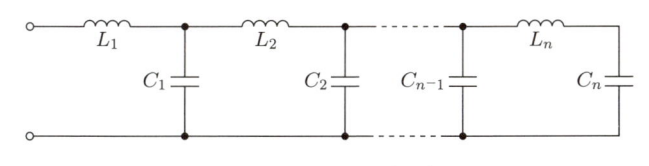

図 10.9　はしご型回路

$$L_1 = \frac{a_{2n}}{b_{2n-1}}, \quad L_2 = \frac{c_{2n-2}}{d_{2n-3}}, \cdots \tag{10.27}$$

$$C_1 = \frac{b_{2n-1}}{c_{2n-2}}, \quad C_2 = \frac{d_{2n-3}}{e_{2n-4}}, \cdots \tag{10.28}$$

例題 10.3 あるリアクタンス回路の駆動点インピーダンス関数 $Z(s)$ が次式で与えられている．ただし，$H = 0.2$，共振角周波数 $\omega_1 = 3\,[\mathrm{rad/s}]$，$\omega_3 = 5\,[\mathrm{rad/s}]$，反共振角周波数 $\omega_2 = 4\,[\mathrm{rad/s}]$ である．この回路をカウアの回路で実現せよ．

$$Z(s) = \frac{H(s^2 + \omega_1{}^2)(s^2 + \omega_3{}^2)}{s(s^2 + \omega_2{}^2)}\,[\Omega]$$

解 $Z(s)$ は次のようになる．

$$\begin{aligned}
Z(s) &= \frac{0.2(s^2+3^2)(s^2+5^2)}{s(s^2+4^2)} = \frac{0.2s^4+6.8s^2+45}{s^3+16s} = 0.2s + \frac{3.6s^2+45}{s^3+16s} \\
&= 0.2s + \cfrac{1}{\cfrac{s^3+16s}{3.6s^2+45}} = 0.2s + \cfrac{1}{\cfrac{1}{3.6}s + \cfrac{3.5s}{3.6s^2+45}} \\
&= 0.2s + \cfrac{1}{0.278s + \cfrac{1}{\cfrac{3.6s^2+45}{3.5s}}} = 0.2s + \cfrac{1}{0.278s + \cfrac{1}{\cfrac{3.6}{3.5}s + \cfrac{45}{3.5s}}} \\
&= 0.2s + \cfrac{1}{0.278s + \cfrac{1}{1.03s + \cfrac{1}{0.0778s}}} = sL_1 + \cfrac{1}{C_1 s + \cfrac{1}{L_2 s + \cfrac{1}{C_2 s}}}
\end{aligned}$$

よって，$L_1 = 0.2\,[\mathrm{H}]$，$C_1 = 0.278\,[\mathrm{F}]$，$L_2 = 1.03\,[\mathrm{H}]$，$C_2 = 0.0778\,[\mathrm{F}]$ となり，回路図は図 10.10 となる．

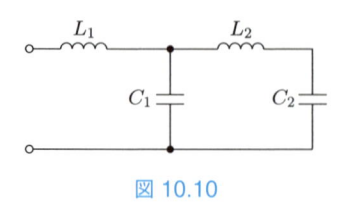

図 10.10

演習問題

10.1 問図 10.1 の三つの回路について，それぞれ端子 a-b に角周波数 ω の電圧源 $\dot{E} = \dot{E}_0 e^{j0}$ を接続した．以下の問いに答えよ．

(1) 電源から見たインピーダンス $\dot{Z}$ を求めよ．

(2) リアクタンス X を求めよ．

(3) 共振周波数 ω_r と反共振周波数 ω_a を求めよ．

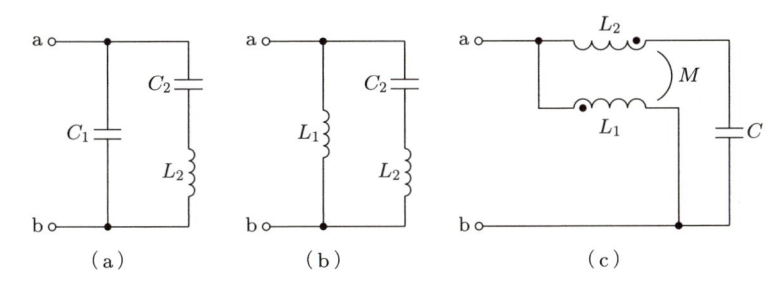

問図 10.1

(4) リアクタンス X の周波数特性を図示せよ．

(5) 駆動点インピーダンス関数 $Z(s)$ を求めよ．

10.2 あるリアクタンス回路の駆動点インピーダンス関数が次式で与えられている．以下の問いに答えよ．

$$Z(s) = \frac{16(s^2+1)(s^2+9)}{s(s^2+4)(s^2+16)} \, [\Omega]$$

(1) 共振角周波数 ω_r と反共振角周波数 ω_a を求めよ．

(2) リアクタンスの周波数特性を図示せよ．

10.3 あるリアクタンス回路の駆動点インピーダンス関数が次式で与えられている．以下の問いに答えよ．

$$Z(s) = \frac{5s(s^2+4)(s^2+16)}{(s^2+1)(s^2+9)} \, [\Omega]$$

(1) 共振角周波数 ω_r と反共振角周波数 ω_a を求めよ．

(2) リアクタンスの周波数特性を図示せよ．

10.4 あるリアクタンス回路の駆動点インピーダンス関数が次式で与えられている．以下の問いに答えよ．

$$Z(s) = \frac{9s^4 + 10s^2 + 1}{4s^3 + s} \, [\Omega]$$

(1) 共振角周波数 ω_r と反共振角周波数 ω_a を求めよ．

(2) リアクタンスの周波数特性を図示せよ．

10.5 あるリアクタンス回路の駆動点インピーダンス関数が次式で与えられている．以下の問いに答えよ．

$$Z(s) = \frac{s^3 + 4s}{5s^4 + 50s^2 + 45} \, [\Omega]$$

(1) 共振角周波数 ω_r と反共振角周波数 ω_a を求めよ．

(2) リアクタンスの周波数特性を図示せよ．

10.6 あるリアクタンス回路の駆動点インピーダンス関数が次式で与えられている．フォスターの第 1 回路でリアクタンス回路を実現せよ．

$$Z(s) = \frac{16(s^2+1)(s^2+9)}{s(s^2+4)(s^2+16)} \, [\Omega]$$

10.7 あるリアクタンス回路の駆動点インピーダンス関数が次式で与えられている．フォスターの第 1 回路でリアクタンス回路を実現せよ．

$$Z(s) = \frac{5s(s^2+4)(s^2+16)}{(s^2+1)(s^2+9)} \, [\Omega]$$

10.8 あるリアクタンス回路の駆動点インピーダンス関数が次式で与えられている．フォスターの第 1 回路でリアクタンス回路を実現せよ．

$$Z(s) = \frac{9s^4 + 10s^2 + 1}{4s^3 + s} \, [\Omega]$$

10.9 あるリアクタンス回路の駆動点インピーダンス関数が次式で与えられている．フォスターの第 1 回路でリアクタンス回路を実現せよ．

$$Z(s) = \frac{s^3 + 4s}{5s^4 + 50s^2 + 45} \, [\Omega]$$

10.10 あるリアクタンス回路の駆動点インピーダンス関数が次式で与えられている．カウアの回路でリアクタンス回路を実現せよ．

$$Z(s) = \frac{9s^4 + 10s^2 + 1}{4s^3 + s} \, [\Omega]$$

10.11 あるリアクタンス回路の駆動点インピーダンス関数が次式で与えられている．カウアの回路でリアクタンス回路を実現せよ．

$$Z(s) = \frac{s^3 + 4s}{5s^4 + 50s^2 + 45} \, [\Omega]$$

第11章 二端子対回路

回路網から二つの端子対を引き出した二端子対回路について考える．二つの端子対をそれぞれ入力と出力と考えると，回路網を入力と出力の関係として特徴づけることができる．すなわち，二つの端子対での電圧と電流を関係づける四つのパラメータを2×2の行列で表す．本章ではとくに，インピーダンスパラメータ，アドミタンスパラメータ，ハイブリッドパラメータ，四端子定数について述べる．

11.1 インピーダンスパラメータ（Zパラメータ）

図 11.1 のような構成の回路を**二端子対回路**という．二端子対回路で，回路網が以下の条件を満足する場合を考える．

(1) 電源を含まない．
(2) 線形な素子（抵抗，コイル，コンデンサ）のみで構成されている．
(3) 流入電流と流出電流が等しい．

図 11.1 二端子対回路

上記三つの条件を満足するとき，端子 1-1′ の電圧 $\dot{V}_1$ および電流 $\dot{I}_1$ と端子 2-2′ の電圧 $\dot{V}_2$ および電流 $\dot{I}_2$ は，次のような行列で表される．

$$\begin{bmatrix} \dot{V}_1 \\ \dot{V}_2 \end{bmatrix} = \begin{bmatrix} \dot{Z}_{11} & \dot{Z}_{12} \\ \dot{Z}_{21} & \dot{Z}_{22} \end{bmatrix} \begin{bmatrix} \dot{I}_1 \\ \dot{I}_2 \end{bmatrix} \tag{11.1}$$

ここで，$\dot{Z}_{11}, \dot{Z}_{12}, \dot{Z}_{21}, \dot{Z}_{22}$ は**インピーダンスパラメータ（Zパラメータ）**とよばれる．

Z パラメータの求め方は次のようにすればよい．
(1) 端子 2-2′ を開放する．$\dot{I}_2 = 0$ となるので，式 (11.1) より次のようになる．

$$\dot{V}_1 = \dot{Z}_{11}\dot{I}_1 + \dot{Z}_{12}\dot{I}_2 = \dot{Z}_{11}\dot{I}_1, \quad \dot{V}_2 = \dot{Z}_{21}\dot{I}_1 + \dot{Z}_{22}\dot{I}_2 = \dot{Z}_{21}\dot{I}_1$$

$$\therefore \dot{Z}_{11} = \left(\frac{\dot{V}_1}{\dot{I}_1}\right)_{\dot{I}_2=0}, \quad \dot{Z}_{21} = \left(\frac{\dot{V}_2}{\dot{I}_1}\right)_{\dot{I}_2=0}$$

(2) 端子 1-1′ を開放する．$\dot{I}_1 = 0$ となるので，次のようになる．

$$\dot{V}_1 = \dot{Z}_{11}\dot{I}_1 + \dot{Z}_{12}\dot{I}_2 = \dot{Z}_{12}\dot{I}_2, \quad \dot{V}_2 = \dot{Z}_{21}\dot{I}_1 + \dot{Z}_{22}\dot{I}_2 = \dot{Z}_{22}\dot{I}_2$$

$$\therefore \dot{Z}_{12} = \left(\frac{\dot{V}_1}{\dot{I}_2}\right)_{\dot{I}_1=0}, \quad \dot{Z}_{22} = \left(\frac{\dot{V}_2}{\dot{I}_2}\right)_{\dot{I}_1=0}$$

例題 11.1 図 11.2 の T 型回路の Z パラメータを求めよ．

解 (1) 端子 2-2′ を開放する．

$$\dot{I}_2 = 0, \quad \dot{V}_1 = (\dot{Z}_1 + \dot{Z}_2)\dot{I}_1, \quad \dot{V}_2 = \dot{Z}_2\dot{I}_1,$$

$$\dot{Z}_{11} = \left(\frac{\dot{V}_1}{\dot{I}_1}\right)_{\dot{I}_2=0} = \dot{Z}_1 + \dot{Z}_2,$$

$$\dot{Z}_{21} = \left(\frac{\dot{V}_2}{\dot{I}_1}\right)_{\dot{I}_2=0} = \dot{Z}_2$$

図 11.2

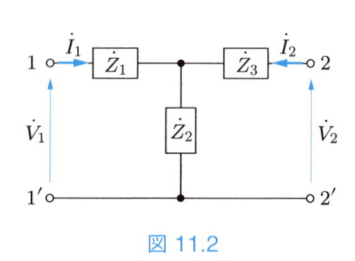

(2) 端子 1-1′ を開放する．

$$\dot{I}_1 = 0, \quad \dot{V}_2 = (\dot{Z}_2 + \dot{Z}_3)\dot{I}_2, \quad \dot{V}_1 = \dot{Z}_2\dot{I}_2,$$

$$\dot{Z}_{12} = \left(\frac{\dot{V}_1}{\dot{I}_2}\right)_{\dot{I}_1=0} = \dot{Z}_2, \quad \dot{Z}_{22} = \left(\frac{\dot{V}_2}{\dot{I}_2}\right)_{\dot{I}_1=0} = \dot{Z}_2 + \dot{Z}_3$$

以上から，Z パラメータを行列で表すと次式となる．

$$\begin{bmatrix} \dot{Z}_{11} & \dot{Z}_{12} \\ \dot{Z}_{21} & \dot{Z}_{22} \end{bmatrix} = \begin{bmatrix} \dot{Z}_1 + \dot{Z}_2 & \dot{Z}_2 \\ \dot{Z}_2 & \dot{Z}_2 + \dot{Z}_3 \end{bmatrix}$$

11.2 アドミタンスパラメータ（Y パラメータ）

次式を満足する $\dot{Y}_{11}, \dot{Y}_{12}, \dot{Y}_{21}, \dot{Y}_{22}$ は，アドミタンスパラメータ（Y パラメータ）とよばれる．

$$\begin{bmatrix} \dot{I}_1 \\ \dot{I}_2 \end{bmatrix} = \begin{bmatrix} \dot{Y}_{11} & \dot{Y}_{12} \\ \dot{Y}_{21} & \dot{Y}_{22} \end{bmatrix} \begin{bmatrix} \dot{V}_1 \\ \dot{V}_2 \end{bmatrix} \quad (11.2)$$

Y パラメータと Z パラメータの関係は互いに逆行列となっており，次式で表される．

$$\begin{bmatrix} \dot{Y}_{11} & \dot{Y}_{12} \\ \dot{Y}_{21} & \dot{Y}_{22} \end{bmatrix} = \frac{1}{\dot{Z}_{11}\dot{Z}_{22} - \dot{Z}_{12}\dot{Z}_{21}} \begin{bmatrix} \dot{Z}_{22} & -\dot{Z}_{12} \\ -\dot{Z}_{21} & \dot{Z}_{11} \end{bmatrix} \quad (11.3)$$

Y パラメータの求め方は,次のようにすればよい.

(1) 端子 2-2′ を短絡する.$\dot{V}_2 = 0$ となるので,式 (11.2) より次のようになる.

$$\dot{I}_1 = \dot{Y}_{11}\dot{V}_1 + \dot{Y}_{12}\dot{V}_2 = \dot{Y}_{11}\dot{V}_1, \quad \dot{I}_2 = \dot{Y}_{21}\dot{V}_1 + \dot{Y}_{22}\dot{V}_2 = \dot{Y}_{21}\dot{V}_1$$

$$\therefore \dot{Y}_{11} = \left(\frac{\dot{I}_1}{\dot{V}_1}\right)_{\dot{V}_2=0}, \quad \dot{Y}_{21} = \left(\frac{\dot{I}_2}{\dot{V}_1}\right)_{\dot{V}_2=0}$$

(2) 端子 1-1′ を短絡する.$\dot{V}_1 = 0$ となるので,次のようになる.

$$\dot{I}_1 = \dot{Y}_{11}\dot{V}_1 + \dot{Y}_{12}\dot{V}_2 = \dot{Y}_{12}\dot{V}_2, \quad \dot{I}_2 = \dot{Y}_{21}\dot{V}_1 + \dot{Y}_{22}\dot{V}_2 = \dot{Y}_{22}\dot{V}_2$$

$$\therefore \dot{Y}_{12} = \left(\frac{\dot{I}_1}{\dot{V}_2}\right)_{\dot{V}_1=0}, \quad \dot{Y}_{22} = \left(\frac{\dot{I}_2}{\dot{V}_2}\right)_{\dot{V}_1=0}$$

例題 11.2 図 11.3 の π 型回路の Y パラメータを求めよ.

解 (1) 端子 2-2′ を短絡する.これは,$\dot{Y}_3$ を外して開放することに等しい.

$$\dot{V}_2 = 0, \quad \dot{I}_1 = (\dot{Y}_1 + \dot{Y}_2)\dot{V}_1, \quad \dot{I}_2 = -\dot{Y}_2\dot{V}_1,$$

$$\dot{Y}_{11} = \left(\frac{\dot{I}_1}{\dot{V}_1}\right)_{\dot{V}_2=0} = \dot{Y}_1 + \dot{Y}_2,$$

$$\dot{Y}_{21} = \left(\frac{\dot{I}_2}{\dot{V}_1}\right)_{\dot{V}_2=0} = -\dot{Y}_2$$

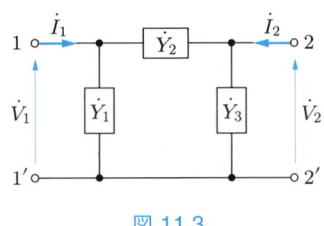

図 11.3

(2) 端子 1-1′ を短絡する.これは,$\dot{Y}_1$ を外して開放することに等しい.

$$\dot{V}_1 = 0, \quad \dot{I}_2 = (\dot{Y}_2 + \dot{Y}_3)\dot{V}_2, \quad \dot{I}_1 = -\dot{Y}_2\dot{V}_2,$$

$$\dot{Y}_{21} = \left(\frac{\dot{I}_1}{\dot{V}_2}\right)_{\dot{V}_1=0} = -\dot{Y}_2, \quad \dot{Y}_{22} = \left(\frac{\dot{I}_2}{\dot{V}_2}\right)_{\dot{V}_1=0} = \dot{Y}_2 + \dot{Y}_3$$

以上のことから,行列で表すと次式となる.

$$\begin{bmatrix} \dot{Y}_{11} & \dot{Y}_{12} \\ \dot{Y}_{21} & \dot{Y}_{22} \end{bmatrix} = \begin{bmatrix} \dot{Y}_1 + \dot{Y}_2 & -\dot{Y}_2 \\ -\dot{Y}_2 & \dot{Y}_2 + \dot{Y}_3 \end{bmatrix}$$

例題 11.3 図 11.3 の π 型回路の Z パラメータを求めよ.

解 Z パラメータは,Y パラメータの逆行列で表される.

$$\begin{bmatrix} \dot{Z}_{11} & \dot{Z}_{12} \\ \dot{Z}_{21} & \dot{Z}_{22} \end{bmatrix} = \begin{bmatrix} \dot{Y}_1 + \dot{Y}_2 & -\dot{Y}_2 \\ -\dot{Y}_2 & \dot{Y}_2 + \dot{Y}_3 \end{bmatrix}^{-1}$$

$$= \frac{1}{(\dot{Y}_1 + \dot{Y}_2)(\dot{Y}_2 + \dot{Y}_3) - \dot{Y}_2^2} \begin{bmatrix} \dot{Y}_2 + \dot{Y}_3 & \dot{Y}_2 \\ \dot{Y}_2 & \dot{Y}_1 + \dot{Y}_2 \end{bmatrix}$$

$$= \frac{1}{\dot{Y}_1 \dot{Y}_2 + \dot{Y}_2 \dot{Y}_3 + \dot{Y}_3 \dot{Y}_1} \begin{bmatrix} \dot{Y}_2 + \dot{Y}_3 & \dot{Y}_2 \\ \dot{Y}_2 & \dot{Y}_1 + \dot{Y}_2 \end{bmatrix}$$

π 型回路の素子をインピーダンスで表す．すなわち，$\dot{Z}_1 = 1/\dot{Y}_1$, $\dot{Z}_2 = 1/\dot{Y}_2$, $\dot{Z}_3 = 1/\dot{Y}_3$ を上式に代入する．

$$\begin{bmatrix} \dot{Z}_{11} & \dot{Z}_{12} \\ \dot{Z}_{21} & \dot{Z}_{22} \end{bmatrix} = \frac{1}{\dot{Y}_1 \dot{Y}_2 + \dot{Y}_2 \dot{Y}_3 + \dot{Y}_3 \dot{Y}_1} \begin{bmatrix} \dot{Y}_2 + \dot{Y}_3 & \dot{Y}_2 \\ \dot{Y}_2 & \dot{Y}_1 + \dot{Y}_2 \end{bmatrix}$$

$$= \frac{1}{\dfrac{1}{\dot{Z}_1 \dot{Z}_2} + \dfrac{1}{\dot{Z}_2 \dot{Z}_3} + \dfrac{1}{\dot{Z}_3 \dot{Z}_1}} \begin{bmatrix} \dfrac{1}{\dot{Z}_2} + \dfrac{1}{\dot{Z}_3} & \dfrac{1}{\dot{Z}_2} \\ \dfrac{1}{\dot{Z}_2} & \dfrac{1}{\dot{Z}_1} + \dfrac{1}{\dot{Z}_2} \end{bmatrix}$$

$$= \frac{1}{\dot{Z}_1 + \dot{Z}_2 + \dot{Z}_3} \begin{bmatrix} \dot{Z}_1(\dot{Z}_2 + \dot{Z}_3) & \dot{Z}_1 \dot{Z}_3 \\ \dot{Z}_1 \dot{Z}_3 & \dot{Z}_3(\dot{Z}_1 + \dot{Z}_2) \end{bmatrix}$$

11.3 二端子対回路の直列接続

図 11.4 のように，二つの二端子対回路を直列に接続した回路を考える．電圧と電流は，それぞれ次のような関係がある．

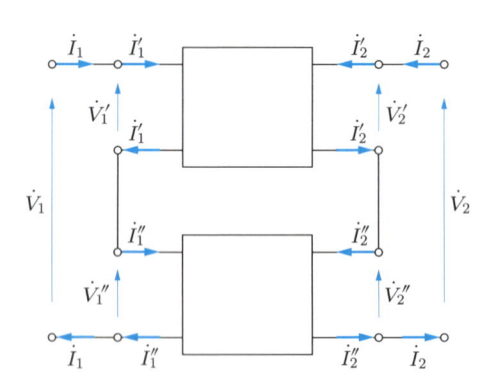

図 11.4 二つの二端子対回路の直列接続

$$\begin{cases}\dot{V}_1=\dot{V}'_1+\dot{V}''_1\\ \dot{V}_2=\dot{V}'_2+\dot{V}''_2\end{cases},\quad \begin{cases}\dot{I}_1=\dot{I}'_1=\dot{I}''_1\\ \dot{I}_2=\dot{I}'_2=\dot{I}''_2\end{cases}$$

Z パラメータを次のように定義する．

$$\begin{bmatrix}\dot{V}_1\\ \dot{V}_2\end{bmatrix}=\begin{bmatrix}\dot{Z}_{11}&\dot{Z}_{12}\\ \dot{Z}_{21}&\dot{Z}_{22}\end{bmatrix}\begin{bmatrix}\dot{I}_1\\ \dot{I}_2\end{bmatrix},\quad \begin{bmatrix}\dot{V}'_1\\ \dot{V}'_2\end{bmatrix}=\begin{bmatrix}\dot{Z}'_{11}&\dot{Z}'_{12}\\ \dot{Z}'_{21}&\dot{Z}'_{22}\end{bmatrix}\begin{bmatrix}\dot{I}'_1\\ \dot{I}'_2\end{bmatrix},$$

$$\begin{bmatrix}\dot{V}''_1\\ \dot{V}''_2\end{bmatrix}=\begin{bmatrix}\dot{Z}''_{11}&\dot{Z}''_{12}\\ \dot{Z}''_{21}&\dot{Z}''_{22}\end{bmatrix}\begin{bmatrix}\dot{I}''_1\\ \dot{I}''_2\end{bmatrix}$$

したがって，次式を得る．

$$\begin{bmatrix}\dot{V}_1\\ \dot{V}_2\end{bmatrix}=\begin{bmatrix}\dot{V}'_1+\dot{V}''_1\\ \dot{V}'_2+\dot{V}''_2\end{bmatrix}=\begin{bmatrix}\dot{Z}'_{11}&\dot{Z}'_{12}\\ \dot{Z}'_{21}&\dot{Z}'_{22}\end{bmatrix}\begin{bmatrix}\dot{I}'_1\\ \dot{I}'_2\end{bmatrix}+\begin{bmatrix}\dot{Z}''_{11}&\dot{Z}''_{12}\\ \dot{Z}''_{21}&\dot{Z}''_{22}\end{bmatrix}\begin{bmatrix}\dot{I}''_1\\ \dot{I}''_2\end{bmatrix}$$

$$=\left(\begin{bmatrix}\dot{Z}'_{11}&\dot{Z}'_{12}\\ \dot{Z}'_{21}&\dot{Z}'_{22}\end{bmatrix}+\begin{bmatrix}\dot{Z}''_{11}&\dot{Z}''_{12}\\ \dot{Z}''_{21}&\dot{Z}''_{22}\end{bmatrix}\right)\begin{bmatrix}\dot{I}_1\\ \dot{I}_2\end{bmatrix}$$

$$=\begin{bmatrix}\dot{Z}'_{11}+\dot{Z}''_{11}&\dot{Z}'_{12}+\dot{Z}''_{12}\\ \dot{Z}'_{21}+\dot{Z}''_{21}&\dot{Z}'_{22}+\dot{Z}''_{22}\end{bmatrix}\begin{bmatrix}\dot{I}_1\\ \dot{I}_2\end{bmatrix}=\begin{bmatrix}\dot{Z}_{11}&\dot{Z}_{12}\\ \dot{Z}_{21}&\dot{Z}_{22}\end{bmatrix}\begin{bmatrix}\dot{I}_1\\ \dot{I}_2\end{bmatrix}$$

すなわち，次式の関係を得る．

$$\begin{bmatrix}\dot{Z}_{11}&\dot{Z}_{12}\\ \dot{Z}_{21}&\dot{Z}_{22}\end{bmatrix}=\begin{bmatrix}\dot{Z}'_{11}&\dot{Z}'_{12}\\ \dot{Z}'_{21}&\dot{Z}'_{22}\end{bmatrix}+\begin{bmatrix}\dot{Z}''_{11}&\dot{Z}''_{12}\\ \dot{Z}''_{21}&\dot{Z}''_{22}\end{bmatrix}$$

$$=\begin{bmatrix}\dot{Z}'_{11}+\dot{Z}''_{11}&\dot{Z}'_{12}+\dot{Z}''_{12}\\ \dot{Z}'_{21}+\dot{Z}''_{21}&\dot{Z}'_{22}+\dot{Z}''_{22}\end{bmatrix} \tag{11.4}$$

11.4 二端子対回路の並列接続

図 11.5 のように，二つの二端子対回路を並列接続した回路を考える．電圧と電流は，それぞれ次のような関係がある．

$$\begin{cases}\dot{V}_1=\dot{V}'_1=\dot{V}''_1\\ \dot{V}_2=\dot{V}'_2=\dot{V}''_2\end{cases},\quad \begin{cases}\dot{I}_1=\dot{I}'_1+\dot{I}''_1\\ \dot{I}_2=\dot{I}'_2+\dot{I}''_2\end{cases}$$

Y パラメータを次式のように定義する．

$$\begin{bmatrix}\dot{I}_1\\ \dot{I}_2\end{bmatrix}=\begin{bmatrix}\dot{Y}_{11}&\dot{Y}_{12}\\ \dot{Y}_{21}&\dot{Y}_{22}\end{bmatrix}\begin{bmatrix}\dot{V}_1\\ \dot{V}_2\end{bmatrix},\quad \begin{bmatrix}\dot{I}'_1\\ \dot{I}'_2\end{bmatrix}=\begin{bmatrix}\dot{Y}'_{11}&\dot{Y}'_{12}\\ \dot{Y}'_{21}&\dot{Y}'_{22}\end{bmatrix}\begin{bmatrix}\dot{V}'_1\\ \dot{V}'_2\end{bmatrix},$$

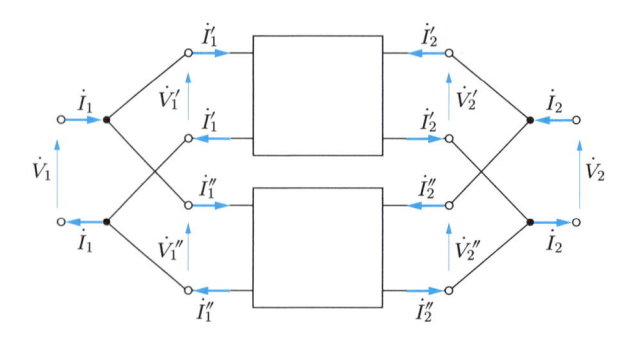

図 11.5　二つの二端子対回路の並列接続

$$\begin{bmatrix} \dot{I}_1'' \\ \dot{I}_2'' \end{bmatrix} = \begin{bmatrix} \dot{Y}_{11}'' & \dot{Y}_{12}'' \\ \dot{Y}_{21}'' & \dot{Y}_{22}'' \end{bmatrix} \begin{bmatrix} \dot{V}_1'' \\ \dot{V}_2'' \end{bmatrix}$$

したがって，次式を得る．

$$\begin{bmatrix} \dot{I}_1 \\ \dot{I}_2 \end{bmatrix} = \begin{bmatrix} \dot{I}_1' + \dot{I}_1'' \\ \dot{I}_2' + \dot{I}_2'' \end{bmatrix} = \begin{bmatrix} \dot{Y}_{11}' & \dot{Y}_{12}' \\ \dot{Y}_{21}' & \dot{Y}_{22}' \end{bmatrix} \begin{bmatrix} \dot{V}_1' \\ \dot{V}_2' \end{bmatrix} + \begin{bmatrix} \dot{Y}_{11}'' & \dot{Y}_{12}'' \\ \dot{Y}_{21}'' & \dot{Y}_{22}'' \end{bmatrix} \begin{bmatrix} \dot{V}_1'' \\ \dot{V}_2'' \end{bmatrix}$$

$$= \left(\begin{bmatrix} \dot{Y}_{11}' & \dot{Y}_{12}' \\ \dot{Y}_{21}' & \dot{Y}_{22}' \end{bmatrix} + \begin{bmatrix} \dot{Y}_{11}'' & \dot{Y}_{12}'' \\ \dot{Y}_{21}'' & \dot{Y}_{22}'' \end{bmatrix} \right) \begin{bmatrix} \dot{V}_1' \\ \dot{V}_2' \end{bmatrix}$$

$$= \begin{bmatrix} \dot{Y}_{11}' + \dot{Y}_{11}'' & \dot{Y}_{12}' + \dot{Y}_{12}'' \\ \dot{Y}_{21}' + \dot{Y}_{21}'' & \dot{Y}_{22}' + \dot{Y}_{22}'' \end{bmatrix} \begin{bmatrix} \dot{V}_1 \\ \dot{V}_2 \end{bmatrix} = \begin{bmatrix} \dot{Y}_{11} & \dot{Y}_{12} \\ \dot{Y}_{21} & \dot{Y}_{22} \end{bmatrix} \begin{bmatrix} \dot{V}_1 \\ \dot{V}_2 \end{bmatrix}$$

すなわち，次式の関係を得る．

$$\begin{bmatrix} \dot{Y}_{11} & \dot{Y}_{12} \\ \dot{Y}_{21} & \dot{Y}_{22} \end{bmatrix} = \begin{bmatrix} \dot{Y}_{11}' & \dot{Y}_{12}' \\ \dot{Y}_{21}' & \dot{Y}_{22}' \end{bmatrix} + \begin{bmatrix} \dot{Y}_{11}'' & \dot{Y}_{12}'' \\ \dot{Y}_{21}'' & \dot{Y}_{22}'' \end{bmatrix} = \begin{bmatrix} \dot{Y}_{11}' + \dot{Y}_{11}'' & \dot{Y}_{12}' + \dot{Y}_{12}'' \\ \dot{Y}_{21}' + \dot{Y}_{21}'' & \dot{Y}_{22}' + \dot{Y}_{22}'' \end{bmatrix} \tag{11.5}$$

11.5　ハイブリッドパラメータ（Hパラメータ）

図 11.1 に示した二端子対回路において，入力と出力に分けた電圧と電流の関係を次式で表す．

$$\begin{bmatrix} \dot{V}_1 \\ \dot{I}_2 \end{bmatrix} = \begin{bmatrix} \dot{H}_{11} & \dot{H}_{12} \\ \dot{H}_{21} & \dot{H}_{22} \end{bmatrix} \begin{bmatrix} \dot{I}_1 \\ \dot{V}_2 \end{bmatrix} \tag{11.6}$$

この $\dot{H}_{11}$, $\dot{H}_{12}$, $\dot{H}_{21}$, $\dot{H}_{22}$ をハイブリッドパラメータ（Hパラメータ）という．

Hパラメータの求め方は，次のようにすればよい．
まず，式 (11.6) より次式が得られる．

$$\dot{V}_1 = \dot{H}_{11}\dot{I}_1 + \dot{H}_{12}\dot{V}_2, \quad \dot{I}_2 = \dot{H}_{21}\dot{I}_1 + \dot{H}_{22}\dot{V}_2$$

上式から次式を得る．

$$\dot{H}_{11} = \left(\frac{\dot{V}_1}{\dot{I}_1}\right)_{\dot{V}_2=0}, \quad \dot{H}_{12} = \left(\frac{\dot{V}_1}{\dot{V}_2}\right)_{\dot{I}_1=0}, \quad \dot{H}_{21} = \left(\frac{\dot{I}_2}{\dot{I}_1}\right)_{\dot{V}_2=0},$$

$$\dot{H}_{22} = \left(\frac{\dot{I}_2}{\dot{V}_2}\right)_{\dot{I}_1=0}$$

$\dot{H}_{11}$ は出力端短絡入力インピーダンス，$\dot{H}_{12}$ は入力端開放逆電圧比，$\dot{H}_{21}$ は出力端短絡電流比，$\dot{H}_{22}$ は入力端開放出力アドミタンスとよばれる．

Hパラメータは，トランジスタの等価回路でよく用いられる．

11.6 四端子定数（Fパラメータ）

11.6.1 Fパラメータの求め方

図 11.6 のような二端子対回路において，入力と出力に分けた電圧と電流の関係を次式で表す．

$$\begin{bmatrix} \dot{V}_1 \\ \dot{I}_1 \end{bmatrix} = \begin{bmatrix} \dot{A} & \dot{B} \\ \dot{C} & \dot{D} \end{bmatrix} \begin{bmatrix} \dot{V}_2 \\ \dot{I}_2 \end{bmatrix} \tag{11.7}$$

この $\dot{A}, \dot{B}, \dot{C}, \dot{D}$ を**四端子定数（Fパラメータ）**という．ここで，電流 $\dot{I}_2$ の方向は回路網から端子 2 に向かう方向であり，これまでと逆になっているので，注意が必要である．

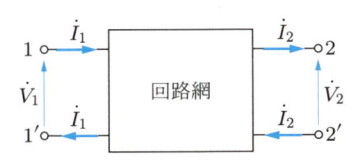

図 11.6 二端子対回路

Fパラメータの求め方は，次のようにすればよい．
まず，式 (11.7) より，次式が得られる．

$$\dot{V}_1 = \dot{A}\dot{V}_2 + \dot{B}\dot{I}_2, \quad \dot{I}_1 = \dot{C}\dot{V}_2 + \dot{D}\dot{I}_2$$

上式から次式を得る．

$$\dot{A} = \left(\frac{\dot{V}_1}{\dot{V}_2}\right)_{\dot{I}_2=0}, \quad \dot{B} = \left(\frac{\dot{V}_1}{\dot{I}_2}\right)_{\dot{V}_2=0}, \quad \dot{C} = \left(\frac{\dot{I}_1}{\dot{V}_2}\right)_{\dot{I}_2=0}, \quad \dot{D} = \left(\frac{\dot{I}_1}{\dot{I}_2}\right)_{\dot{V}_2=0}$$

$\dot{A}$ は出力端開放逆電圧比，$\dot{B}$ は出力端短絡伝達インピーダンス，$\dot{C}$ は出力端開放伝達アドミタンス，$\dot{D}$ は出力端短絡逆電流比とよばれる．

11.6.2 Zパラメータとの関係

Zパラメータの電流 $\dot{I}_2$ と方向が逆になるので，Fパラメータの電流 $\dot{I}_2$ を用いると，

$$\begin{bmatrix} \dot{V}_1 \\ \dot{V}_2 \end{bmatrix} = \begin{bmatrix} \dot{Z}_{11} & \dot{Z}_{12} \\ \dot{Z}_{21} & \dot{Z}_{22} \end{bmatrix} \begin{bmatrix} \dot{I}_1 \\ -\dot{I}_2 \end{bmatrix} \tag{11.8}$$

と書ける．式 (11.8) より次式を得る．

$$\dot{V}_1 = \frac{\dot{Z}_{11}}{\dot{Z}_{21}}\dot{V}_2 + \frac{\dot{Z}_{11}\dot{Z}_{22} - \dot{Z}_{12}\dot{Z}_{21}}{\dot{Z}_{21}}\dot{I}_2, \quad \dot{I}_1 = \frac{1}{\dot{Z}_{21}}\dot{V}_2 + \frac{\dot{Z}_{22}}{\dot{Z}_{21}}\dot{I}_2 \tag{11.9}$$

式 (11.9) より，次式を得る．

$$\dot{A} = \frac{\dot{Z}_{11}}{\dot{Z}_{21}}, \quad \dot{B} = \frac{\dot{Z}_{11}\dot{Z}_{22} - \dot{Z}_{12}\dot{Z}_{21}}{\dot{Z}_{21}}, \quad \dot{C} = \frac{1}{\dot{Z}_{21}}, \quad \dot{D} = \frac{\dot{Z}_{22}}{\dot{Z}_{21}} \tag{11.10}$$

したがって，FパラメータとZパラメータの間には次式のような関係がある．

$$\begin{bmatrix} \dot{A} & \dot{B} \\ \dot{C} & \dot{D} \end{bmatrix} = \frac{1}{\dot{Z}_{21}} \begin{bmatrix} \dot{Z}_{11} & |Z| \\ 1 & \dot{Z}_{22} \end{bmatrix} \tag{11.11}$$

ここで，$|Z|$ は，Zパラメータの行列式を表し，$|Z| = \dot{Z}_{11}\dot{Z}_{22} - \dot{Z}_{12}\dot{Z}_{21}$ である．

11.7 二端子対回路の縦続接続

二つの二端子対回路を，図 11.7 のように接続した回路を考える．このような接続を縦続接続という．この場合のFパラメータは，次のように表せる．

$$\begin{bmatrix} \dot{V}_1 \\ \dot{I}_1 \end{bmatrix} = \begin{bmatrix} \dot{A}' & \dot{B}' \\ \dot{C}' & \dot{D}' \end{bmatrix} \begin{bmatrix} \dot{V}_2 \\ \dot{I}_2 \end{bmatrix} = \begin{bmatrix} \dot{A}' & \dot{B}' \\ \dot{C}' & \dot{D}' \end{bmatrix} \begin{bmatrix} \dot{A}'' & \dot{B}'' \\ \dot{C}'' & \dot{D}'' \end{bmatrix} \begin{bmatrix} \dot{V}_3 \\ \dot{I}_3 \end{bmatrix} \tag{11.12}$$

したがって，端子 1-1' と端子 3-3' の二端子対回路を考えたときのFパラメータは次式となる．

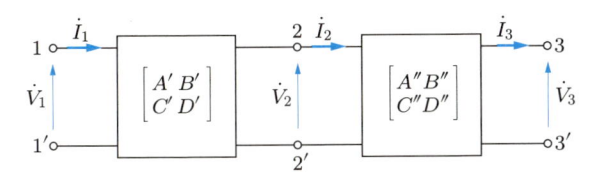

11.7 二端子対回路の縦続接続

$$\begin{bmatrix} \dot{A} & \dot{B} \\ \dot{C} & \dot{D} \end{bmatrix} = \begin{bmatrix} \dot{A}' & \dot{B}' \\ \dot{C}' & \dot{D}' \end{bmatrix} \begin{bmatrix} \dot{A}'' & \dot{B}'' \\ \dot{C}'' & \dot{D}'' \end{bmatrix}$$
$$= \begin{bmatrix} \dot{A}'\dot{A}'' + \dot{B}'\dot{C}'' & \dot{A}'\dot{B}'' + \dot{B}'\dot{D}'' \\ \dot{C}'\dot{A}'' + \dot{D}'\dot{C}'' & \dot{C}'\dot{B}'' + \dot{D}'\dot{D}'' \end{bmatrix} \tag{11.13}$$

○ **例題 11.4** 図 11.8 に示される二端子対回路の F パラメータを求めよ.

解 この回路の電圧と電流の関係は次式となる.

$$\dot{V}_1 = \dot{V}_2 + \dot{Z}_1 \dot{I}_2, \quad \dot{I}_1 = \dot{I}_2$$

したがって，F パラメータで表すと次式となる.

$$\begin{bmatrix} \dot{A} & \dot{B} \\ \dot{C} & \dot{D} \end{bmatrix} = \begin{bmatrix} 1 & \dot{Z}_1 \\ 0 & 1 \end{bmatrix}$$

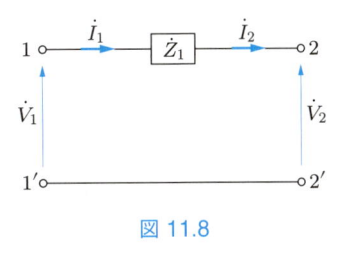

図 11.8

○ **例題 11.5** 図 11.9 に示される二端子対回路の F パラメータを求めよ.

解 (1) 端子 2-2′ を開放する．電圧と電流の関係は次式となる.

$$\dot{I}_2 = 0, \quad \dot{V}_1 = \dot{Z}_2 \dot{I}_1 = \dot{V}_2$$
$$\dot{A} = \left(\frac{\dot{V}_1}{\dot{V}_2}\right)_{\dot{I}_2=0} = 1, \quad \dot{C} = \left(\frac{\dot{I}_1}{\dot{V}_2}\right)_{\dot{I}_2=0} = \frac{1}{\dot{Z}_2}$$

図 11.9

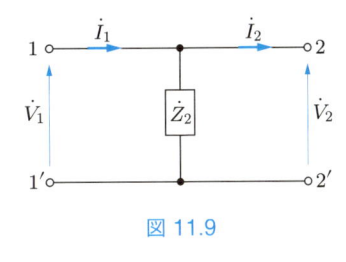

(2) 端子 2-2′ を短絡する．$\dot{Z}_2$ が外れた回路と等価になる.

$$\dot{V}_2 = \dot{V}_1 = 0, \quad \dot{I}_2 = \dot{I}_1$$
$$\dot{B} = \left(\frac{\dot{V}_1}{\dot{I}_2}\right)_{\dot{V}_2=0} = 0, \quad \dot{D} = \left(\frac{\dot{I}_1}{\dot{I}_2}\right)_{\dot{V}_2=0} = 1$$

これらのことから，F パラメータは次のように表せる.

$$\begin{bmatrix} \dot{A} & \dot{B} \\ \dot{C} & \dot{D} \end{bmatrix} = \begin{bmatrix} 1 & 0 \\ 1/\dot{Z}_2 & 1 \end{bmatrix}$$

◯例題 11.6　図 11.10 のような二端子対回路の F パラメータを求めよ.

解　この回路は, 図 11.8 の回路と図 11.9 の回路を縦続接続したものであるので, F パラメータはそれぞれの積で表される. すなわち, 次式となる.

$$\begin{bmatrix} \dot{A} & \dot{B} \\ \dot{C} & \dot{D} \end{bmatrix} = \begin{bmatrix} 1 & \dot{Z}_1 \\ 0 & 1 \end{bmatrix} \begin{bmatrix} 1 & 0 \\ 1/\dot{Z}_2 & 1 \end{bmatrix}$$

$$= \begin{bmatrix} 1 + \dot{Z}_1/\dot{Z}_2 & \dot{Z}_1 \\ 1/\dot{Z}_2 & 1 \end{bmatrix}$$

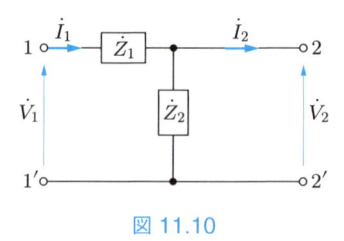

図 11.10

11.8　相反定理

3 種類の電気回路素子 R, L, C と相互インダクタンスのみから構成される二端子対回路を考える. 二端子対回路のどちらか一方の端子に電源を接続したときの各端子における電圧と電流を $(\dot{V}_1, \dot{I}_1)$, $(\dot{V}_2, \dot{I}_2)$ とし, 別の電源, あるいは別の端子に電源を接続したときの各端子における電圧と電流を (V_1', I_1'), (V_2', I_2') とすると, 次式のような関係が成り立つ.

$$\dot{V}_1 \dot{I}_1' + \dot{V}_2 \dot{I}_2' = \dot{V}_1' \dot{I}_1 + \dot{V}_2' \dot{I}_2$$

これを**相反定理**という. 相反定理が成り立つ場合, Z, Y, H, F パラメータには次のような関係がある.

$$\dot{Z}_{12} = \dot{Z}_{21}, \quad \dot{Y}_{12} = \dot{Y}_{21}, \quad \dot{H}_{12} = -\dot{H}_{21}, \quad |F| = 1$$

11.9　二端子対パラメータの相互変換公式

Z, Y, H, F パラメータの相互変換公式を次に示す.

$$\begin{bmatrix} \dot{Z}_{11} & \dot{Z}_{12} \\ \dot{Z}_{21} & \dot{Z}_{22} \end{bmatrix} = \frac{1}{|Y|} \begin{bmatrix} \dot{Y}_{22} & -\dot{Y}_{12} \\ -\dot{Y}_{21} & \dot{Y}_{11} \end{bmatrix} = \frac{1}{\dot{H}_{22}} \begin{bmatrix} |H| & \dot{H}_{12} \\ -H_{21} & 1 \end{bmatrix} = \frac{1}{\dot{C}} \begin{bmatrix} \dot{A} & |F| \\ 1 & \dot{D} \end{bmatrix}$$

$$\begin{bmatrix} \dot{Y}_{11} & \dot{Y}_{12} \\ \dot{Y}_{21} & \dot{Y}_{22} \end{bmatrix} = \frac{1}{|Z|} \begin{bmatrix} \dot{Z}_{22} & -\dot{Z}_{12} \\ -\dot{Z}_{21} & \dot{Z}_{11} \end{bmatrix} = \frac{1}{\dot{H}_{11}} \begin{bmatrix} 1 & -\dot{H}_{12} \\ \dot{H}_{21} & |H| \end{bmatrix} = \frac{1}{\dot{B}} \begin{bmatrix} \dot{D} & -|F| \\ -1 & \dot{A} \end{bmatrix}$$

$$\begin{bmatrix} \dot{H}_{11} & \dot{H}_{12} \\ \dot{H}_{21} & \dot{H}_{22} \end{bmatrix} = \frac{1}{\dot{Z}_{22}} \begin{bmatrix} |Z| & \dot{Z}_{12} \\ -\dot{Z}_{21} & 1 \end{bmatrix} = \frac{1}{\dot{Y}_{11}} \begin{bmatrix} 1 & -\dot{Y}_{12} \\ \dot{Y}_{21} & |Y| \end{bmatrix} = \frac{1}{\dot{D}} \begin{bmatrix} \dot{B} & |F| \\ -1 & \dot{C} \end{bmatrix}$$

$$\begin{bmatrix} \dot{A} & \dot{B} \\ \dot{C} & \dot{D} \end{bmatrix} = \frac{1}{\dot{Z}_{21}} \begin{bmatrix} \dot{Z}_{11} & |Z| \\ 1 & \dot{Z}_{22} \end{bmatrix} = -\frac{1}{\dot{Y}_{21}} \begin{bmatrix} \dot{Y}_{22} & 1 \\ |Y| & \dot{Y}_{11} \end{bmatrix} = -\frac{1}{\dot{H}_{21}} \begin{bmatrix} |H| & \dot{H}_{11} \\ \dot{H}_{22} & 1 \end{bmatrix}$$

○ **例題 11.7** Z, Y, F パラメータの相互変換公式を導け.

解 いま,F パラメータの電流 $\dot{I}_2$ の方向を Z パラメータと Y パラメータに合わせて逆方向にとると,次式となる.

$$\begin{bmatrix} \dot{V}_1 \\ \dot{I}_1 \end{bmatrix} = \begin{bmatrix} \dot{A} & \dot{B} \\ \dot{C} & \dot{D} \end{bmatrix} \begin{bmatrix} \dot{V}_2 \\ -\dot{I}_2 \end{bmatrix}$$

$$\dot{V}_1 = \dot{A}\dot{V}_2 - \dot{B}\dot{I}_2, \quad \dot{I}_1 = \dot{C}\dot{V}_2 - \dot{D}\dot{I}_2 \quad \cdots ①$$

式①から $\dot{V}_2$ を消去して次式を得る.

$$\dot{V}_1 = \dot{A}\frac{\dot{I}_1 + \dot{D}\dot{I}_2}{\dot{C}} - \dot{B}\dot{I}_2 = \frac{\dot{A}}{\dot{C}}\dot{I}_1 + \left(\frac{\dot{A}\dot{D}}{\dot{C}} - \dot{B}\right)\dot{I}_2$$

$$\dot{V}_2 = \frac{\dot{I}_1 + \dot{D}\dot{I}_2}{\dot{C}} = \frac{1}{\dot{C}}\dot{I}_1 + \frac{\dot{D}}{\dot{C}}\dot{I}_2$$

$$\therefore \begin{bmatrix} \dot{Z}_{11} & \dot{Z}_{12} \\ \dot{Z}_{21} & \dot{Z}_{22} \end{bmatrix} = \frac{1}{\dot{C}} \begin{bmatrix} \dot{A} & \dot{A}\dot{D} - \dot{B}\dot{C} \\ 1 & \dot{D} \end{bmatrix} = \frac{1}{\dot{C}} \begin{bmatrix} \dot{A} & |F| \\ 1 & \dot{D} \end{bmatrix}$$

同様にして,

$$\dot{I}_1 = \dot{C}\dot{V}_2 - \dot{D}\frac{\dot{A}\dot{V}_2 - \dot{V}_1}{\dot{B}} = \frac{\dot{D}}{\dot{B}}\dot{V}_1 + \left(\dot{C} - \frac{\dot{A}\dot{D}}{\dot{B}}\right)\dot{V}_2$$

$$\dot{I}_2 = \frac{\dot{A}\dot{V}_2 - \dot{V}_1}{\dot{B}}$$

$$\therefore \begin{bmatrix} \dot{Y}_{11} & \dot{Y}_{12} \\ \dot{Y}_{21} & \dot{Y}_{22} \end{bmatrix} = \frac{1}{\dot{B}} \begin{bmatrix} \dot{D} & \dot{C}\dot{B} - \dot{A}\dot{D} \\ -1 & \dot{A} \end{bmatrix} = \frac{1}{\dot{B}} \begin{bmatrix} \dot{D} & -|F| \\ -1 & \dot{A} \end{bmatrix}$$

を得る.次に,Y パラメータの関係式

$$\dot{I}_1 = \dot{Y}_{11}\dot{V}_1 + \dot{Y}_{12}\dot{V}_2, \quad \dot{I}_2 = \dot{Y}_{21}\dot{V}_1 + \dot{Y}_{22}\dot{V}_2$$

から F パラメータを求めると,次のようになる.

$$\dot{V}_1 = \frac{\dot{I}_2 - \dot{Y}_{22}\dot{V}_2}{\dot{Y}_{21}}$$

$$\dot{I}_1 = \dot{Y}_{11}\frac{\dot{I}_2 - \dot{Y}_{22}\dot{V}_2}{\dot{Y}_{21}} + \dot{Y}_{12}\dot{V}_2 = \frac{1}{\dot{Y}_{21}}\left\{\dot{Y}_{11}\dot{I}_2 - \left(\dot{Y}_{11}\dot{Y}_{22} - \dot{Y}_{12}\dot{Y}_{21}\right)\dot{V}_2\right\}$$

$$\therefore \begin{bmatrix} \dot{A} & \dot{B} \\ \dot{C} & \dot{D} \end{bmatrix} = -\frac{1}{\dot{Y}_{21}} \begin{bmatrix} \dot{Y}_{22} & 1 \\ |Y| & \dot{Y}_{11} \end{bmatrix}$$

演習問題

11.1 例題 11.1 および 11.2 の解法を参考にして，問図 11.1 および 11.2 の二端子対回路の Z パラメータと Y パラメータを，その定義から求めよ．ただし，$R_1 = 1\,[\Omega]$, $R_2 = 2\,[\Omega]$, $R_3 = 3\,[\Omega]$ とする．

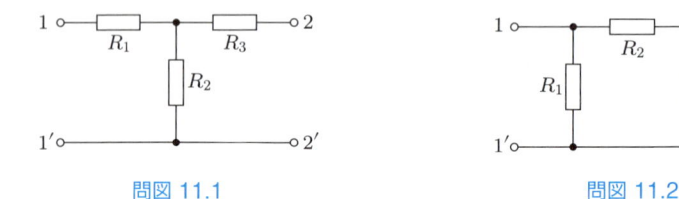

問図 11.1　　　　　問図 11.2

11.2 問図 11.3 の二端子対回路は，問図 11.1 の二端子対回路を二つ並列接続したものである．Y パラメータを求めよ．ただし，$R_1 = 1\,[\Omega]$, $R_2 = 2\,[\Omega]$, $R_3 = 3\,[\Omega]$ とする．

11.3 問題 11.2 で求めた Y パラメータから逆行列を計算して，Z パラメータを求めよ．

11.4 問図 11.4 の二端子対回路の Z パラメータと Y パラメータを求めよ．ただし，$R_1 = 1\,[\Omega]$, $R_2 = 2\,[\Omega]$, $R_3 = 3\,[\Omega]$, $R_4 = 4\,[\Omega]$ とする．

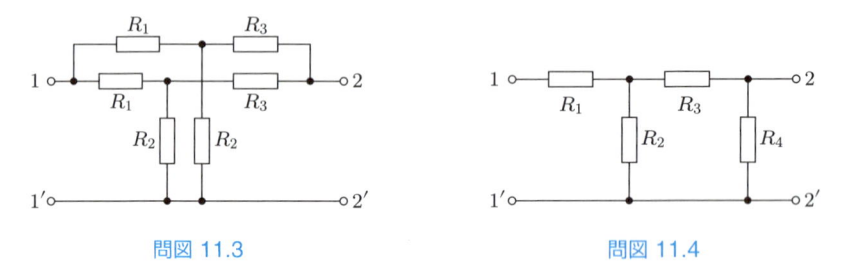

問図 11.3　　　　　問図 11.4

11.5 問図 11.5 の二端子対回路の Z パラメータを求めよ．

11.6 問図 11.6 の二端子対回路の Y パラメータを求めよ．

11.7 問図 11.7 の二端子対回路の F パラメータを求めよ．端子 2-2′ を開放および短絡して定義から求めた結果と，例題 11.1 と 11.2 の回路の縦続接続として求めた結果が一致することを確認せよ．

11.8 問図 11.8 の T 型回路の F パラメータを求めよ．端子 2-2′ を開放および短絡して定義から求めた結果と，例題 11.1 と 11.2 の回路の縦続接続として求めた結果が一致することを確認せよ．

問図 11.5

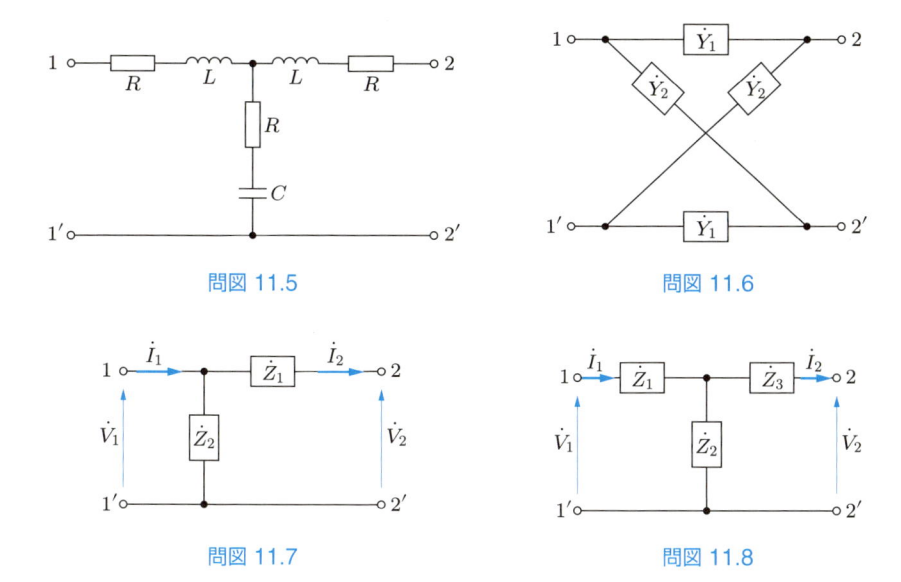

問図 11.6

問図 11.7

問図 11.8

11.9 問図 11.9 の π 型回路の F パラメータを求めよ．端子 2-2′ を開放および短絡して定義から求めた結果と，例題 11.1 と 11.2 の回路の縦続接続として求めた結果が一致することを確認せよ．

11.10 問図 11.10 の回路の F パラメータを求めよ．

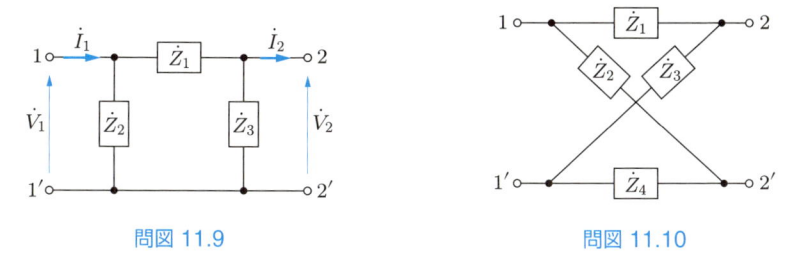

問図 11.9

問図 11.10

11.11 問題 11.8 で求めた T 型回路において，$\dot{Z}_1 = 1\,[\Omega]$, $\dot{Z}_2 = 2\,[\Omega]$, $\dot{Z}_3 = 3\,[\Omega]$ の場合，F パラメータから Z パラメータ，Y パラメータ，H パラメータを求めよ．

11.12 問題 11.9 で求めた π 型回路において，$\dot{Z}_1 = 1\,[\Omega]$, $\dot{Z}_2 = 2\,[\Omega]$, $\dot{Z}_3 = 3\,[\Omega]$ の場合，F パラメータから Z パラメータ，Y パラメータ，H パラメータを求めよ．

11.13 問図 11.11 の二端子対回路の F パラメータを求めよ．

11.14 問図 11.12 の二端子対回路は，問図 11.11 の回路と問図 11.9 の T 型回路の並列接続で表される．問図 11.12 の回路の Y パラメータと F パラメータを求めよ．ただし，$\dot{Z}_1 = 1\,[\Omega]$, $\dot{Z}_2 = 2\,[\Omega]$, $\dot{Z}_3 = 3\,[\Omega]$, $\dot{Z}_4 = 4\,[\Omega]$ とする．

11.15 問図 11.13 の回路の端子 2-2′ から見たテブナンの等価回路を示せ．

問図 11.11

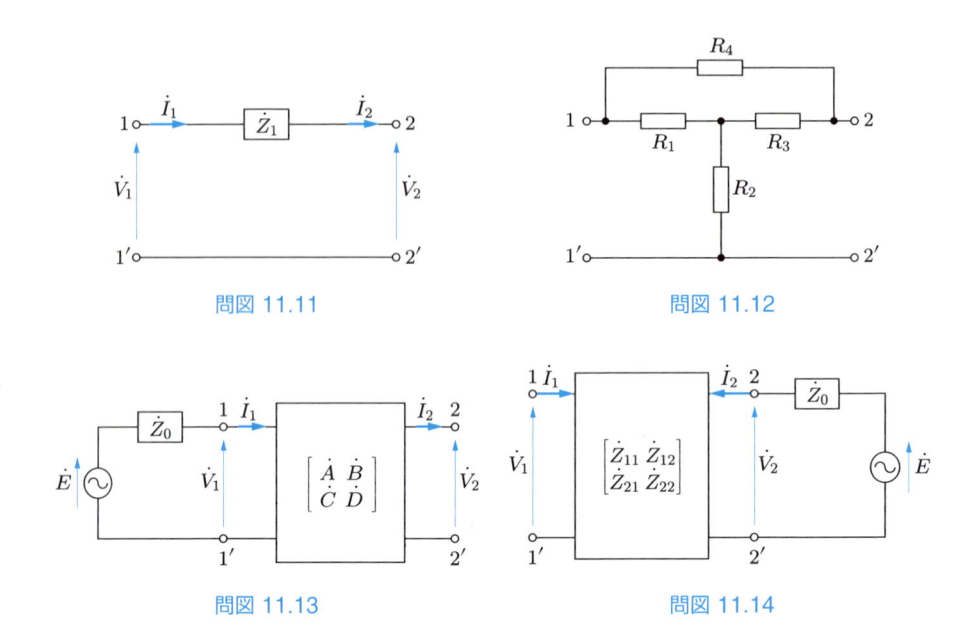

問図 11.12

問図 11.13

問図 11.14

11.16 問図 11.14 の回路の端子 1-1′ から右を見たテブナンの等価回路を求めよ.

第12章 フーリエ級数（ひずみ波による解析）

　これまで，直流回路と交流回路という二つの回路に分類して考えてきた．直流とは，電圧や電流が時間に対して不変な場合を意味し，交流は，時間変化する場合を意味する．しかし，交流回路として学んできたことは，電源から回路に供給される電圧または電流の時間変化が，正弦波で表される場合に限定されており，正弦波で表すことのできないような場合については考えてこなかった．そこで，本章では，電圧や電流の時間波形が正弦波でない場合について考える．

　時間的に変化する電圧や電流を総称して，**信号**とよぶことにする．信号は，時間に対して1対1で電圧または電流の値に対応するので，数学で学んだ関数として扱うことができる．これまで正弦波交流で表してきたように，一般的な信号についても時間 t の関数として表すことにする．

12.1 周期信号

　正弦波交流は，$v(t) = V_m \cos(\omega t + \theta)$ で与えられることをこれまでに学んできた．正弦波の特徴の一つは，周期的に同じ波形が繰り返される**周期信号**であるということである．周期 T と角周波数 ω または周波数 f の関係は，$T = 2\pi/\omega = 1/f$ で与えられる．

　そこで，信号を正弦波であるという制約を緩めて，周期信号であると拡張する．つまり，条件を緩めて，正弦波でない信号も含めることとする．このような信号を電気回路では**ひずみ波**とよぶ．周期 T の周期関数 $f(t)$ は次式を満足する．

$$f(t) = f(t + T) \tag{12.1}$$

12.2 フーリエ級数

　周期 T の周期関数 $f(t)$ は，次式で表される三角関数を用いた無限級数に展開できる．

$$f(t) = a_0 + \sum_{n=1}^{\infty} \left(a_n \cos \frac{2\pi n}{T} t + b_n \sin \frac{2\pi n}{T} t \right) \tag{12.2}$$

ここで，各係数 a_0，a_n，b_n は次式で表される．

$$a_0 = \frac{1}{T}\int_{t_0}^{t_0+T} f(t)\mathrm{d}t \tag{12.3}$$

$$a_n = \frac{2}{T}\int_{t_0}^{t_0+T} f(t)\cos\frac{2\pi n}{T}t\mathrm{d}t \tag{12.4}$$

$$b_n = \frac{2}{T}\int_{t_0}^{t_0+T} f(t)\sin\frac{2\pi n}{T}t\mathrm{d}t \tag{12.5}$$

式 (12.2) を周期関数 $f(t)$ の**三角フーリエ級数表示**，または，**三角フーリエ級数展開**という．ここで，t_0 は任意の時間（定数）であり，積分の計算が容易になるように選ぶことができる．

例題 12.1　図 12.1 に示される周期 T の周期信号は次式で表される．これをフーリエ級数展開せよ．

$$f(t) = t \quad (0 \leq t \leq T)$$

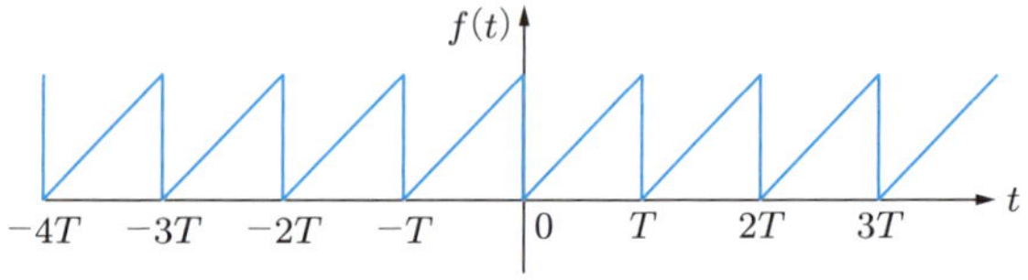

図 12.1

解　次のようになる．

$$a_0 = \frac{1}{T}\int_0^T f(t)\mathrm{d}t = \frac{1}{T}\int_0^T t\mathrm{d}t = \frac{1}{T}\left[\frac{t^2}{2}\right]_0^T = \frac{T^2}{2T} = \frac{T}{2}$$

$$\begin{aligned}
a_n &= \frac{2}{T}\int_0^T f(t)\cos\frac{2\pi n}{T}t\mathrm{d}t = \frac{2}{T}\int_0^T t\cos\frac{2\pi n}{T}t\mathrm{d}t \\
&= \frac{2}{T}\left(\left[t\frac{T}{2\pi n}\sin\frac{2\pi n}{T}t\right]_0^T - \int_0^T \frac{T}{2\pi n}\sin\frac{2\pi n}{T}t\mathrm{d}t\right) \\
&= \frac{1}{\pi n}\left(T\sin 2\pi n + \left[\frac{T}{2\pi n}\cos\frac{2\pi n}{T}t\right]_0^T\right) = \frac{T}{\pi n}\frac{1}{2\pi n}(\cos 2\pi n - \cos 0) \\
&= \frac{T}{2(\pi n)^2}(\cos 2\pi n - 1) = 0
\end{aligned}$$

$$\begin{aligned}
b_n &= \frac{2}{T}\int_0^T f(t)\sin\frac{2\pi n}{T}\mathrm{d}t = \frac{2}{T}\int_0^T t\sin\frac{2\pi n}{T}t\mathrm{d}t \\
&= \frac{2}{T}\left(-\left[t\frac{T}{2\pi n}\cos\frac{2\pi n}{T}t\right]_0^T + \int_0^T \frac{T}{2\pi n}\cos\frac{2\pi n}{T}t\mathrm{d}t\right) \\
&= \frac{1}{\pi n}\left(-T\cos 2\pi n + \left[\frac{T}{2\pi n}\sin\frac{2\pi n}{T}t\right]_0^T\right) = \frac{T}{\pi n}\left(-\cos 2\pi n + \frac{1}{2\pi n}\sin 2\pi n\right) \\
&= -\frac{T}{\pi n}
\end{aligned}$$

したがって，次式を得る．

$$f(t) = \frac{T}{2} - \frac{T}{\pi} \sum_{n=1}^{\infty} \frac{1}{n} \sin \frac{2\pi n}{T} t$$

> **補足 12.1　部分積分と三角関数の値**
>
> (1) 部分積分
>
> $$\int f(t)g'(t)\mathrm{d}t = f(t)g(t) - \int f'(t)g(t)\mathrm{d}t$$
>
> (2) n, m が整数のときの三角関数の値
>
> $$\sin \pi n = 0, \quad \cos \pi n = (-1)^n = \begin{cases} 1 & (n = 2m : 偶数) \\ -1 & (n = 2m+1 : 奇数) \end{cases}$$
>
> $$\sin \frac{\pi n}{2} = \begin{cases} 0 & (n = 2m) \\ 1 & (n = 4m+1) \\ -1 & (n = 4m+3) \end{cases}, \quad \cos \frac{\pi n}{2} = \begin{cases} 0 & (n = 2m+1) \\ 1 & (n = 4m) \\ -1 & (n = 4m+2) \end{cases}$$

12.3　信号波形の対称性

周期関数 $f(t)$ が原点を通る垂直軸に対して線対称となるとき，次式を満たし，これを**偶関数**という．

$$f(t) = f(-t) \tag{12.6}$$

周期関数 $f(t)$ が原点の周りに 180° 回転したときに回転前の波形と一致するとき，次式を満たし，これを**奇関数**という．

$$f(t) = -f(-t) \tag{12.7}$$

偶関数と奇関数の例を，それぞれ図 12.2 と図 12.3 に示す．

周期信号 $f(t)$ が偶関数のとき，三角フーリエ級数の係数 b_n は次式のように変形さ

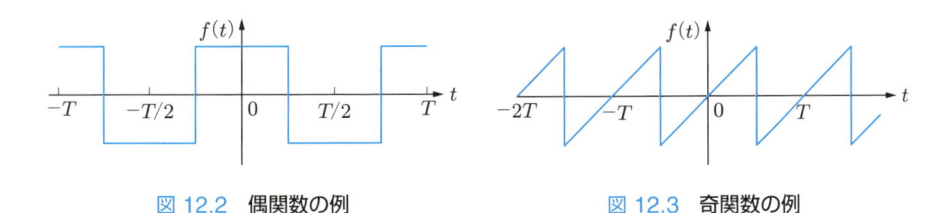

図 12.2　偶関数の例　　　　図 12.3　奇関数の例

れ，$b_n = 0$ となる．

$$b_n = \frac{2}{T}\int_{-T/2}^{T/2} f(t)\sin\frac{2\pi n}{T}t\,dt$$

$$= \frac{2}{T}\int_{-T/2}^{0} f(t)\sin\frac{2\pi n}{T}t\,dt + \frac{2}{T}\int_{0}^{T/2} f(t)\sin\frac{2\pi n}{T}t\,dt$$

$$= \frac{2}{T}\int_{0}^{T/2} f(-t)\sin\left(-\frac{2\pi n}{T}t\right)dt + \frac{2}{T}\int_{0}^{T/2} f(t)\sin\frac{2\pi n}{T}t\,dt$$

$$= -\frac{2}{T}\int_{0}^{T/2} f(t)\sin\frac{2\pi n}{T}t\,dt + \frac{2}{T}\int_{0}^{T/2} f(t)\sin\frac{2\pi n}{T}t\,dt = 0 \tag{12.8}$$

一方，a_n は次式で表される．

$$a_n = \frac{2}{T}\int_{-T/2}^{T/2} f(t)\cos\frac{2\pi n}{T}t\,dt$$

$$= \frac{2}{T}\int_{-T/2}^{0} f(t)\cos\frac{2\pi n}{T}t\,dt + \frac{2}{T}\int_{0}^{T/2} f(t)\cos\frac{2\pi n}{T}t\,dt$$

$$= \frac{2}{T}\int_{0}^{T/2} f(-t)\cos\left(-\frac{2\pi n}{T}t\right)dt + \frac{2}{T}\int_{0}^{T/2} f(t)\cos\frac{2\pi n}{T}t\,dt$$

$$= \frac{2}{T}\int_{0}^{T/2} f(t)\cos\frac{2\pi n}{T}t\,dt + \frac{2}{T}\int_{0}^{T/2} f(t)\cos\frac{2\pi n}{T}t\,dt$$

$$= \frac{4}{T}\int_{0}^{T/2} f(t)\cos\frac{2\pi n}{T}t\,dt \tag{12.9}$$

同様に，周期信号 $f(t)$ が奇関数のとき，三角フーリエ級数の係数 a_n は次式のように変形され，$a_n = 0$ となる．

$$a_n = \frac{2}{T}\int_{-T/2}^{T/2} f(t)\cos\frac{2\pi n}{T}t\,dt$$

$$= \frac{2}{T}\int_{-T/2}^{0} f(t)\cos\frac{2\pi n}{T}t\,dt + \frac{2}{T}\int_{0}^{T/2} f(t)\cos\frac{2\pi n}{T}t\,dt$$

$$= \frac{2}{T}\int_{0}^{T/2} f(-t)\cos\left(-\frac{2\pi n}{T}t\right)dt + \frac{2}{T}\int_{0}^{T/2} f(t)\cos\frac{2\pi n}{T}t\,dt$$

$$= -\frac{2}{T}\int_{0}^{T/2} f(t)\cos\frac{2\pi n}{T}t\,dt + \frac{2}{T}\int_{0}^{T/2} f(t)\cos\frac{2\pi n}{T}t\,dt = 0 \tag{12.10}$$

また，a_0 も次式のように変形され，$a_0 = 0$ となる．

$$a_0 = \frac{1}{T}\int_{-T/2}^{T/2} f(t)dt = \frac{1}{T}\int_{-T/2}^{0} f(t)dt + \frac{1}{T}\int_{0}^{T/2} f(t)dt$$

$$= \frac{1}{T}\int_0^{T/2} f(-t)\mathrm{d}t + \frac{1}{T}\int_0^{T/2} f(t)\mathrm{d}t = -\frac{1}{T}\int_0^{T/2} f(t)\mathrm{d}t + \frac{1}{T}\int_0^{T/2} f(t)\mathrm{d}t$$
$$= 0 \tag{12.11}$$

一方，b_n は次式で表される．

$$b_n = \frac{2}{T}\int_{-T/2}^{T/2} f(t)\sin\frac{2\pi n}{T}t\mathrm{d}t$$

$$= \frac{2}{T}\int_{-T/2}^{0} f(t)\sin\frac{2\pi n}{T}t\mathrm{d}t + \frac{2}{T}\int_0^{T/2} f(t)\sin\frac{2\pi n}{T}t\mathrm{d}t$$

$$= \frac{2}{T}\int_0^{T/2} f(-t)\sin\left(-\frac{2\pi n}{T}t\right)\mathrm{d}t + \frac{2}{T}\int_0^{T/2} f(t)\sin\frac{2\pi n}{T}t\mathrm{d}t$$

$$= \frac{2}{T}\int_0^{T/2} f(t)\sin\frac{2\pi n}{T}t\mathrm{d}t + \frac{2}{T}\int_0^{T/2} f(t)\sin\frac{2\pi n}{T}t\mathrm{d}t$$

$$= \frac{4}{T}\int_0^{T/2} f(t)\sin\frac{2\pi n}{T}t\mathrm{d}t \tag{12.12}$$

以上をまとめると，フーリエ級数の係数は，次のようになる．

周期信号が偶関数であるとき：

$$a_0 = \frac{2}{T}\int_0^{T/2} f(t)\mathrm{d}t, \quad a_n = \frac{4}{T}\int_0^{T/2} f(t)\cos\frac{2\pi n}{T}t\mathrm{d}t, \quad b_n = 0 \tag{12.13}$$

周期信号が奇関数であるとき：

$$a_0 = 0, \quad a_n = 0, \quad b_n = \frac{4}{T}\int_0^{T/2} f(t)\sin\frac{2\pi n}{T}t\mathrm{d}t \tag{12.14}$$

○**例題 12.2** 図 12.2 および図 12.3 に示した周期関数をそれぞれ三角フーリエ級数に展開せよ．ただし，$T = 1$ とし，最大値，最小値をそれぞれ 1，-1 とする．

解 (1) 図 12.2 に示した周期関数は次式のように表せる．

$$f(t) = \begin{cases} -1 & (-1/2 \le t \le -1/4) \\ 1 & (-1/4 < t < 1/4) \\ -1 & (1/4 \le t \le 1/2) \end{cases}$$

この周期関数は偶関数である．したがって，$b_n = 0$ であり，a_0 と a_n を計算すればよい．

$$a_0 = \frac{2}{T}\int_0^{T/2} f(t)\mathrm{d}t = 2\int_0^{1/4} \mathrm{d}t + 2\int_{1/4}^{1/2} (-1)\mathrm{d}t = 2[t]_0^{1/4} - 2[t]_{1/4}^{1/2} = 0$$

$$a_n = \frac{4}{T}\int_0^{T/2} f(t)\cos\frac{2\pi n}{T}t\mathrm{d}t = 4\int_0^{1/4} \cos 2\pi nt\mathrm{d}t + 4\int_{1/4}^{1/2} (-1)\cos 2\pi nt\mathrm{d}t$$

$$= 4\left[\frac{1}{2\pi n}\sin 2\pi nt\right]_0^{1/4} - 4\left[\frac{1}{2\pi n}\sin 2\pi nt\right]_{1/4}^{1/2}$$

$$= \frac{2}{\pi n}\left\{\left(\sin\frac{2\pi n}{4} - 0\right) - \left(\sin\frac{2\pi n}{2} - \sin\frac{2\pi n}{4}\right)\right\}$$

$$= \frac{2}{\pi n}\left\{\sin\frac{\pi n}{2} - \left(\sin\pi n - \sin\frac{\pi n}{2}\right)\right\} = \frac{2}{\pi n}\left(2\sin\frac{\pi n}{2} - \sin\pi n\right) = \frac{4}{\pi n}\sin\frac{\pi n}{2}$$

$$= \begin{cases} \dfrac{4}{\pi n} & (n = 4m - 3) \\ 0 & (n = 2m) \\ -\dfrac{4}{\pi n} & (n = 4m - 1) \end{cases} \quad (m = 1, 2, 3, \cdots)$$

したがって，三角フーリエ級数に展開すると次式となる．

$$f(t) = \sum_{m=1}^{\infty}\left\{\frac{4}{\pi(4m-3)}\cos 2\pi(4m-3)t - \frac{4}{\pi(4m-1)}\cos 2\pi(4m-1)t\right\}$$

(2) 図 12.3 に示した周期関数は次式のように表せる．

$$f(t) = 2t \quad (-1/2 \leq t \leq 1/2)$$

この周期関数は奇関数である．したがって，$a_n = 0$ となり，b_n を計算すればよい．

$$b_n = \frac{4}{T}\int_0^{T/2} f(t)\sin\frac{2\pi n}{T}t\,dt = 4\int_0^{1/2} 2t\sin 2\pi nt\,dt$$

$$= 4\left[2t\frac{-1}{2\pi n}\cos 2\pi nt\right]_0^{1/2} - 4\int_0^{1/2}\frac{-1}{\pi n}\cos 2\pi nt\,dt$$

$$= \frac{-4}{\pi n}\left[\frac{1}{2}\cos\pi n - 0\right] + \frac{2}{\pi n}\left[\frac{\sin 2\pi nt}{2\pi n}\right]_0^{1/2} = -\frac{2\cos\pi n}{\pi n} + \frac{2}{(\pi n)^2}(\sin\pi n - 0)$$

$$= -\frac{2\cos\pi n}{\pi n} = \begin{cases} \dfrac{2}{\pi n} & (n\text{ が奇数}) \\ -\dfrac{2}{\pi n} & (n\text{ が偶数}) \end{cases} = -\frac{2(-1)^n}{\pi n}$$

したがって，三角フーリエ級数に展開すると次式となる．

$$f(t) = -\frac{2}{\pi}\sum_{n=1}^{\infty}\frac{(-1)^n}{n}\sin 2\pi nt$$

12.4 複素フーリエ級数

次式で表される級数を**複素フーリエ級数**という．

$$f(t) = \sum_{n=-\infty}^{\infty} c_n e^{jn\omega_0 t} \tag{12.15}$$

係数 c_n は，次式で計算される．

$$c_n = \frac{1}{T} \int_{t_0}^{t_0+T} f(t) e^{-jn\omega_0 t} dt \tag{12.16}$$

オイラーの式 $e^{jx} = \cos x + j \sin x$ を用いると，式 (12.15) における指数関数は次式となる．

$$e^{jn\omega_0 t} = \cos n\omega_0 t + j \sin n\omega_0 t \tag{12.17}$$

式 (12.17) を式 (12.15) に代入すると，

$$f(t) = \sum_{n=-\infty}^{\infty} c_n \left(\cos n\omega_0 t + j \sin n\omega_0 t \right) \tag{12.18}$$

となる．級数を正と負に分けると，

$$f(t) = \sum_{n=-\infty}^{-1} c_n \left(\cos n\omega_0 t + j \sin n\omega_0 t \right) + c_0 + \sum_{n=1}^{\infty} c_n \left(\cos n\omega_0 t + j \sin n\omega_0 t \right) \tag{12.19}$$

を得る．負の級数の項で $n = -m$ とおくと，

$$f(t) = \sum_{m=1}^{\infty} c_{-m} \left(\cos m\omega_0 t - j \sin m\omega_0 t \right) + c_0 + \sum_{n=1}^{\infty} c_n \left(\cos n\omega_0 t + j \sin n\omega_0 t \right) \tag{12.20}$$

となる．二つの級数を一つにまとめると，

$$f(t) = c_0 + \sum_{n=1}^{\infty} \left\{ (c_{-n} + c_n) \cos n\omega_0 t + j(-c_{-n} + c_n) \sin n\omega_0 t \right\} \tag{12.21}$$

となる．ここで，cos と sin の係数は式 (12.16) を用いて次式で表せる．

$$\begin{aligned}
c_{-n} + c_n &= \frac{1}{T} \int_{t_0}^{t_0+T} f(t) e^{jn\omega_0 t} dt + \frac{1}{T} \int_{t_0}^{t_0+T} f(t) e^{-jn\omega_0 t} dt \\
&= \frac{1}{T} \int_{t_0}^{t_0+T} f(t) \left(e^{jn\omega_0 t} + e^{-jn\omega_0 t} \right) dt \\
&= \frac{1}{T} \int_{t_0}^{t_0+T} f(t) 2\cos n\omega_0 t \, dt = \frac{2}{T} \int_{t_0}^{t_0+T} f(t) 2\cos n\omega_0 t \, dt \tag{12.22}
\end{aligned}$$

$$\begin{aligned}
j(-c_{-n} + c_n) &= j \left\{ -\frac{1}{T} \int_{t_0}^{t_0+T} f(t) e^{jn\omega_0 t} dt + \frac{1}{T} \int_{t_0}^{t_0+T} f(t) e^{-jn\omega_0 t} dt \right\} \\
&= \frac{j}{T} \int_{t_0}^{t_0+T} f(t) \left(-e^{jn\omega_0 t} + e^{-jn\omega_0 t} \right) dt
\end{aligned}$$

$$= \frac{j}{T}\int_{t_0}^{t_0+T} f(t)(-2j)\sin n\omega_0 t\,\mathrm{d}t = \frac{2}{T}\int_{t_0}^{t_0+T} f(t)\sin n\omega_0 t\,\mathrm{d}t \tag{12.23}$$

明らかに，式 (12.22) は三角フーリエ級数の a_n，式 (12.23) は b_n に等しい．すなわち，

$$c_{-n} + c_n = a_n \tag{12.24}$$

$$j(-c_{-n} + c_n) = b_n \tag{12.25}$$

である．また，

$$c_0 = \frac{1}{T}\int_{t_0}^{t_0+T} f(t)\mathrm{d}t = a_0$$

であるので，複素フーリエ級数と三角フーリエ級数は，複素数と実数という表示形式の違いはあるが，ともに同じ三角関数で級数展開していることがわかる．

例題 12.3 図 12.4 に示される周期 T の周期信号は次式で表される．これを複素フーリエ級数展開せよ．

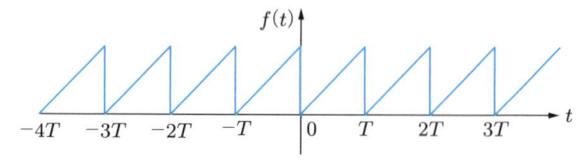

$$f(t) = t \quad (0 \leq t \leq T)$$

図 12.4

解 式 (12.16) より，

$$c_n = \frac{1}{T}\int_{t_0}^{t_0+T} f(t)e^{-jn\omega_0 t}\mathrm{d}t = \frac{1}{T}\int_{t_0}^{t_0+T} te^{-jn\omega_0 t}\mathrm{d}t$$

となる．$n \neq 0$ のとき，

$$c_n = \frac{1}{T}\left(\left[\frac{te^{-jn\omega_0 t}}{-jn\omega_0}\right]_0^T - \int_0^T \frac{e^{-jn\omega_0 t}}{-jn\omega_0}\mathrm{d}t\right)$$

$$= \frac{1}{-j2\pi n}\left(Te^{-j2\pi n} - \left[e^{-jn\omega_0 t}\right]_0^T\right) = \frac{1}{-j2\pi n}\left(T - e^{-j2\pi n} + 1\right) = -\frac{T}{j2\pi n}$$

$$= \frac{j}{n\omega_0}$$

となり，$n = 0$ のとき，

$$c_0 = \frac{1}{T}\int_0^T t\,\mathrm{d}t = \frac{T}{2} = \frac{\pi}{\omega_0}$$

となる．したがって，$f(t)$ は次式のように複素フーリエ級数展開される．

$$f(t) = \frac{\pi}{\omega_0} + \frac{j}{\omega_0}\left(\sum_{n=-\infty}^{-1}\frac{1}{n}e^{jn\omega_0 t} + \sum_{n=1}^{\infty}\frac{1}{n}e^{jn\omega_0 t}\right)$$

●例題 12.4 次式で表される周期関数を複素フーリエ級数展開せよ．

$$f(t) = \begin{cases} -1 & (-1/2 \le t \le -1/4) \\ 1 & (-1/4 < t \le 1/4) \\ -1 & (1/4 < t \le 1/2) \end{cases}$$

解 この周期関数の周期 $T = 1$ であるので，$\omega_0 = 2\pi$ となる．図 12.5 に概形を示す．複素フーリエ級数の係数は，

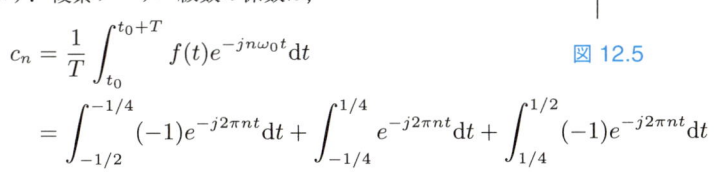

$$c_n = \frac{1}{T}\int_{t_0}^{t_0+T} f(t)e^{-jn\omega_0 t}dt$$

$$= \int_{-1/2}^{-1/4}(-1)e^{-j2\pi nt}dt + \int_{-1/4}^{1/4}e^{-j2\pi nt}dt + \int_{1/4}^{1/2}(-1)e^{-j2\pi nt}dt$$

図 12.5

である．$n \ne 0$ のとき，

$$c_n = -\left[\frac{e^{-j2\pi nt}}{-j2\pi n}\right]_{-1/2}^{-1/4} + \left[\frac{e^{-j2\pi nt}}{-j2\pi n}\right]_{-1/4}^{1/4} - \left[\frac{e^{-j2\pi nt}}{-j2\pi n}\right]_{1/4}^{1/2}$$

$$= -\frac{1}{j2\pi n}\left(-e^{j2\pi n/4} + e^{j2\pi n/2} + e^{-j2\pi n/4} - e^{j2\pi n/4} - e^{-j2\pi n/2} + e^{-j2\pi n/4}\right)$$

$$= -\frac{1}{j2\pi n}\left(-4j\sin\frac{2\pi n}{4} + 2j\sin\frac{2\pi n}{2}\right) = \frac{1}{\pi n}\left(2\sin\frac{\pi n}{2} - \sin\pi n\right)$$

$$= \begin{cases} 0 & (n = 2m) \\ \dfrac{2}{\pi n} & (n = 4m - 3) \\ -\dfrac{2}{\pi n} & (n = 4m - 1) \end{cases} \quad (m = 1, 2, 3, \cdots)$$

となり，$n = 0$ のとき，

$$c_0 = \frac{1}{T}\int_{t_0}^{t_0+T} f(t)dt = \int_{-1/2}^{-1/4}(-1)dt + \int_{-1/4}^{1/4}dt + \int_{1/4}^{1/2}(-1)dt$$

$$= -\left(-\frac{1}{4} + \frac{1}{2}\right) + \left(\frac{1}{4} + \frac{1}{4}\right) - \left(\frac{1}{2} - \frac{1}{4}\right) = -\frac{1}{4} + \frac{1}{2} - \frac{1}{4} = 0$$

となる．以上より，$f(t)$ は次式のように複素フーリエ級数展開される．

$$f(t) = \frac{2}{\pi}\sum_{m=-\infty}^{\infty}\left\{\frac{e^{j2\pi(4m-3)t}}{4m-3} - \frac{e^{j2\pi(4m-1)t}}{4m-1}\right\}$$

●例題 12.5 次式で表される周期関数を複素フーリエ級数展開せよ．

$$f(t) = t \quad (-1/2 \le t \le 1/2)$$

解 この周期関数の周期 $T = 1$ であるので，$\omega_0 = 2\pi$ となる．図 12.6 に概形を示す．複素フーリエ級数の係数は，

$$c_n = \frac{1}{T}\int_{t_0}^{t_0+T} f(t)e^{-jn\omega_0 t}\mathrm{d}t$$
$$= \int_{-1/2}^{1/2} t e^{-j2\pi nt}\mathrm{d}t$$

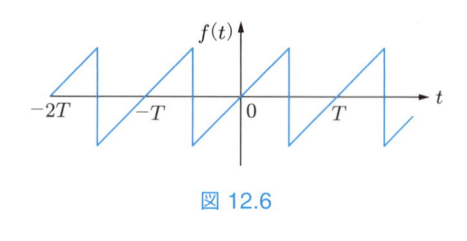

図 12.6

である．$n \neq 0$ のとき，

$$c_n = \left[\frac{te^{-j2\pi nt}}{-j2\pi n}\right]_{-1/2}^{1/2} - \frac{1}{-j2\pi n}\int_{-1/2}^{1/2} e^{-j2\pi nt}\mathrm{d}t$$
$$= -\frac{(1/2)e^{-j\pi n} - (-1/2)e^{j\pi n}}{j2\pi n} + \frac{1}{j2\pi n}\left[\frac{e^{-j2\pi nt}}{-j2\pi n}\right]_{-1/2}^{1/2}$$
$$= \frac{-1}{j2\pi n}\frac{e^{j\pi n} + e^{-j\pi n}}{2} + \frac{1}{j2\pi^2 n^2}\frac{e^{j\pi n} - e^{-j\pi n}}{2j}$$
$$= \frac{j}{2\pi n}\cos\pi n + \frac{1}{j2\pi^2 n^2}\sin\pi n = \frac{j(-1)^n}{2\pi n}$$

となり，$n = 0$ のとき，

$$c_0 = \int_{-1/2}^{1/2} t\mathrm{d}t = \left[\frac{t^2}{2}\right]_{-1/2}^{1/2} = \frac{1}{8} - \left(\frac{1}{8}\right) = 0$$

となる．したがって，$f(t)$ は次式のように複素フーリエ級数展開される．

$$f(t) = \frac{j}{2\pi}\left\{\sum_{n=-\infty}^{-1}\frac{(-1)^n e^{j2\pi nt}}{n} + \sum_{n=1}^{\infty}\frac{(-1)^n e^{j2\pi nt}}{n}\right\}$$

12.5 ひずみ波による電気回路の解析

ひずみ波を出力する電源を回路に接続した場合に，回路中に流れる電流や各節点での電位を求めることを考えてみる．前節までに，周期関数で表されるひずみ波はフーリエ級数に展開されることを述べた．

そこで，まず，ひずみ波を出力する電源を図 12.7 のように角周波数 $\omega_0, 2\omega_0, 3\omega_0, \cdots, n\omega_0$ である n 個の正弦波交流電源の和で近似する．このとき，電源の出力電圧または電流の複素振幅が複素フーリエ級数の各係数 $c_0, c_1, c_2, \cdots, c_n$ と一致する．電気回路には重ね合わせの理が成り立つので，n 個の電源の中で一つだけ接続し，それ以外の電源を取り外した場合の回路の電流や電圧を計算して，そのようにして計算した n 個の電流や電圧の値を加算することによって，電源が n 個の場合の電流や電圧を計算で

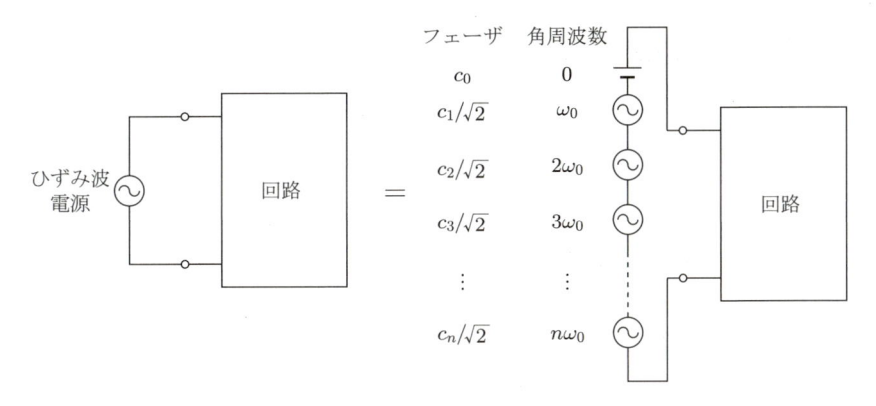

図 12.7　ひずみ波電源の近似

きる．電源の数 n を無限大に拡張することによって，ひずみ波を出力する電源を接続した場合と等しくなり，回路中の電流や電位を計算できる．

○**例題 12.6**　RL 直列回路に例題 12.5 で与えられた周期信号を電圧波形として出力する電圧源を接続した．回路を流れる電流波形 $i(t)$ を求めよ．

解　フェーザ E，角周波数 ω の正弦波を出力する電圧源を接続した場合，回路を流れる電流波形 $i_0(t)$ は次式で与えられる．

$$i_0(t) = \frac{\sqrt{2}E}{R+j\omega L}e^{j\omega t}$$

いま，電圧源は例題 12.5 で与えられた周期信号を電圧波形として出力するので，$v(t) = f(t)$ と考えられる．すなわち，

$$v(t) = f(t) = \sum_{n=-\infty}^{\infty} c_n e^{jn\omega_0 t}$$

と書ける．上式は，この電圧源がフェーザ $c_n/\sqrt{2}$ の正弦波出力の交流電圧源を無限個接続した場合と等価であることを意味するので，重ね合わせの理より，電流波形はそれぞれの交流電圧源が単独に接続された場合の電流 $i_n(t)$ を求めた後，これらすべての電流 $i_n(t)$ を加算すればよいことを示している．すなわち，電流波形 $i(t)$ は次式で表せる．

$$i(t) = \sum_{n=-\infty}^{\infty} i_n(t) = \sum_{n=-\infty}^{\infty} \frac{c_n}{R+jn\omega L}e^{jn\omega_0 t}$$

$$= \frac{j}{2\pi}\left\{\sum_{n=-\infty}^{-1} \frac{(-1)^n e^{j2\pi nt}}{n(R+j2\pi nL)} + \sum_{n=1}^{\infty} \frac{(-1)^n e^{j2\pi nt}}{n(R+j2\pi nL)}\right\}$$

12.6 ひずみ波の実効値と電力

ひずみ波 $v(t)$ はフーリエ級数により次式で表される.

$$v(t) = \sum_{n=-\infty}^{\infty} v_n e^{-jn\omega_0 t} \tag{12.26}$$

ここで, $\omega_0 = 2\pi/T$, T はひずみ波の周期である. また, v_n は複素数であり, 極形式で表せば, $v_n = |v_n|e^{j\theta_n}$ と表せる.

いま, $v(t)$ が正弦波であるときは $v(t) = v_1 \cos(\omega_0 t + \theta_1)$ であり, 実効値は $v_1/\sqrt{2}$ と表す. ひずみ波 $v(t)$ は, 正弦波交流の場合と同様に自乗平均値の平方根で実効値 V_e を表すので, 次式で与えられる.

$$V_e = \frac{1}{\sqrt{2}}\sqrt{\sum_{n=-\infty}^{\infty} |v_n|^2} \tag{12.27}$$

次に, ひずみ波の複素電力を考える. 電流が次式で与えられるとする.

$$i(t) = \sum_{n=-\infty}^{\infty} i_n e^{-jn\omega_0 t}$$

v_n と同様に, $i(t)$ も極形式で表せば, $i_n = |i_n|e^{j\phi_n}$ である. このとき, 複素電力 $\dot{P}$ は次式で与えられる.

$$\dot{P} = \frac{1}{2}\sum_{n=-\infty}^{\infty} \bar{v}_n i_n$$

$$= \frac{1}{2}\sum_{n=-\infty}^{\infty} |v_n||i_n|\cos(\phi_n - \theta_n) + j\frac{1}{2}\sum_{n=-\infty}^{\infty} |v_n||i_n|\sin(\phi_n - \theta_n)$$

$1/2$ は, 振幅値を表すフーリエ級数の係数 v_n および i_n を実効値へ変換するための係数を表す.

したがって, ひずみ波の有効電力 P_e と無効電力 P_r は, それぞれ次式で求められる.

$$P_e = \frac{1}{2}\sum_{n=-\infty}^{\infty} |v_n||i_n|\cos(\phi_n - \theta_n) \tag{12.28}$$

$$P_r = \frac{1}{2}\sum_{n=-\infty}^{\infty} |v_n||i_n|\sin(\phi_n - \theta_n) \tag{12.29}$$

例題 12.7 RL 直列回路に例題 12.5 で与えられた周期信号を電圧波形として出力する電圧源を接続した. 回路で消費される電力 P を求めよ.

解 ひずみ波の複素電力は，回路に加える電圧と例題 12.6 で求めた電流との積で与えられる．まず，回路に加える電圧 $v(t)$ は次式となる．

$$v(t) = \sum_{n=-\infty}^{\infty} v_n e^{j2\pi nt}$$

$$= \frac{j}{2\pi} \left\{ \sum_{n=-\infty}^{-1} \frac{(-1)^n e^{j2\pi nt}}{n} + \sum_{n=1}^{\infty} \frac{(-1)^n e^{j2\pi nt}}{n} \right\}$$

回路に流れる電流 $i(t)$ は，例題 12.6 で求めたように次式となる．

$$i(t) = \sum_{n=-\infty}^{\infty} i_n e^{j2\pi nt} = \frac{j}{2\pi} \left\{ \sum_{n=-\infty}^{-1} \frac{(-1)^n e^{j2\pi nt}}{n(R+j2\pi nL)} + \sum_{n=1}^{\infty} \frac{(-1)^n e^{j2\pi nt}}{n(R+j2\pi nL)} \right\}$$

ここで，v_n と i_n は，$n \neq 0$ のとき，次式で与えられる．

$$v_n = \frac{j}{2\pi} \frac{(-1)^n}{n} = \frac{e^{j\pi/2} \cdot e^{j\pi n}}{2\pi n} = \frac{1}{2\pi n} e^{j\pi(n+1/2)} = |v_n| e^{j\theta_n}$$

$$i_n = \frac{j}{2\pi} \frac{(-1)^n}{n(R+j2\pi nL)} = \frac{(-1)^n}{2\pi n} \frac{jR + 2\pi nL}{R^2 + (2\pi nL)^2}$$

$$= \frac{1}{2\pi n \sqrt{R^2 + (2\pi nL)^2}} e^{j(\pi n + \alpha)} = |i_n| e^{j\phi_n}$$

ここで，$\tan \alpha = R/2\pi nL$ である．したがって，

$$\theta_n = \pi \left(n + \frac{1}{2} \right), \quad \phi_n = \pi n + \alpha,$$

$$\cos(\phi_n - \theta_n) = \cos\left(\alpha - \frac{\pi}{2} \right) = \sin \alpha = \frac{R}{\sqrt{R^2 + (2\pi nL)^2}}$$

である．回路で消費される電力 P はひずみ波の有効電力に等しく，次式で与えられる．

$$P = \frac{1}{2} \sum_{n=-\infty}^{\infty} |v_n| |i_n| \cos(\phi_n - \theta_n)$$

$$= \frac{1}{2(2\pi)^2} \left[\sum_{n=-\infty}^{-1} \frac{R}{n^2 \{R^2 + (2\pi nL)^2\}} + \sum_{n=1}^{\infty} \frac{R}{n^2 \{R^2 + (2\pi nL)^2\}} \right]$$

演習問題

12.1 (1)〜(6) で表される周期信号 $f(t)$ の概形を図示せよ．そして，それを三角フーリエ級数に展開せよ．

(1) $f(t) = \begin{cases} 1 & (0 \leq t < 1/2) \\ 0 & (t = 1/2) \\ -1 & (1/2 < t < 1) \end{cases}$

(2) $f(t) = \begin{cases} 2t+1 & (-1/2 \le t < 0) \\ 1-2t & (0 \le t < 1/2) \end{cases}$

(3) $f(t) = \begin{cases} \sin 2\pi t & (0 \le t < 1/2) \\ 0 & (1/2 \le t < 1) \end{cases}$

(4) $f(t) = t - t^2 \quad (0 \le t < 1)$

(5) $f(t) = \begin{cases} 1 & (0 \le t < 1) \\ 0 & (1 \le t < 3) \end{cases}$

(6) $f(t) = \begin{cases} 0 & (-2 \le t < -1) \\ 1 & (-1 \le t < 0) \\ -1 & (0 \le t < 1) \\ 0 & (1 \le t < 2) \end{cases}$

12.2 (1)〜(4) で表される周期信号 $f(t)$ を複素フーリエ級数に展開せよ．

(1) $f(t) = \begin{cases} 1 & (0 \le t < 1/2) \\ -1 & (1/2 \le t < 1) \end{cases}$

(2) $f(t) = \begin{cases} 2t+1 & (-1/2 \le t < 0) \\ 1-2t & (0 \le t < 1/2) \end{cases}$

(3) $f(t) = \begin{cases} \sin 2\pi t & (0 \le t < 1/2) \\ 0 & (1/2 \le t < 1) \end{cases}$

(4) $f(t) = t - t^2 \quad (0 \le t < 1)$

12.3 抵抗 R に問題 12.2(1) で表される周期信号を電圧波形として出力する電圧源を接続したとき，抵抗 R を流れる電流波形 $i(t)$ を求めよ．

12.4 RL 直列回路に問題 12.2(1) で表される周期信号を電圧波形として出力する電圧源を接続したとき，抵抗 R を流れる電流波形 $i(t)$ を求めよ．

12.5 RC 並列回路に問題 12.2(2) で表される周期信号を電流波形として出力する電流源を接続したとき，抵抗 R の両端に現れる電圧波形 $v(t)$ を求めよ．

12.6 RC 直列回路に問題 12.2(3) で表される周期信号を電圧波形として出力する電圧源を接続したとき，抵抗 R を流れる電流波形 $i(t)$ を求めよ．

演習問題解答

―――― 第1章 ――――

1.1 (a) $R_1 + R_2 + R_3 = 55\,[\Omega]$, (b) $R_1 + 1/(1/R_2 + 1/R_3) = 190/9 = 21.1\,[\Omega]$, (c) $1/\{1/(R_1 + R_2) + 1/R_3\} = 150/11 = 13.6\,[\Omega]$, (d) $1/(1/R_1 + 1/R_2 + 1/R_3) = 100/19 = 5.26\,[\Omega]$

1.2 解図 1.1 より，合成抵抗は $10 + 50/8 = 16.25\,[\Omega]$ となる．

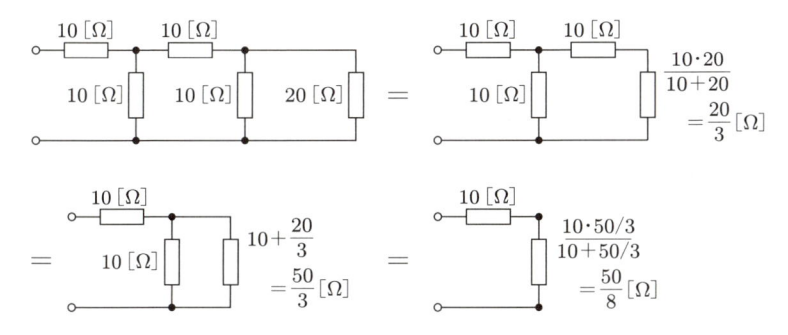

解図 1.1

1.3 抵抗 R_1 と R_2 を流れる電流をそれぞれ I_1 と I_2 とする．抵抗 R_1 と R_2 の電圧は等しく，これを V とすると，$I_1 : I_2 = V/R_1 : V/R_2 = R_2 : R_1 = 2 : 3$ となる．$V = 24 - 3r = 18\,[\mathrm{V}]$ であるから，$I_1 + I_2 = 3\,[\mathrm{A}]$ より，$18/R_1 + 18/R_2 = 3$ である．$(R_1 + R_2)/R_1 R_2 = 1/6$ と $2R_1 = 3R_2$ を解くと，$R_1 = 15\,[\Omega]$, $R_2 = 10\,[\Omega]$ を得る．

1.4 端子 a-b 間の合成抵抗 R_{ab} は R に等しいので，

$$R_{\mathrm{ab}} = r_1 + \frac{r_2 R}{r_2 + R} = R \quad \cdots ①$$

端子 a-b 間に起電力 E の電圧源を接続すると，全電流 $I = E/R$ となる．R を流れる電流 I_R は

$$I_R = \frac{E - r_1 I}{R} = \frac{E - r_1 E/R}{R} = \frac{(R - r_1)E}{R^2}$$

を得る．問題より，$I_R = I/n$ であるから，

$$\frac{(R - r_1)E}{R^2} = \frac{E}{nR} \quad \therefore\ r_1 = \left(1 - \frac{1}{n}\right) R$$

を得る．式①へ代入すると，$r_2 = R/(n-1)$ を得る．

1.5 電圧源から見た合成抵抗 R を求める．$R = 8 + 20 \cdot 30/(20+30) = 20\,[\Omega]$ より，$I_1 = 100/20 = 5\,[\text{A}]$ となる．$8\,[\Omega]$ の抵抗での電圧降下は $8\,[\Omega] \times 5\,[\text{A}] = 40\,[\text{V}]$ より，$20\,[\Omega]$ と $30\,[\Omega]$ の抵抗での電圧は等しく $100 - 40 = 60\,[\text{V}]$ となる．したがって，$I_2 = 60/20 = 3\,[\text{A}]$，$I_3 = 60/30 = 2\,[\text{A}]$ を得る．

1.6 $10\,[\Omega]$ の抵抗を流れる電流 $I = (100 - 60)/10 = 4\,[\text{A}]$ となる．抵抗 R を流れる電流 I_R は，分流比より $I_R = 4 \cdot 40/(R+40)$ である．また，問題より $I_R = 60/R$ である．したがって，$R = 24\,[\Omega]$ を得る．

1.7 問題より，$5\,[\Omega]$ の両端の電圧は $14 \cdot 5 = 70\,[\text{V}]$，$10\,[\Omega]$ の抵抗を流れる電流は $70/10 = 7\,[\text{A}]$ である．したがって，$2\,[\Omega]$ の抵抗を流れる電流は，$14 + 7 + 7 = 28\,[\text{A}]$ となる．$2\,[\Omega]$ の抵抗での電圧降下は $2 \cdot 28 = 56\,[\text{V}]$ であるから，電圧源の起電力 $E = 56 + 70 = 126\,[\text{V}]$ となる．

1.8 電源から見た合成抵抗 R を求める．問図 1.8 の回路を描き換えると，解図 1.2 のようになる．よって，

$$R = 2 + \frac{2 \cdot 54/5}{2 + 54/5} = 2 + \frac{27}{16} = \frac{59}{16}\,[\Omega]$$

となり，電流 $I = 50 \cdot 16/59 = 800/59 = 13.6\,[\text{A}]$ となる．

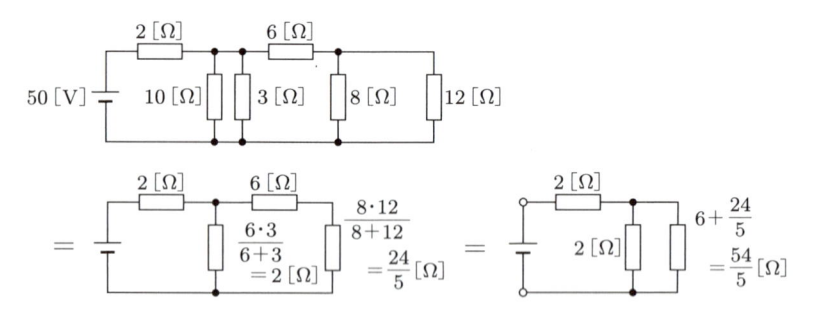

解図 1.2

1.9 スイッチを開閉しても電流が変わらないということは，スイッチを閉じたときに R_1 と R_2 の間の節点の電位 V_{12} と R_3 と R_4 の間の節点の電位 V_{34} が等しい．分圧比より，$V_{12} = 200R_2/(R_1 + R_2)$，$V_{34} = 200R_4/(R_3 + R_4)$ であるから，$V_{12} = V_{34}$ より，$R_2/(R_1 + R_2) = R_4/(R_3 + R_4)$ となり，$R_3 = 2R_4$ を得る．スイッチを開いたときの端子 a-b 間の合成抵抗を R とすると，

$$\frac{1}{R} = \frac{1}{R_1 + R_2} + \frac{1}{R_3 + R_4} = \frac{1}{24} + \frac{1}{3R_4} = \frac{R_4 + 8}{24R_4}$$

となる．端子 a-b 間に $200\,[\text{V}]$ の電圧を加えると，a-b 間を電流が $25\,[\text{A}]$ 流れるので，オームの法則より，$24R_4/(R_4 + 8) \times 25 = 200$ を得る．これから，$R_4 = 4\,[\Omega]$，$R_3 = 8\,[\Omega]$ となる．

1.10 スイッチを開いたときの合成抵抗 $R_\circ$ は，

$$R_\mathrm{o} = \frac{(R_1+R_2)(R_1+R_2)}{2(R_1+R_2)} = \frac{R_1+R_2}{2}$$

である．スイッチを閉じたときの合成抵抗 R_c は，$R_\mathrm{c} = R_1R_2/(R_1+R_2) \times 2$ である．それぞれ流れる電流を I_o，I_c とすると，$I_\mathrm{o} = E/R_\mathrm{o}$，$I_\mathrm{c} = E/R_\mathrm{c}$ となる．I_o と I_c の比は，次のようになる．

$$\frac{I_\mathrm{c}}{I_\mathrm{o}} = \frac{E/R_\mathrm{c}}{E/R_\mathrm{o}} = \frac{R_\mathrm{o}}{R_\mathrm{c}} = \frac{(R_1+R_2)^2}{4R_1R_2}$$

第 2 章

2.1 (1) $P = I_1{}^2R_1 + (I_0-I_1)^2R_2$，(2) $dP/dI_1 = 0$ より，$I_1 = R_2I_0/(R_1+R_2)$

2.2 $10\,[\Omega]$ の抵抗に流れる電流 I は，電圧源から見た回路の合成抵抗を R とすると，

$$I = \frac{100}{R} = \frac{100}{10 + 40R/(40+R)} = \frac{2(40+R)}{8+R}$$

となる．抵抗 R を流れる電流 I_R は，分流比より $I_R = 40I/(40+R) = 80/(8+R)$ となる．抵抗 R における消費電力 $P_m = RI_R{}^2 = 6400R/(8+R)^2$ であるから，P_m が最大となる条件は，$dP_m/dR = 0$ より，$dP_m/dR = (8-R)/(8+R)^3 = 0$ であるから，$R = 8\,[\Omega]$ となる．このとき，$P_m = 6400 \cdot 8/(8+8)^2 = 200\,[\mathrm{W}]$ である．

2.3 消費電力の大きい方が明るく点灯するので，二つの電球を直列接続したときのそれぞれの消費電力を求める．電力 $P = V^2/R$ であるから，まず，$60\,[\mathrm{W}]$ の電球の抵抗 R_{60} と，$40\,[\mathrm{W}]$ の電球の抵抗 R_{40} を求める．$R_{60} = 100^2/60 = 167\,[\Omega]$，$R_{40} = 100^2/40 = 250\,[\Omega]$ である．次に，直列接続したときの電流を I とし，それぞれの電球の消費電力を P_{60} と P_{40} とすると，$P_{60} = R_{60}I^2$，$P_{40} = R_{40}I^2$ となる．$R_{60} < R_{40}$ であるから，$P_{60} < P_{40}$ となり $40\,[\mathrm{W}]$ の電球の方が明るいことがわかる．

2.4 (1) 端子 b-b' を開放すると，解図 2.1 の回路となるので，$V_2 = R_2J$ と表せる．
(2) 端子 b-b' を短絡すると，解図 2.2 の回路となるので，分流比より $I_2 = \{R_3/(R_2+R_3)\}J$ と表せる．

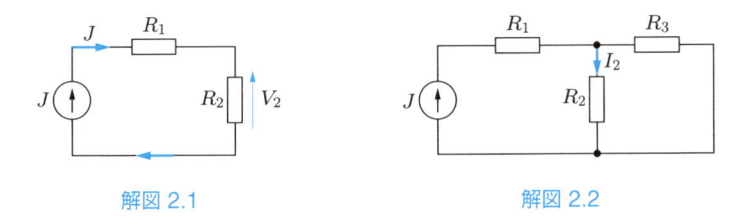

解図 2.1　　　　　　　　　解図 2.2

(3) 電流源を取り外して，端子 a-a' を開放して端子 b-b' から左を見た合成抵抗 R を求めると，$R_\mathrm{b} = R_2 + R_3$ であるから，テブナンの等価回路は解図 2.3 となる．V_2' は，分圧比より次式となる．

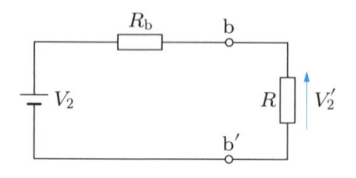

解図 2.3

$$V_2' = \frac{R}{R+R_{\mathrm{b}}}V_2 = \frac{RR_2}{R+R_2+R_3}J$$

(4) 受けない．J は定電流源であるから，R_1 を流れる電流は一定である．

2.5 (1) 電圧源のみが動作しているときの回路は，電流源を取り除いて開放するので解図 2.4 となる．よって，$I' = E/(R_2+R_3)$ となる．
(2) 電流源のみが動作しているときの回路は，電圧源を取り除いて短絡するので，解図 2.5 となる．よって，$I'' = \{R_3/(R_2+R_3)\}J$ となる．
(3) 重ね合わせの理より，次式となる．I' と I'' の電流の向きが異なるので負号となる．

$$I = I' - I'' = \frac{E}{R_2+R_3} - \frac{R_3}{R_2+R_3}J = \frac{E-R_3J}{R_2+R_3}$$

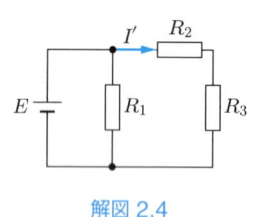

解図 2.4   解図 2.5

2.6 (1) 電圧源 $E_2 \sim E_n$ を取り除いて短絡した回路を解図 2.6 に示す．端子 a-b 間の電圧 V_1 は，次式となる．

$$V_1 = \frac{1/\sum_{i=2}^{n}G_i}{1/\sum_{i=2}^{n}G_i + 1/G_1}E_1 = \frac{G_1E_1}{G_1+\sum_{i=2}^{n}G_i} = \frac{G_1E_1}{\sum_{i=1}^{n}G_i}$$

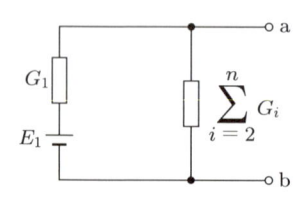

解図 2.6

(2) 重ね合わせの理より，$E_0 = V_1 + V_2 + \cdots + V_n$ となる．ただし，$V_2, V_3, \cdots, V_n$ はそれぞれ電圧源 $E_2, E_3, \cdots, E_n$ のみが動作しているときの端子 a-b 間の電圧を表す．

$$E_0 = \sum_{k=1}^{n} V_k = \sum_{k=1}^{n} \left(\frac{G_k E_k}{\sum_{i=1}^{n} G_i} \right) = \frac{1}{\sum_{i=1}^{n} G_i} \sum_{k=1}^{n} G_k E_k = \frac{\sum_{i=1}^{n} G_i E_i}{\sum_{i=1}^{n} G_i}$$

(3) 解図 2.6 の回路の端子 a-b 間を短絡するときの端子 a-b 間を流れる電流は $I_1 = E_1/G_1$ となる．

(4) 重ね合わせの理より，$J_0 = I_1 + I_2 + \cdots + I_n$ となる．ただし $I_2, I_3, \cdots, I_n$ はそれぞれ電圧源 $E_2, E_3, \cdots, E_n$ のみが動作しているときの端子 a-b 間を流れる電流を表す．

$$J_0 = \sum_{i=1}^{n} I_i = \sum_{i=1}^{n} E_i G_i$$

2.7 スイッチを閉じたときの回路において，電流 I_c は

$$I_\mathrm{c} = \frac{E}{R_1 + R_2 R/(R_2 + R)} = \frac{E(R_2 + R)}{R_1(R_2 + R) + R_2 R}$$

となる．スイッチを開いたときは抵抗 R には電流が流れないので，$I_\mathrm{o} = E/(R_1 + R_2)$ となる．$I_\mathrm{c} = 2I_\mathrm{o}$ であるから，次のようになる．

$$\frac{E(R_2 + R)}{R_1(R_2 + R) + R_2 R} = \frac{2E}{R_1 + R_2}$$

$$\therefore \; R = \frac{(R_1 + R_2)R_2 - 2R_1 R_2}{R_1 + R_2} = \frac{200}{3} = 67 \, [\Omega]$$

2.8 (1) 分圧比より解図 2.7(a) の端子 a-b 間の電圧 $V = \{r_3/(r_2 + r_3)\}E$ となる．電圧源 E を取り外して短絡すると，解図 (b) のようになり，抵抗 r_1 に電流が流れないので，解図 (c) の回路と等価である．端子 a-b から左を見た合成抵抗 $R = r_2 r_3/(r_2 + r_3)$ となる．したがって，テブナンの等価回路は解図 (d) となり，$E_0 = V = \{r_3/(r_2 + r_3)\}E$，$R_0 = R = r_2 r_3/(r_2 + r_3)$ である．

(2) 解図 2.8(a) のように，端子 a-b を短絡して流れる電流 I を求める．端子 a-b が短絡されると，抵抗 r_3 に電流が流れなくなり，解図 (b) の回路と等価である．よって，$I = E/r_2$

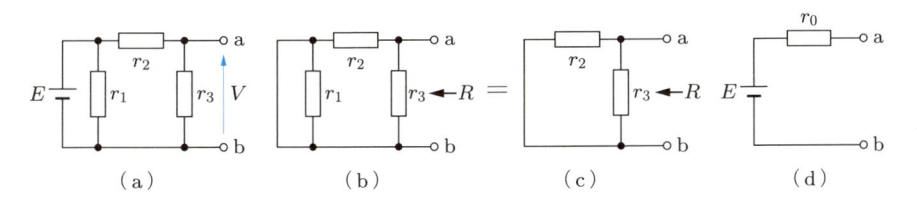

解図 2.7

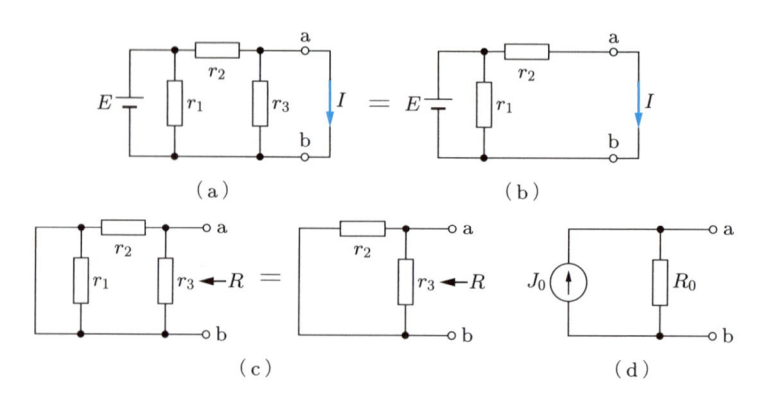

解図 2.8

となる．次に，解図 (c) のように電圧源 E を取り外して短絡する．端子 a-b から左を見た合成抵抗 $R = r_2 r_3/(r_2 + r_3)$ である．したがって，ノートンの等価回路は解図 (d) となり，$J_0 = I = E/r_2$, $R_0 = R = r_2 r_3/(r_2 + r_3)$ である．

(3) テブナンの定理から，抵抗 R_x を流れる電流 I_x は次式となる．

$$I_x = \frac{E_0}{R_0 + R_x} = \frac{r_3 E}{r_2 r_3 + R_x(r_2 + r_3)}$$

2.9 (1) 解図 2.9(a) の端子 a-b 間の電圧 V を求める．端子 a-b 間は開放しているので，抵抗 r_3 と r_4 には電流が流れない．したがって，電圧 V は抵抗 r_1 の両端の電圧 V_1 に等しい．つまり，$V = \{r_1/(r_1 + r_2)\}E$ となる．次に，解図 (b) のように電圧源 E を取り外して短絡したときの端子 a-b から左を見た回路の合成抵抗 R を求めると，$R = r_3 + r_1 r_2/(r_1 + r_2) + r_4$ となる．したがって，テブナンの等価回路は解図 (c) となる．ここで，$E_0 = V = r_1 E/(r_1 + r_2)$, $R_0 = R = r_1 r_2/(r_1 + r_2) + r_3 + r_4$ である．

(2) 解図 2.10(a) のように端子 a-b 間を短絡したときに，端子 a-b 間を流れる電流 I を求める．まず，電圧源 E から見た合成抵抗 R_E を求める．

$$R_E = r_2 + \frac{r_1(r_3 + r_4)}{r_1 + r_3 + r_4} = \frac{r_2(r_1 + r_3 + r_4) + r_1(r_3 + r_4)}{r_1 + r_3 + r_4}$$

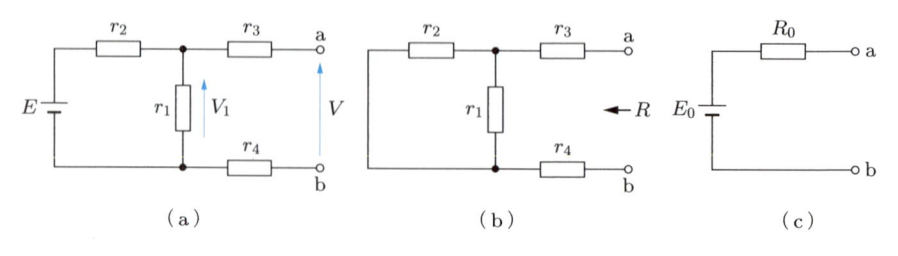

解図 2.9

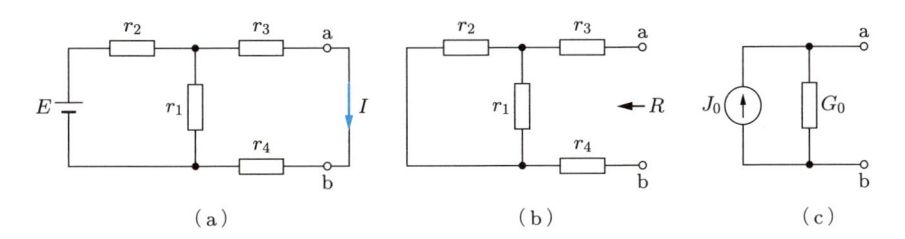

解図 2.10

次に，抵抗 r_2 に流れる電流 I_2 を求める．

$$I_2 = \frac{E}{R_E} = \frac{r_1 + r_3 + r_4}{r_2(r_1 + r_3 + r_4) + r_1(r_3 + r_4)} E$$

分流比より，

$$I = \frac{r_1 I_2}{r_1 + r_3 + r_4} = \frac{r_1 E}{r_2(r_1 + r_3 + r_4) + r_1(r_3 + r_4)}$$

となる．また，解図 (b) のように電圧源を取り除いて短絡した回路の端子 a-b から左を見た回路の合成コンダクタンス G を求めると，

$$G = \frac{r_1 + r_2}{(r_1 + r_2)(r_3 + r_4) + r_1 r_2}$$

となる．ノートンの等価回路は解図 (c) となり，次のようになる．

$$J_0 = I = \frac{r_1 E}{r_2(r_1 + r_3 + r_4) + r_1(r_3 + r_4)}, \quad G_0 = G = \frac{r_1 + r_2}{(r_1 + r_2)(r_3 + r_4) + r_1 r_2}$$

(3) テブナンの定理より，抵抗 R_x を流れる電流 I_x は次式となる．

$$I_x = \frac{E_0}{R_0 + R_x} = \frac{E r_1}{(r_1 + r_2)(r_3 + r_4 + R_x) + r_1 r_2}$$

2.10 (1) 解図 2.11(a) の端子 a-b 間の電圧 V を求める．まず，電流源から見た合成コンダクタンス G_J を求めると，$G_J = G_1 + G_2 G_3/(G_2 + G_3)$ となる．次に，コンダクタンス G_1 の両端の電圧 V_1 を求めると，

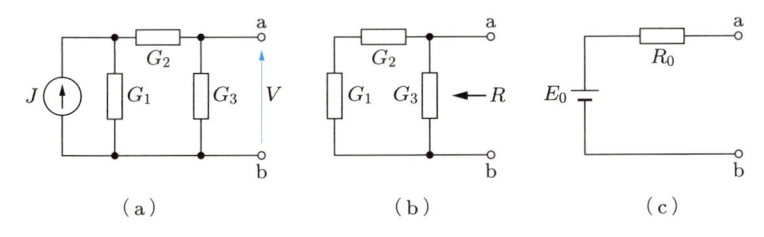

解図 2.11

$$V_1 = \frac{J}{G_J} = \frac{G_2 + G_3}{G_1(G_2 + G_3) + G_2 G_3} J$$

となる．分圧比より，

$$V = \frac{G_2 V_1}{G_2 + G_3} = \frac{G_2 J}{G_1(G_2 + G_3) + G_2 G_3}$$

となる．次に，解図 (b) のように電流源 J を取り除いて開放した回路の端子 a-b から左を見た回路の合成抵抗 R を求めると，

$$\frac{1}{R} = \frac{G_1 G_2}{G_1 + G_2} + G_3 = \frac{G_1 G_2 + G_3(G_1 + G_2)}{G_1 + G_2}$$

$$\therefore R = \frac{G_1 + G_2}{G_3(G_1 + G_2) + G_1 G_2}$$

となる．したがって，テブナンの等価回路は解図 (c) となり，次のようになる．

$$E_0 = V = \frac{G_2 J}{G_1(G_2 + G_3) + G_2 G_3}, \quad R_0 = R = \frac{G_1 + G_2}{G_3(G_1 + G_2) + G_1 G_2}$$

(2) 解図 2.12(a) のように端子 a-b 間を短絡したときに，端子 a-b 間を流れる電流を求める．このとき，コンダクタンス G_3 を流れる電流は 0 となるので，解図 (b) と等価になる．分流比より，$I = G_2 J/(G_1 + G_2)$ となる．次に，電流源 J を取り除いて，開放した解図 (c) の端子 a-b から見た左の回路の合成コンダクタンス G を求めると，$G = G_1 G_2/(G_1 + G_2) + G_3$ となる．したがって，ノートンの等価回路は解図 (d) となり，次のようになる．

$$J_0 = I = \frac{G_2 J}{G_1 + G_2}, \quad G_0 = G = \frac{G_1 G_2}{G_1 + G_2} + G_3$$

(3) テブナンの定理より，次式となる．

$$I_x = \frac{E_0}{R_0 + R_x} = \frac{G_2 G_x J}{(G_3 + G_x)(G_1 + G_2)}$$

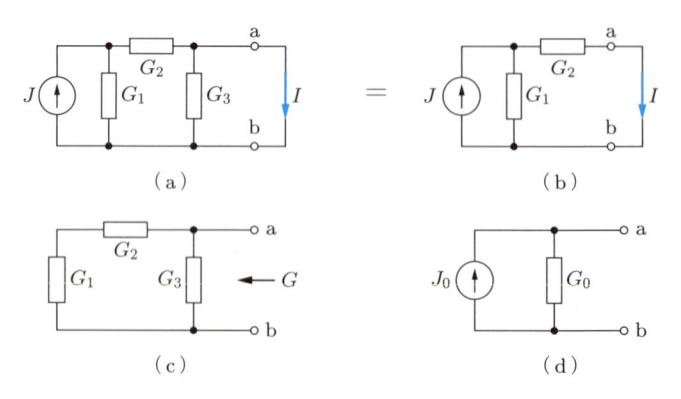

解図 2.12

2.11 (1) 端子 a-b 間の電圧 V を求める．端子 a-b 間が開放されているので，抵抗 R_3 には電流が流れない．したがって，解図 2.13(a) と等価になるため，この回路を流れる電流を求め，$I = (E_1+E_2)/(R_1+R_2)$ となる．端子 a-b 間の電圧 $V = E_1 - IR_1 = (R_2E_1 - R_1E_2)/(R_1+R_2)$ となる．次に，電源を取り除いて短絡した解図 (b) の端子 a-b から左を見た回路の合成抵抗 R を求めると，$R = R_3 + R_1R_2/(R_1+R_2)$ となる．テブナンの等価回路は解図 (c) となり，次のようになる．

$$E_0 = V = \frac{R_2E_1 - R_1E_2}{R_1+R_2}, \quad R_0 = R = R_3 + \frac{R_1R_2}{R_1+R_2}$$

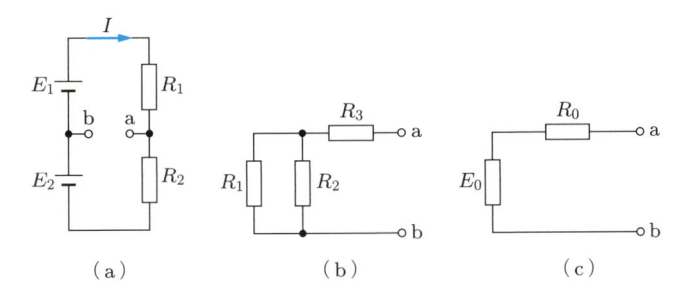

解図 2.13

(2) 次式となる．

$$I_0 = \frac{R_2E_1}{R_1(R_2+R_3)+R_2R_3} - \frac{R_1E_2}{R_2(R_1+R_3)+R_1R_3}, \quad G_0 = \frac{R_1+R_2}{R_1R_2+R_3(R_1+R_2)}$$

(3) 次式となる．

$$I_x = \frac{R_2E_1 - R_1E_2}{(R_3+R_x)(R_1+R_2)+R_1R_2}$$

2.12 (1) 端子 a-b から抵抗 R を取り除いて開放したときに，端子 a-b 間の電圧 V_0 を求める．

$$V_0 = \frac{R_1}{R_1+R_2}E - \frac{R_3}{R_3+R_4}E = \left(\frac{R_1}{R_1+R_2} - \frac{R_3}{R_3+R_4}\right)E$$

解図 2.14 のように，端子 a-b から見た右側の回路の合成抵抗 R_0 を求める．電圧源 E を取り除いて短絡し，$R_0 = R_1R_2/(R_1+R_2) + R_3R_4/(R_3+R_4)$ となる．テブナンの等価回路は解図 2.15 となる．

(2) テブナンの定理より，抵抗 R を流れる電流 $I = V_0/(R+R_0)$ と表せ，消費電力 $P = RI^2 = RV_0^2/(R+R_0)^2$ と表せる．P が最大となる R の値は $dP/dR = 0$ より求められる．

$$\frac{dP}{dR} = \frac{V_0^2 \cdot (R+R_0)^2 - RV_0^2 \cdot 2(R+R_0)}{(R+R_0)^4} = \frac{R_0-R}{(R+R_0)^3}V_0^2 = 0$$

$R = R_0$ のとき P は最大値 $R_0V_0^2/(R_0+R_0)^2 = V_0^2/4R_0$ となる．したがって，

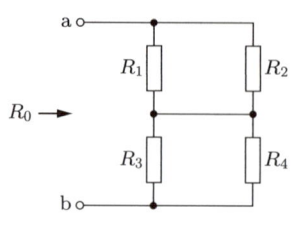

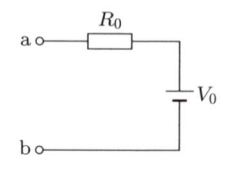

解図 2.14

解図 2.15

$$R_0 = \frac{R_1 R_2}{R_1 + R_2} + \frac{R_3 R_4}{R_3 + R_4} = \frac{1 \cdot 4}{1 + 4} + \frac{3 \cdot 2}{3 + 2} = 2\,[\Omega]$$

$$V_0 = \left(\frac{1}{1+4} - \frac{3}{3+2}\right)100 = \left(\frac{1}{5} - \frac{3}{5}\right)100 = -\frac{200}{5} = -40\,[\text{V}]$$

より，$P = (-40)^2/4 \cdot 2 = 200\,[\text{W}]$ となる．

2.13 （テブナンの等価回路）電流を取り除いて端子 a-b 間の合成抵抗 R_0 を求める．解図 2.16 より，$R_0 = 3 \cdot 2/(3+2) + 6 \cdot 4/(6+4) = 18/5 = 3.6\,[\Omega]$ となる．端子 a-b 間の電圧 V_0 を求めるために，節点解析法を用いる．電圧源を電流源に変換すると，解図 2.17 となる．節点 3 と 4 は同電位であり，これを基準電位 0 とすると，

$$\text{節点 1}: \frac{V_1 - 0}{3} + \frac{V_1 - 0}{2} = 1 \quad \therefore V_1 = \frac{6}{5}\,[\text{V}]$$

$$\text{節点 2}: \frac{V_2 - 0}{6} + \frac{V_2 - 0}{4} = -\frac{1}{2} \quad \therefore V_2 = -\frac{6}{5}\,[\text{V}]$$

となる．よって，$V_0 = V_1 - V_2 = 6/5 + 6/5 = 12/5 = 2.4\,[\text{V}]$ となり，テブナンの等価回路は解図 2.18 となる．

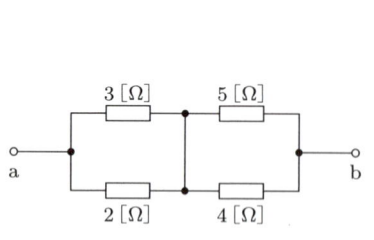

解図 2.16

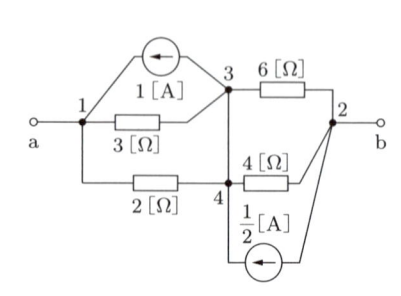

解図 2.17

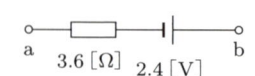

解図 2.18

(ノートンの等価回路) 端子 a-b を短絡して，端子 a-b を流れる電流 I_0 を求める．解図 2.19 のように，電流源を電圧源に変換して，閉路解析法を適用する．

閉路 1：$5I_1 - 2I_3 = -\dfrac{1}{3}$

閉路 2：$10I_2 - 4I_3 = 2$

閉路 3：$-2I_1 - 4I_2 + 6I_3 = -2$

$\therefore \begin{bmatrix} 5 & 0 & -2 \\ 0 & 5 & -2 \\ -1 & -2 & 3 \end{bmatrix} \begin{bmatrix} I_1 \\ I_2 \\ I_3 \end{bmatrix} = \begin{bmatrix} -1/3 \\ 1 \\ -1 \end{bmatrix}$

クラーメルの解法で解いて，

$\Delta = \begin{vmatrix} 5 & 0 & -2 \\ 0 & 5 & -2 \\ -1 & -2 & 3 \end{vmatrix} = 45, \quad I_3 = \dfrac{1}{\Delta} \begin{vmatrix} 5 & 0 & -1/3 \\ 0 & 5 & 1 \\ -1 & -2 & -1 \end{vmatrix} = -\dfrac{10}{27} = -0.37\,[\text{A}]$

となる．ノートンの等価回路を解図 2.20 に示す．

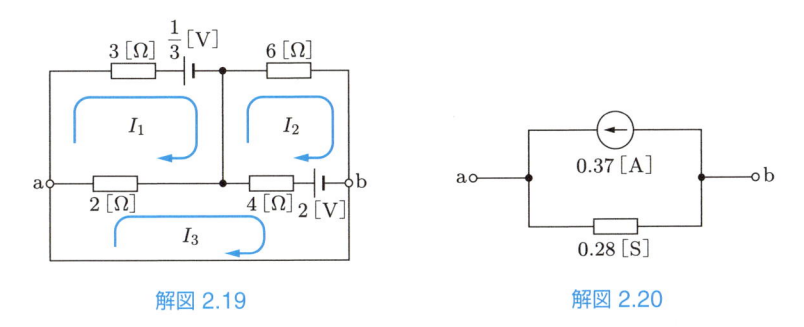

解図 2.19

解図 2.20

2.14 この電圧計を直列に接続すると，内部抵抗の合成抵抗は $20\,[\text{k}\Omega] + 15\,[\text{k}\Omega] = 35\,[\text{k}\Omega]$ であるから，$250\,[\text{V}]$ の電圧をかけたときにそれぞれの内部抵抗での電圧降下は，$250 \times 20/35 = 143\,[\text{V}]$，$250 \times 15/35 = 107\,[\text{V}]$ となる．

第 3 章

3.1 (1) 三つの閉路について，以下が成り立つ．

閉路 1：$R_1 I_1 + R_2(I_1 - I_2) = E_a$

$\therefore (R_1 + R_2)I_1 - R_2 I_2 = E_a \quad \cdots ①$

閉路 2：$R_2(I_2 - I_1) + R_3 I_2 + R_4(I_2 - I_3) = 0$

$\therefore -R_2 I_1 + (R_2 + R_3 + R_4)I_2 - R_4 I_3 = 0 \quad \cdots ②$

閉路 3：$R_4(I_3 - I_2) + R_5 I_3 = -E_b$

$\therefore -R_4 I_2 + (R_4 + R_5)I_3 = -E_b \quad \cdots ③$

(2) 式 ①〜③ に抵抗と電源電圧を代入し，行列で表す．

$$\begin{cases} 3I_1 - 2I_2 = 2 \\ -2I_1 + 6I_2 - I_3 = 0 \\ -I_2 + 6I_3 = -1 \end{cases} \quad \therefore \begin{bmatrix} 3 & -2 & 0 \\ -2 & 6 & -1 \\ 0 & -1 & 6 \end{bmatrix} \begin{bmatrix} I_1 \\ I_2 \\ I_3 \end{bmatrix} = \begin{bmatrix} 2 \\ 0 \\ -1 \end{bmatrix}$$

行列式を Δ で表すと，

$$\Delta = \begin{vmatrix} 3 & -2 & 0 \\ -2 & 6 & -1 \\ 0 & -1 & 6 \end{vmatrix} = 81$$

である．クラーメルの解法を用いると，次のようになる．

$$I_1 = \frac{1}{\Delta} \begin{vmatrix} 2 & -2 & 0 \\ 0 & 6 & -1 \\ -1 & -1 & 6 \end{vmatrix} = \frac{68}{81} = 0.84\,[\mathrm{A}], \quad I_2 = \frac{1}{\Delta} \begin{vmatrix} 3 & 2 & 0 \\ -2 & 0 & -1 \\ 0 & -1 & 6 \end{vmatrix} = \frac{7}{27} = 0.26\,[\mathrm{A}],$$

$$I_3 = \frac{1}{\Delta} \begin{vmatrix} 3 & -2 & 2 \\ -2 & 6 & 0 \\ 0 & -1 & -1 \end{vmatrix} = -\frac{10}{81} = -0.12\,[\mathrm{A}]$$

3.2 (1) 三つの閉路について，以下が成り立つ．

閉路 1：$(R_1 + R_2)I_1 - R_2 I_2 = E_1 - E_2$

閉路 2：$-R_2 I_1 + (R_2 + R_3 + R_4 + R_5)I_2 - R_5 I_3 = E_2$

閉路 3：$-R_5 I_2 + (R_5 + R_6)I_3 = -E_3$

(2) 閉路方程式に抵抗と電圧の値を代入し，行列で表す．

$$\begin{cases} 3I_1 - I_2 = -1 \\ -I_1 + 7I_2 - 2I_3 = 3 \\ -2I_2 + 3I_3 = -5 \end{cases} \quad \therefore \begin{bmatrix} 3 & -1 & 0 \\ -1 & 7 & -2 \\ 0 & -2 & 3 \end{bmatrix} \begin{bmatrix} I_1 \\ I_2 \\ I_3 \end{bmatrix} = \begin{bmatrix} -1 \\ 3 \\ -5 \end{bmatrix}$$

行列式を Δ で表すと，

$$\Delta = \begin{vmatrix} 3 & -1 & 0 \\ -1 & 7 & -2 \\ 0 & -2 & 3 \end{vmatrix} = 48$$

である．クラーメルの解法で解くと，次のようになる．

$$I_1 = \frac{1}{\Delta}\begin{vmatrix} -1 & -1 & 0 \\ 3 & 7 & -2 \\ -5 & -2 & 3 \end{vmatrix} = -\frac{3}{8} = -0.375\,[\text{A}], \quad I_2 = \frac{1}{\Delta}\begin{vmatrix} 3 & -1 & 0 \\ -1 & 3 & -2 \\ 0 & -5 & 3 \end{vmatrix} = -\frac{1}{8} = -0.125\,[\text{A}],$$

$$I_3 = \frac{1}{\Delta}\begin{vmatrix} 3 & -1 & -1 \\ -1 & 7 & 3 \\ 0 & -2 & -5 \end{vmatrix} = -\frac{7}{4} = -1.75\,[\text{A}]$$

(3) 抵抗 R_2 に流れる電流は，$I_1 - I_2 = -3/8 + 1/8 = -0.25\,[\text{A}]$ となる．

3.3 三つの閉路について，以下が成り立つ．

閉路 1：$2RI_1 - RI_2 = E$

閉路 2：$-RI_1 + 3RI_2 - RI_3 = 0$

閉路 3：$-RI_2 + 3RI_3 = 0$

行列で閉路方程式を表す．

$$\begin{bmatrix} 2R & -R & 0 \\ -R & 3R & -R \\ 0 & -R & 3R \end{bmatrix}\begin{bmatrix} I_1 \\ I_2 \\ I_3 \end{bmatrix} = \begin{bmatrix} E \\ 0 \\ 0 \end{bmatrix} \quad \therefore \begin{bmatrix} 2 & -1 & 0 \\ -1 & 3 & -1 \\ 0 & -1 & 3 \end{bmatrix}\begin{bmatrix} I_1 \\ I_2 \\ I_3 \end{bmatrix} = \begin{bmatrix} E/R \\ 0 \\ 0 \end{bmatrix}$$

行列式を Δ で表すと，

$$\Delta = \begin{vmatrix} 2 & -1 & 0 \\ -1 & 3 & -1 \\ 0 & -1 & 3 \end{vmatrix} = 13$$

である．端子 a-b 間の電圧 $V = RI_3$ で表されるので，I_3 をクラーメルの解法で求める．

$$I_3 = \frac{1}{\Delta}\begin{vmatrix} 2 & -1 & E/R \\ -1 & 3 & 0 \\ 0 & -1 & 0 \end{vmatrix} = \frac{E}{13R}$$

したがって，$V = E/13R \times R = E/13\,[\text{V}]$ となる．

3.4 次のようになる．

閉路 1：$11I_1 - 3I_2 - 2I_3 = -5$

閉路 2：$-3I_1 + 9I_2 - 4I_4 = 1$

閉路 3：$-2I_1 + 7I_3 - 2I_4 = 4$

閉路 4：$-4I_2 - 2I_3 + 11I_4 = -2$

3.5 まず，解図 3.1 のように，電流源を電圧源に変換する．三つの閉路について，以下が成

解図 3.1

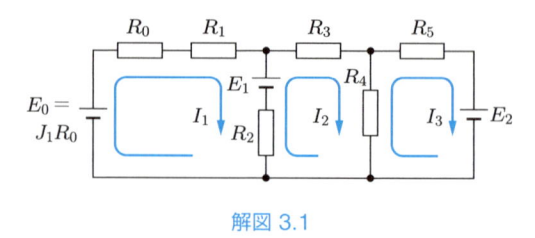

り立つ.

閉路 1：$(R_0 + R_1 + R_2)I_1 - R_2 I_2 = R_0 J_1 - E_1$

閉路 2：$- R_2 I_1 + (R_2 + R_3 + R_4)I_2 - R_4 I_3 = E_1$

閉路 3：$- R_4 I_2 + (R_4 + R_5)I_3 = -E_2$

抵抗と電圧，電流の値を代入して行列で表す．

$$\begin{bmatrix} 2 & -1 & 0 \\ -2 & 9 & -4 \\ 0 & -4 & 9 \end{bmatrix} \begin{bmatrix} I_1 \\ I_2 \\ I_3 \end{bmatrix} \begin{bmatrix} 0 \\ 1 \\ -2 \end{bmatrix}$$

行列式を Δ で表す．

$$\Delta = \begin{vmatrix} 2 & -1 & 0 \\ -2 & 9 & -4 \\ 0 & -4 & 9 \end{vmatrix} = 112$$

クラーメルの解法により，次のようになる．

$$I_1 = \frac{1}{\Delta} \begin{vmatrix} 0 & -1 & 0 \\ 1 & 9 & -4 \\ -2 & -4 & 9 \end{vmatrix} = \frac{1}{112} = 8.9 \times 10^{-3} [\text{A}], \quad I_2 = \frac{1}{\Delta} \begin{vmatrix} 2 & 0 & 0 \\ -2 & 1 & -4 \\ 0 & -2 & 9 \end{vmatrix} = \frac{1}{56} = 1.8 \times 10^{-2} [\text{A}],$$

$$I_3 = \frac{1}{\Delta} \begin{vmatrix} 2 & -1 & 0 \\ -2 & 9 & 1 \\ 0 & -4 & -2 \end{vmatrix} = -\frac{3}{14} = -0.21 [\text{A}]$$

3.6　三つの閉路について，以下が成り立つ．

閉路 1：$(R_1 + R_3)I_1 - R_1 I_2 - R_3 I_3 = E$

閉路 2：$- R_1 I_1 + (R_1 + R_2 + R_5)I_2 - R_5 I_3 = 0$

閉路 3：$- R_3 I_1 - R_5 I_2 + (R_3 + R_4 + R_5)I_3 = 0$

抵抗と電圧の値を代入して，行列で表す．

$$\begin{bmatrix} 4 & -1 & -3 \\ -1 & 8 & -5 \\ -3 & -5 & 12 \end{bmatrix} \begin{bmatrix} I_1 \\ I_2 \\ I_3 \end{bmatrix} \begin{bmatrix} 1 \\ 0 \\ 0 \end{bmatrix}$$

行列式を Δ で表す.

$$\Delta = \begin{vmatrix} 4 & -1 & -3 \\ -1 & 8 & -5 \\ -3 & -5 & 12 \end{vmatrix} = 170$$

クラーメルの解法により,次のようになる.

$$I_1 = \frac{1}{\Delta} \begin{vmatrix} 1 & -1 & -3 \\ 0 & 8 & -5 \\ 0 & -5 & 12 \end{vmatrix} = \frac{71}{170} \, [\text{A}], \quad I_2 = \frac{1}{\Delta} \begin{vmatrix} 4 & 1 & -3 \\ -1 & 0 & -5 \\ -3 & 0 & 12 \end{vmatrix} = \frac{27}{170} \, [\text{A}],$$

$$I_3 = \frac{1}{\Delta} \begin{vmatrix} 4 & -1 & 1 \\ -1 & 8 & 0 \\ -3 & -5 & 0 \end{vmatrix} = \frac{29}{170} \, [\text{A}]$$

よって,R_5 を流れる電流は,$I_3 - I_2 = 1/85 = 0.012\,[\text{A}]$ となる.向きは I_3 の方向である.

3.7 解図 3.2 の三つの閉路について閉路方程式を立て,行列で示す.

閉路 1:$6I_1 + 5I_3 = 2$

閉路 2:$5I_2 - 4I_3 = 2$

閉路 3:$5I_1 - 4I_2 + 14I_3 = 0$

$$\therefore \begin{bmatrix} 6 & 0 & 5 \\ 0 & 5 & -4 \\ 5 & -4 & 14 \end{bmatrix} \begin{bmatrix} I_1 \\ I_2 \\ I_3 \end{bmatrix} = \begin{bmatrix} 2 \\ 2 \\ 0 \end{bmatrix}$$

端子 a-b 間の電圧 $V = I_2 + 2I_3$ と表せるので,I_2 と I_3 をクラーメルの解法で求める.

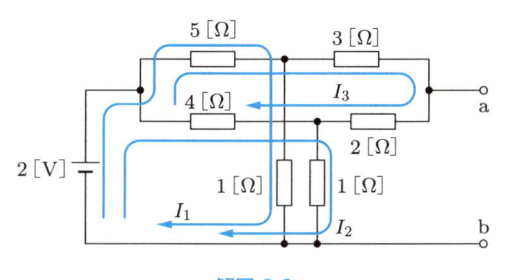

解図 3.2

$$\Delta = \begin{vmatrix} 6 & 0 & 5 \\ 0 & 5 & -4 \\ 5 & -4 & 14 \end{vmatrix} = 199$$

$$I_2 = \frac{1}{\Delta} \begin{vmatrix} 6 & 2 & 5 \\ 0 & 2 & -4 \\ 5 & 0 & 14 \end{vmatrix} = \frac{78}{199} \,[\text{A}], \quad I_3 = \frac{1}{\Delta} \begin{vmatrix} 6 & 0 & 2 \\ 6 & 5 & 2 \\ 5 & -4 & 0 \end{vmatrix} = -\frac{98}{199}\,[\text{A}]$$

よって，$V = 78/199 - 2 \cdot 98/199 = -118/199 = -0.59\,[\text{V}]$ となる．

3.8　(1) 解図 3.3 のようになる．

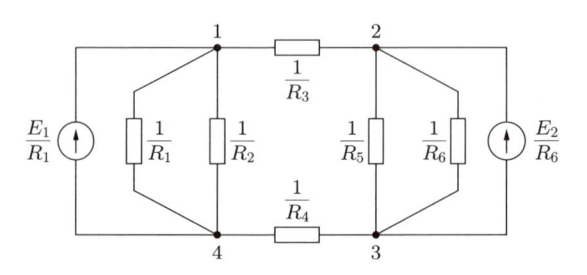

解図 3.3

(2) 各節点において流出する電流＝流入する電流として節点方程式を立てる．抵抗が接続されている枝を流出する電流と決めておくと誤りが少ない．

節点 1：$\underbrace{\dfrac{V_1-0}{R_1}+\dfrac{V_1-0}{R_2}+\dfrac{V_1-V_2}{R_3}}_{\text{流出する電流}} = \left(\dfrac{1}{R_1}+\dfrac{1}{R_2}+\dfrac{1}{R_3}\right)V_1 - \dfrac{V_2}{R_3} = \underbrace{\dfrac{E_1}{R_1}}_{\text{流入する電流}}$

節点 2：$\underbrace{\dfrac{V_2-V_1}{R_3}+\dfrac{V_2-V_3}{R_5}+\dfrac{V_2-V_3}{R_6}}$

$= -\dfrac{V_1}{R_3} + \left(\dfrac{1}{R_3}+\dfrac{1}{R_5}+\dfrac{1}{R_6}\right)V_2 - \left(\dfrac{1}{R_5}+\dfrac{1}{R_6}\right)V_3 = \dfrac{E_2}{R_6}$

節点 3：$\underbrace{\dfrac{V_3-V_2}{R_5}+\dfrac{V_3-V_2}{R_6}+\dfrac{V_3-0}{R_4}+\dfrac{E_2}{R_6}} = 0$

　　$\therefore \ -\left(\dfrac{1}{R_5}+\dfrac{1}{R_6}\right)V_2 + \left(\dfrac{1}{R_4}+\dfrac{1}{R_5}+\dfrac{1}{R_6}\right)V_3 = -\dfrac{E_2}{R_6}$

(3) 三つの節点方程式に抵抗と電圧の値を代入して行列で表す．

$$\begin{bmatrix} 2 & -1/2 & 0 \\ -1/2 & 3/2 & -1 \\ 0 & -1 & 2 \end{bmatrix} \begin{bmatrix} V_1 \\ V_2 \\ V_3 \end{bmatrix} = \begin{bmatrix} 1 \\ 1 \\ -1 \end{bmatrix}$$

クラーメルの解法で解く.

$$\Delta = \begin{vmatrix} 2 & -1/2 & 0 \\ -1/2 & 3/2 & -1 \\ 0 & -1 & 2 \end{vmatrix} = \frac{7}{2}$$

$$V_1 = \frac{1}{\Delta}\begin{vmatrix} 1 & -1/2 & 0 \\ 1 & 3/2 & -1 \\ -1 & -1 & 2 \end{vmatrix} = \frac{5}{7} = 0.71\,[\mathrm{V}], \quad V_2 = \frac{1}{\Delta}\begin{vmatrix} 2 & 1 & 0 \\ -1/2 & 1 & -1 \\ 0 & -1 & 2 \end{vmatrix} = \frac{6}{7} = 0.86\,[\mathrm{V}],$$

$$V_3 = \frac{1}{\Delta}\begin{vmatrix} 2 & -1/2 & 1 \\ -1/2 & 3/2 & 1 \\ 0 & -1 & -1 \end{vmatrix} = -\frac{1}{14} = -0.071\,[\mathrm{V}]$$

3.9 (1) 解図 3.4 のようになる.

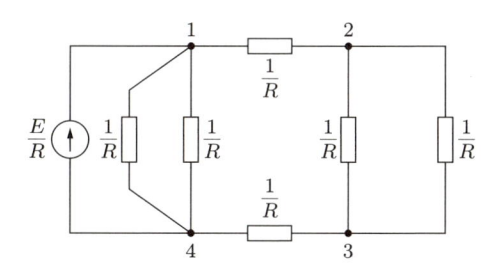

解図 3.4

(2) 流出する電流＝流入する電流として節点方程式を立て，行列で表す.

節点 1： $\underbrace{\dfrac{V_1 - 0}{R} + \dfrac{V_1 - 0}{R} + \dfrac{V_1 - V_2}{R}}_{\text{流出する電流}} = \dfrac{3}{R}V_1 - \dfrac{V_2}{R} = \underbrace{\dfrac{E}{R}}_{\text{流入する電流}}$

$$\therefore\ 3V_1 - V_2 = E$$

節点 2： $\underbrace{\dfrac{V_2 - V_1}{R} + \dfrac{V_2 - V_3}{R} + \dfrac{V_2 - V_3}{R}}_{} = -\dfrac{V_1}{R} + \dfrac{3}{R}V_2 - \dfrac{2}{R}V_3 = 0$

$$\therefore\ -V_1 + 3V_2 - 2V_3 = 0$$

節点 3： $\underbrace{\dfrac{V_3 - V_2}{R} + \dfrac{V_3 - V_2}{R} + \dfrac{V_3 - 0}{R}}_{} = -\dfrac{2}{R}V_2 + \dfrac{3}{R}V_3 = 0$

$$\therefore\ -2V_2 + 3V_3 = 0$$

$$\begin{bmatrix} 3 & -1 & 0 \\ -1 & 3 & -2 \\ 0 & -2 & 3 \end{bmatrix}\begin{bmatrix} V_1 \\ V_2 \\ V_3 \end{bmatrix} = \begin{bmatrix} E \\ 0 \\ 0 \end{bmatrix}$$

(3) クラーメルの解法で解く.

$$\Delta = \begin{vmatrix} 3 & -1 & 0 \\ -1 & 3 & -2 \\ 0 & -2 & 3 \end{vmatrix} = 12$$

$$V_1 = \frac{1}{\Delta} \begin{vmatrix} E & -1 & 0 \\ 0 & 3 & -2 \\ 0 & -2 & 3 \end{vmatrix} = \frac{5}{12}E, \quad V_2 = \frac{1}{\Delta} \begin{vmatrix} 3 & E & 0 \\ -1 & 0 & -2 \\ 0 & 0 & 3 \end{vmatrix} = \frac{E}{4},$$

$$V_3 = \frac{1}{\Delta} \begin{vmatrix} 3 & -1 & E \\ -1 & 3 & 0 \\ 0 & -2 & 0 \end{vmatrix} = \frac{E}{6}$$

3.10 (1) 解図 3.5 のようになる.

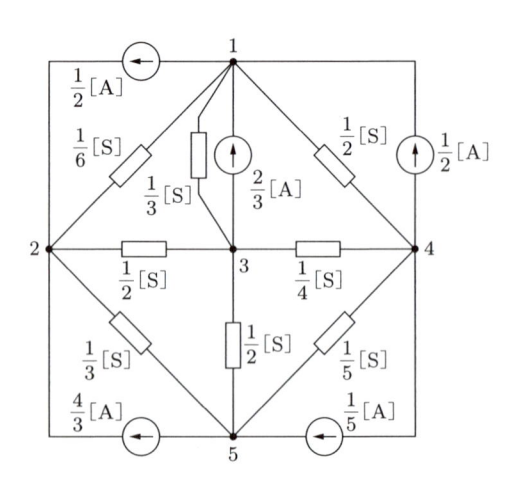

解図 3.5

(2) 次のようになる.

$$\text{節点 1}: \frac{V_1 - V_2}{6} + \frac{V_1 - 0}{3} + \frac{V_1 - V_4}{2} + \frac{1}{2} = \frac{2}{3} + \frac{1}{2}$$

$$\therefore V_1 - \frac{V_2}{6} - \frac{V_4}{2} = \frac{2}{3}$$

$$\text{節点 2}: \frac{V_2 - V_1}{6} + \frac{V_2 - 0}{2} + \frac{V_2 - V_5}{3} = \frac{1}{2} + \frac{4}{3}$$

$$\therefore -\frac{V_1}{6} + V_2 - \frac{V_5}{3} = \frac{11}{6}$$

$$\text{節点 4}: \frac{V_4 - V_1}{2} + \frac{V_4 - 0}{4} + \frac{V_4 - V_5}{5} + \frac{1}{2} + \frac{1}{5} = 0$$

$$\therefore -\frac{V_1}{2} + \frac{19}{20}V_4 - \frac{V_5}{5} = -\frac{7}{10}$$

節点 5： $\dfrac{V_5 - V_2}{3} + \dfrac{V_5 - 0}{2} + \dfrac{V_5 - V_4}{5} + \dfrac{4}{3} = \dfrac{1}{5}$

$$\therefore -\frac{V_2}{3} - \frac{V_4}{5} + \frac{31}{30}V_5 = -\frac{17}{15}$$

3.11 (1) 解図 3.6 のようになる．

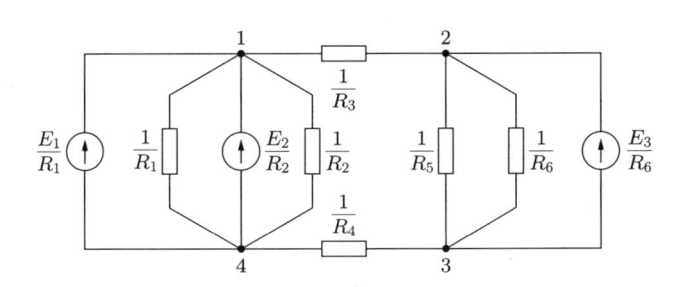

解図 3.6

(2) 次のようになる．

節点 1： $\dfrac{V_1 - 0}{R_1} + \dfrac{V_1 - 0}{R_2} + \dfrac{V_1 - V_2}{R_3} = \dfrac{E_1}{R_1} + \dfrac{E_2}{R_2}$

$$\therefore \left(\frac{1}{R_1} + \frac{1}{R_2} + \frac{1}{R_3}\right)V_1 - \frac{V_2}{R_3} = \frac{E_1}{R_1} + \frac{E_2}{R_2}$$

節点 2： $\dfrac{V_2 - V_1}{R_3} + \dfrac{V_2 - V_3}{R_5} + \dfrac{V_2 - V_3}{R_6} = \dfrac{E_3}{R_6}$

$$\therefore -\frac{V_1}{R_3} + \left(\frac{1}{R_3} + \frac{1}{R_5} + \frac{1}{R_6}\right)V_2 - \left(\frac{1}{R_5} + \frac{1}{R_6}\right)V_3 = \frac{E_3}{R_6}$$

節点 3： $\dfrac{V_3 - V_2}{R_5} + \dfrac{V_3 - V_2}{R_6} + \dfrac{V_3 - 0}{R_4} + \dfrac{E_3}{R_6} = 0$

$$\therefore -\left(\frac{1}{R_5} + \frac{1}{R_6}\right)V_2 + \left(\frac{1}{R_4} + \frac{1}{R_5} + \frac{1}{R_6}\right)V_3 = -\frac{E_3}{R_6}$$

(3) 抵抗と電圧の値を節点方程式に代入して，行列で表す．

$$\begin{bmatrix} 5/2 & -1 & 0 \\ -1 & 5/2 & -3/2 \\ 0 & -3/2 & 11/6 \end{bmatrix} \begin{bmatrix} V_1 \\ V_2 \\ V_3 \end{bmatrix} = \begin{bmatrix} 4 \\ 5 \\ -5 \end{bmatrix}$$

クラーメルの解法で解く．行列式を Δ で表す．

$$\Delta = \begin{vmatrix} 5/2 & -1 & 0 \\ -1 & 5/2 & -3/2 \\ 0 & -3/2 & 11/6 \end{vmatrix} = 4$$

$$V_1 = \frac{1}{\Delta}\begin{vmatrix} 4 & -1 & 0 \\ 5 & 5/2 & -3/2 \\ -5 & -3/2 & 11/6 \end{vmatrix} = \frac{11}{4} = 2.75\,[\text{V}], \quad V_2 = \frac{1}{\Delta}\begin{vmatrix} 5/2 & 4 & 0 \\ -1 & 5 & -3/2 \\ 0 & -5 & 11/6 \end{vmatrix} = \frac{23}{8} = 2.88\,[\text{V}]$$

$$V_3 = \frac{1}{\Delta}\begin{vmatrix} 5/2 & -1 & 4 \\ -1 & 5/2 & 5 \\ 0 & -3/2 & -5 \end{vmatrix} = -\frac{3}{8} = -0.375\,[\text{V}]$$

3.12 節点 5, 6 を基準電位 0 として，節点 1, 2, 3 の電位をそれぞれ V_1, V_2, V_3 とする．節点 4 の電位は 1 [V] である．節点 1, 2, 3 で節点方程式を立て，行列で表す．

$$\text{節点 1}: \frac{V_1 - 1}{1} + \frac{V_1 - V_2}{2} = 0 \quad \therefore\ \frac{5}{2}V_1 - \frac{V_2}{2} = 1$$

$$\text{節点 2}: \frac{V_2 - 1}{1} + \frac{V_2 - V_3}{2} + \frac{V_2 - 0}{2} = 0 \quad \therefore\ 2V_2 - \frac{V_3}{2} = 1$$

$$\text{節点 3}: \frac{V_3 - V_1}{2} + \frac{V_3 - V_2}{2} = 0 \quad \therefore\ -\frac{V_1}{2} - \frac{V_2}{2} + V_3 = 0$$

$$\begin{bmatrix} 5/2 & 0 & -1/2 \\ 0 & 2 & -1/2 \\ -1/2 & -1/2 & 1 \end{bmatrix}\begin{bmatrix} V_1 \\ V_2 \\ V_3 \end{bmatrix} = \begin{bmatrix} 1 \\ 1 \\ 0 \end{bmatrix}$$

クラーメルの解法で解く．$V_3 = V_\text{b}$ である．

$$\Delta = \begin{vmatrix} 5/2 & 0 & -1/2 \\ 0 & 2 & -1/2 \\ -1/2 & -1/2 & 1 \end{vmatrix} = \frac{31}{8}, \quad V_\text{b} = V_3 = \frac{1}{\Delta}\begin{vmatrix} 5/2 & 0 & 1 \\ 0 & 2 & 1 \\ -1/2 & -1/2 & 0 \end{vmatrix} = \frac{18}{31} = 0.42\,[\text{V}]$$

3.13 解図 3.7 のように電流源を電圧源に変換して，閉路電流 $\dot{I}_1$, $\dot{I}_2$ を定義する．

$$\text{閉路 1}: \left(R_1 + \frac{1}{j\omega C} + R_2\right)\dot{I}_1 - R_2\dot{I}_2 = \dot{E}_1$$

$$\text{閉路 2}: -R_2\dot{I}_1 + (R_2 + j\omega L + R_3)\dot{I}_2 = -jR_3$$

3.14 解図 3.8 のように電流源を電圧源に変換して，閉路電流 $\dot{I}_1, \dot{I}_2, \dot{I}_3$ を定義する．

$$\text{閉路 1}: \left(R_1 + \frac{1}{j\omega C_1} + R_2 + \frac{1}{j\omega C_2}\right)\dot{I}_1 - \frac{\dot{I}_2}{j\omega C_1} - \left(R_2 + \frac{1}{j\omega C_2}\right)\dot{I}_3 = \dot{E}_1$$

$$\text{閉路 2}: -\frac{\dot{I}_1}{j\omega C_1} + \left(j\omega L_1 + j\omega L_2 + R_4 + \frac{1}{j\omega C_1}\right)\dot{I}_2 - j\omega L_1\dot{I}_3 = \dot{E}_2$$

解図 3.7   解図 3.8

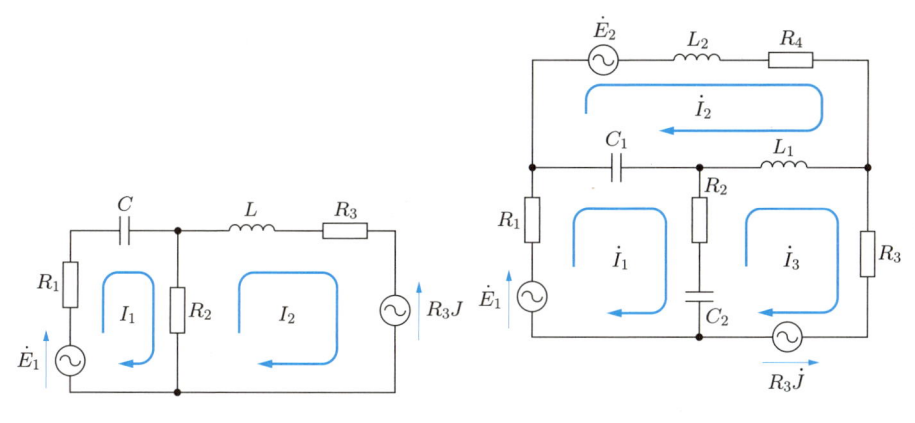

閉路 3：$-\left(R_2 + \dfrac{1}{j\omega C_2}\right)\dot{I}_1 - j\omega L_1 \dot{I}_2 + \left(R_2 + R_3 + \dfrac{1}{j\omega C_2} + j\omega L_1\right)\dot{I}_3 = -R_3 \dot{J}$

3.15 電圧源を電流源に変換して節点 1 と 2 を定義すると，たとえば解図 3.9 のようになる．それぞれの節点で節点方程式を立てると，次のようになる．

$$\text{節点 1：}\left(\dfrac{1}{R_1} + \dfrac{1}{j\omega L}\right)\dot{V}_1 - \dfrac{1}{j\omega L}\dot{V}_2 = \dot{J}$$

$$\text{節点 2：} -\dfrac{1}{j\omega L}\dot{V}_1 + \left(\dfrac{1}{R_2} + j\omega C + \dfrac{1}{j\omega L}\right)\dot{V}_2 = 0$$

3.16 電圧源を電流源に変換して節点 1～3 を定義すると，たとえば解図 3.10 のようになる．それぞれの節点で節点方程式を立てると，次のようになる．

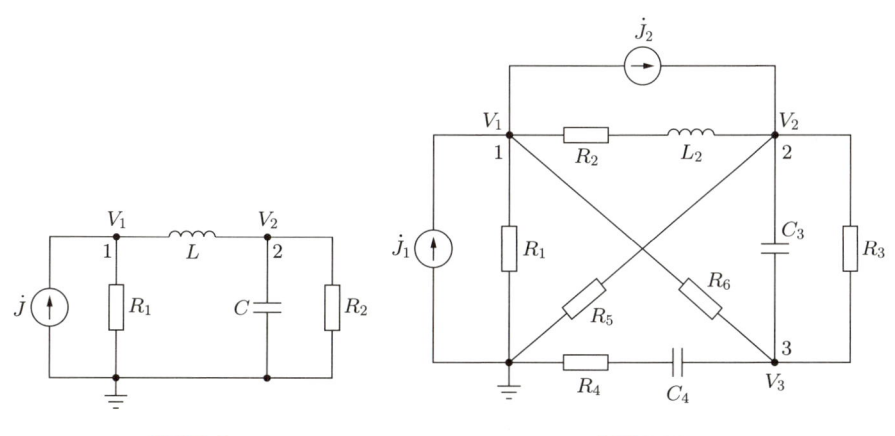

解図 3.9   解図 3.10

節点 1：$\left(\dfrac{1}{R_1} + \dfrac{1}{R_2 + j\omega L_2} + \dfrac{1}{R_6}\right)\dot{V}_1 - \dfrac{\dot{V}_2}{R_2 + j\omega L_2} - \dfrac{\dot{V}_3}{R_6} = \dot{J}_1 - \dot{J}_2$

節点 2：

$$-\dfrac{\dot{V}_1}{R_2 + j\omega L_2} + \left(\dfrac{1}{R_3} + j\omega C_3 + \dfrac{1}{R_2 + j\omega L_2} + \dfrac{1}{R_5}\right)\dot{V}_2 - \left(\dfrac{1}{R_3} + j\omega C_3\right)\dot{V}_3 = \dot{J}_2$$

節点 3：

$$-\dfrac{\dot{V}_1}{R_6} - \left(\dfrac{1}{R_3} + j\omega C_3\right)\dot{V}_2 + \left(\dfrac{1}{R_4 + 1/j\omega C_4} + \dfrac{1}{R_6} + \dfrac{1}{R_3} + j\omega C_3\right)\dot{V}_3 = 0$$

3.17 (1) 各閉路において閉路方程式を立てる．

閉路 1：$(\dot{Z}_1 + \dot{Z}_2)\dot{I}_1 - \dot{Z}_1\dot{I}_3 = 0$

閉路 2：$(\dot{Z}_3 + \dot{Z}_4)\dot{I}_2 - \dot{Z}_3\dot{I}_3 = 0$

閉路 3：$-\dot{Z}_1\dot{I}_1 - \dot{Z}_3\dot{I}_2 + (\dot{Z}_1 + \dot{Z}_2)\dot{I}_3 = \dot{E}$

閉路方程式を行列で表す．

$$\begin{bmatrix} \dot{Z}_1 + \dot{Z}_2 & 0 & -\dot{Z}_1 \\ 0 & \dot{Z}_3 + \dot{Z}_4 & -\dot{Z}_3 \\ -\dot{Z}_1 & -\dot{Z}_3 & \dot{Z}_1 + \dot{Z}_3 \end{bmatrix} \begin{bmatrix} \dot{I}_1 \\ \dot{I}_2 \\ \dot{I}_3 \end{bmatrix} = \begin{bmatrix} 0 \\ 0 \\ \dot{E} \end{bmatrix}$$

平衡条件は $\dot{I}_1 = \dot{I}_2$ であるから，クラーメルの解法で $\dot{I}_1$, $\dot{I}_2$ を求める．

$$\Delta = \begin{vmatrix} \dot{Z}_1 + \dot{Z}_2 & 0 & -\dot{Z}_1 \\ 0 & \dot{Z}_3 + \dot{Z}_4 & -\dot{Z}_3 \\ -\dot{Z}_1 & -\dot{Z}_3 & \dot{Z}_1 + \dot{Z}_3 \end{vmatrix}$$

$$\dot{I}_1 = \dfrac{1}{\Delta}\begin{bmatrix} 0 & 0 & -\dot{Z}_1 \\ 0 & \dot{Z}_3 + \dot{Z}_4 & -\dot{Z}_3 \\ \dot{E} & -\dot{Z}_3 & \dot{Z}_1 + \dot{Z}_3 \end{bmatrix} = \dfrac{\dot{Z}_1(\dot{Z}_3 + \dot{Z}_4)\dot{E}}{\Delta},$$

$$\dot{I}_2 = \dfrac{1}{\Delta}\begin{bmatrix} \dot{Z}_1 + \dot{Z}_2 & 0 & -\dot{Z}_1 \\ 0 & 0 & -\dot{Z}_3 \\ -\dot{Z}_1 & \dot{E} & \dot{Z}_1 + \dot{Z}_3 \end{bmatrix} = \dfrac{\dot{Z}_3(\dot{Z}_1 + \dot{Z}_2)\dot{E}}{\Delta}$$

$\dot{I}_1 = \dot{I}_2$ より，$\dot{Z}_1(\dot{Z}_3 + \dot{Z}_4)\dot{E} = \dot{Z}_3(\dot{Z}_1 + \dot{Z}_2)\dot{E}$ となり，$\dot{Z}_1\dot{Z}_4 = \dot{Z}_3\dot{Z}_2$ の関係を得る．

3.18 各閉路で閉路方程式を立てる．

閉路 1：$\left(R_3 + \dfrac{R_1}{1 + j\omega C_1 R_1}\right)\dot{I}_1 - R_3\dot{I}_3 = 0$

閉路 2：$(R_2 + R_x + j\omega L_x)\dot{I}_2 - (R_x + j\omega L_x)\dot{I}_3 = \dot{E}$

閉路 3：$-R_3\dot{I}_1 - (R_x + j\omega L_x)\dot{I}_2 + (R_3 + R_x + j\omega L_x)\dot{I}_3 = \dot{E}$

連立方程式を行列で表す．

$$\begin{bmatrix} R_3 + R_1/(1 + j\omega C_1 R_1) & 0 & -R_3 \\ 0 & R_2 + R_x + j\omega L_x & -(R_x + j\omega L_x) \\ -R_3 & -(R_x + j\omega L_x) & R_3 + R_x + j\omega L_x \end{bmatrix} \begin{bmatrix} \dot{I}_1 \\ \dot{I}_2 \\ \dot{I}_3 \end{bmatrix} = \begin{bmatrix} 0 \\ 0 \\ \dot{E} \end{bmatrix}$$

平衡条件は $\dot{I}_1 = \dot{I}_2$ であるから，クラーメルの解法で $\dot{I}_1$, $\dot{I}_2$ を求める．

$$\Delta = \begin{vmatrix} R_3 + R_1/(1 + j\omega C_1 R_1) & 0 & -R_3 \\ 0 & R_2 + R_x + j\omega L_x & -(R_x + j\omega L_x) \\ -R_3 & -(R_x + j\omega L_x) & R_3 + R_x + j\omega L_x \end{vmatrix}$$

$$\dot{I}_1 = \frac{1}{\Delta} \begin{vmatrix} 0 & 0 & -R_3 \\ 0 & R_2 + R_x + j\omega L_x & -(R_x + j\omega L_x) \\ \dot{E} & -(R_x + j\omega L_x) & R_3 + R_x + j\omega L_x \end{vmatrix} = \frac{1}{\Delta} R_3 (R_2 + R_x + j\omega L_x)\dot{E},$$

$$\dot{I}_2 = \frac{1}{\Delta} \begin{vmatrix} R_3 + R_1/(1 + j\omega C_1 R_1) & 0 & -R_3 \\ 0 & 0 & -(R_x + j\omega L_x) \\ -R_3 & \dot{E} & R_3 + R_x + j\omega L_x \end{vmatrix}$$

$$= \frac{1}{\Delta}(R_x + j\omega L_x)\left(R_3 + \frac{R_1}{1 + j\omega C_1 R_1}\right)\dot{E}$$

$\dot{I}_1 = \dot{I}_2$ より，

$$R_3(R_2 + R_x + j\omega L_x)\dot{E} = (R_x + j\omega L_x)\left(R_3 + \frac{R_1}{1 + j\omega C_1 R_1}\right)\dot{E}$$

$$\therefore\ R_2 R_3 + j\omega C_1 R_1 R_2 R_3 = R_1 R_x + j\omega R_1 L_x$$

を得る．上式の実数部と虚数部が等しいことより，次のような関係を得る．

$$R_2 R_3 = R_1 R_x, \quad C_1 R_1 R_2 R_3 = R_1 L_x$$

$$\therefore\ R_x = \frac{R_2 R_3}{R_1}, \quad L_x = C_1 R_2 R_3$$

○ 第 4 章 ○

4.1　$v(t) = V_m \cos(\omega t + \theta)$ に，$V_m = 100\,[\mathrm{mV}]$, $\omega = 2\pi \cdot 50 = 100\pi\,[\mathrm{rad/s}]$, $\theta = -\pi/4$ を代入し，

$$v(t) = 100\cos\left(100\pi t - \frac{\pi}{4}\right) \text{[mV]}$$

となる．周期 $T = 1/50 = 0.02\,[\text{s}] = 20\,[\text{ms}]$，時間遅れ $\tau = \pi/4 \cdot T/2\pi = 20/8 = 2.5\,[\text{ms}]$ より，解図 4.1 のようになる．

4.2 次式のようになる．

$$i(t) = 10\cos\left(100\pi t - \frac{\pi}{4} - \frac{\pi}{3}\right) = 10\cos\left(100\pi t - \frac{7\pi}{12}\right) \text{[mA]}$$

時間遅れ $\tau = 7\pi/12 \cdot T/2\pi = 35/6\,[\text{ms}] = 5.8\,[\text{ms}]$ より，解図 4.2 のようになる．

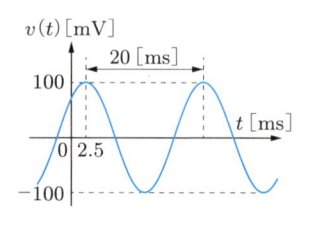

解図 4.1

解図 4.2

4.3 コイルに流れる電流が時間変化する場合のコイルに現れる逆起電力 $v(t)$ は，$v(t) = L\mathrm{d}i/\mathrm{d}t$ で表される．ただし，L はインダクタンスである．したがって，電圧 $v(t)$ がコイルに加えられたときにコイルに流れる電流 $i(t) = (1/L)\int v(t)\mathrm{d}t$ で表される．これに $L = 1\,[\text{mH}]$，$v(t)$ を代入すると，電流は次式で与えられる．

$$i(t) = \frac{1}{1\times 10^{-3}}\int 10\sin 100\pi t\,\mathrm{d}t\,[\text{A}]$$
$$= -\frac{10}{1\times 10^{-3}\times 100\pi}\cos 100\pi t\,[\text{A}] = -\frac{100}{\pi}\cos 100\pi t\,[\text{A}]$$

周期 $T = 1/50\,[\text{s}] = 20\,[\text{ms}]$ より，解図 4.3 のようになる．

4.4 コンデンサに与えられる電圧 $v(t)$ が時間変化すると，電流 $i(t) = C\mathrm{d}v/\mathrm{d}t$ が流れる．$C = 1\,[\mu\text{F}]$，$v(t)$ を代入すると，次式を得る．

$$i(t) = 1\times 10^{-6}\frac{\mathrm{d}}{\mathrm{d}t}\left(10\sin 120\pi t\right)\,[\text{A}] = 1.2\pi\cos 120\pi t\,[\text{mA}]$$

周期 $T = 2\pi/120\pi\,[\text{s}] = 17\,[\text{ms}]$ より，解図 4.4 のようになる．

4.5 (1) 周波数を f で表すと，角周波数 $\omega = 2\pi f$ であるから，$f = 50\,[\text{Hz}]$ より，$\omega = 100\pi\,[\text{rad/s}] = 314\,[\text{rad/s}]$ を得る．
(2) 周期 $T = 1/f$ より，$T = 1/50 = 0.002\,[\text{s}] = 20\,[\text{ms}]$ を得る．
(3) $v(0.01) = 100\cos\left(100\pi\times 0.01 + \pi/3\right)\,[\text{V}] = 100\cos(\pi + \pi/3)\,[\text{V}] = 100\cos(4\pi/3) = -50\,[\text{V}]$ となる．
(4) 実効値は $V_m/\sqrt{2} = 100/1.414 = 71\,[\text{V}]$ となる．

解図 4.3　　　　　　　　解図 4.4　　　　　　　　解図 4.5

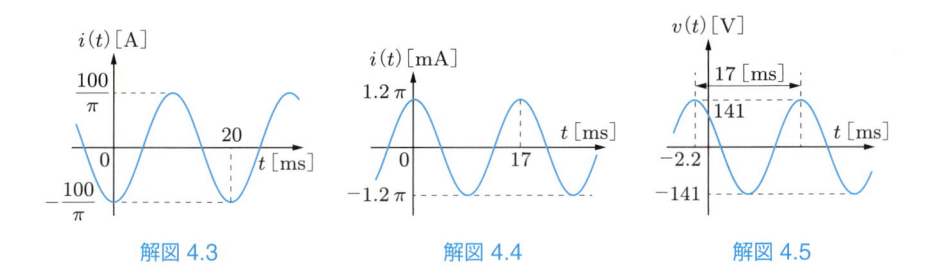

4.6　正弦波交流の式に数値を代入すると，$v(t) = 100\sqrt{2}\cos(120\pi t + \theta)$ [V] を得る．これに $t = 0.1$ [s] で 100 [V] を代入すると，$v(0.1) = 100\sqrt{2}\cos(12\pi + \theta) = 100$ [V] となるので，$\cos(12\pi + \theta) = 1/\sqrt{2}$ の関係を得る．これを解くと，$\theta = \pi/4$ となる．これを正弦波交流式に代入すると，$v(t) = 141\cos(120\pi t + \pi/4)$ [V] となり，周期 $T = 1/60$ [s] $= 17$ [ms]，進み時間 $\tau = \pi/4 \cdot T/2\pi = 17/8 = 2.2$ [ms] より，解図 4.5 のようになる．

4.7　(1) $e^{j\theta} = \cos\theta + j\sin\theta$, $e^{-j\theta} = \cos\theta - j\sin\theta$ より，$e^{j\theta} + e^{-j\theta} = \cos\theta + j\sin\theta + \cos\theta - j\sin\theta = 2\cos\theta$ となる．したがって，$\cos\theta = (e^{j\theta} + e^{-j\theta})/2$ を得る．

(2) (1) と同様に，$e^{j\theta} - e^{-j\theta} = \cos\theta + j\sin\theta - (\cos\theta - j\sin\theta) = 2j\sin\theta$ となる．したがって，$\sin\theta = (e^{j\theta} - e^{-j\theta})/2j$ を得る．

4.8　(1)～(3) それぞれ解図 4.6～4.8 のようになる．

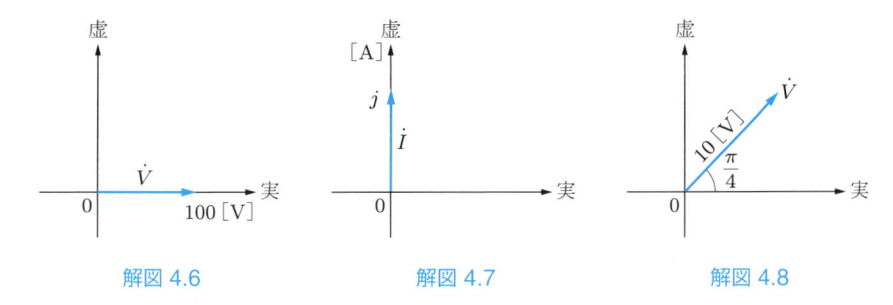

解図 4.6　　　　　　　　解図 4.7　　　　　　　　解図 4.8

(4) 実効値 = ピークピーク値/$2\sqrt{2}$ より，実効値は $200/2\sqrt{2}$ [mA] $= 71$ [mA] となる．解図 4.9 となる．

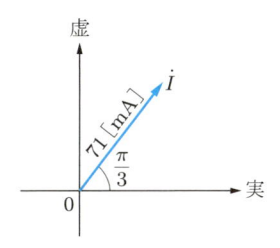

解図 4.9

4.9 (1)〜(4) それぞれ解図 4.10〜4.13 のようになる.

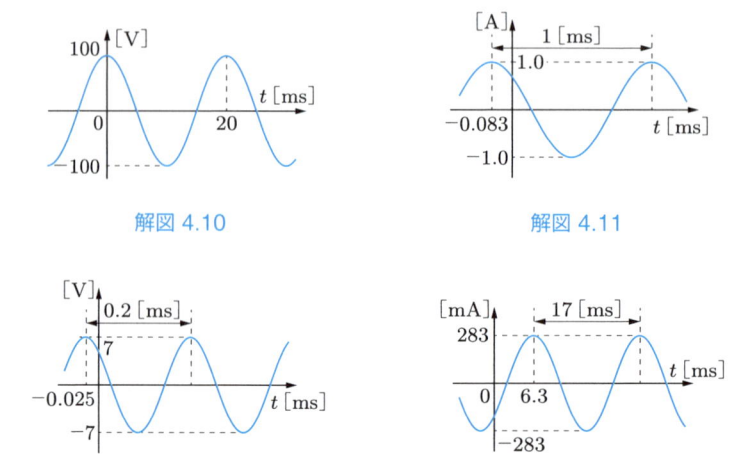

解図 4.10

解図 4.11

解図 4.12

解図 4.13

4.10 キャパシタンス C のコンデンサにおいて加える電圧のフェーザを $\dot{V}$, 流れる電流のフェーザを $\dot{I}$ で表す. $\dot{V} = \dot{I}/j\omega C$ の関係がある. $\dot{V} = 10e^{j0}$ [V], $C = 1.0$ [mF], $\omega = 2\pi f = 2\pi \cdot 60 = 120\pi$ [rad/s] を上式の関係に代入すると, 次式となる (解図 4.14).

$$\dot{I} = j\omega C \dot{V} = j120\pi \cdot 1.0 \times 10^{-3} \cdot 10 = j1.2\pi = 3.8 e^{j\pi/2} \text{ [A]}$$

4.11 インダクタンス L のコイルにおいて流れる電流のフェーザを $\dot{I}$, 逆起電力のフェーザを $\dot{V}$ で表す. $\dot{V} = j\omega L \dot{I}$ の関係がある. $\dot{I} = 100e^{j0}$ [mA], $L = 2$ [mH], $\omega = 2\pi f = 2\pi \cdot 50 = 100\pi$ [rad/s] を上式の関係に代入すると, 次式となる (解図 4.15).

$$\dot{V} = j\omega L \dot{I} = j100\pi \cdot 2 \times 10^{-3} \cdot 100 \times 10^{-3} e^{j\pi/2} = -0.02\pi = 0.062 e^{j\pi} \text{ [V]}$$

4.12 キャパシタンス C のコンデンサにおいて加える電圧のフェーザを $\dot{V}$, 流れる電流のフェーザを $\dot{I}$ で表す. $\dot{V} = \dot{I}/j\omega C$ の関係がある. $\dot{V} = 10e^{j\pi/6}$ [V], $C = 2$ [μF], $\omega = 2\pi f = 2\pi \cdot 50 = 100\pi$ [rad/s] を上式の関係に代入すると, 次式となる (解図 4.16).

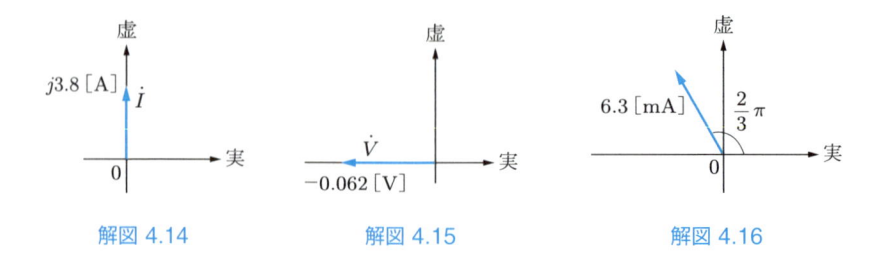

解図 4.14

解図 4.15

解図 4.16

$$\dot{I} = j\omega C \dot{V} = j100\pi \cdot 2 \times 10^{-6} \cdot 10 e^{j\pi/6} = e^{j\pi/2} \cdot 2\pi \times 10^{-3} e^{j\pi/6}$$

$$= 6.3 \times 10^{-3} e^{j2\pi/3} \, [\text{A}]$$

第 5 章

5.1 $\dot{V} = R\dot{I} + j\omega L \dot{I} + \dot{I}/j\omega C = (R + j\omega L + 1/j\omega C)\dot{I}$ より，次式となる（解図 5.1）．

$$\dot{Z} = R + j\left(\omega L - \frac{1}{\omega C}\right) = \sqrt{R^2 + \left(\omega L - \frac{1}{\omega C}\right)^2} e^{j\phi}, \quad \phi = \tan^{-1}\frac{\omega L - 1/\omega C}{R}$$

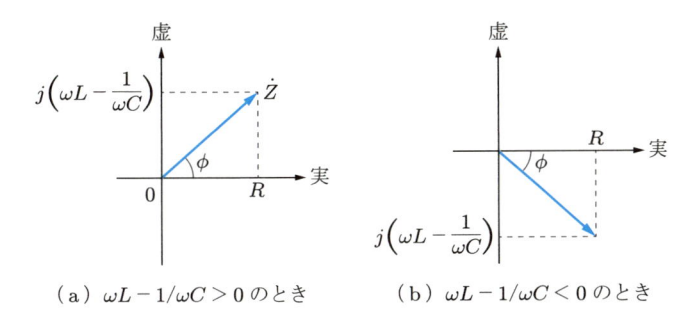

（a）$\omega L - 1/\omega C > 0$ のとき　　（b）$\omega L - 1/\omega C < 0$ のとき

解図 5.1

5.2 $\dot{I} = \dot{V}/R + j\omega C \dot{V} + \dot{V}/j\omega L = (1/R + j\omega C + 1/j\omega L)\dot{V}$ より，次式となる（解図 5.2）．

$$\dot{Y} = \frac{1}{R} + j\left(\omega C - \frac{1}{\omega L}\right) = \sqrt{\frac{1}{R^2} + \left(\omega C - \frac{1}{\omega L}\right)^2} e^{j\phi}, \quad \phi = \tan^{-1} R\left(\omega C - \frac{1}{\omega L}\right)$$

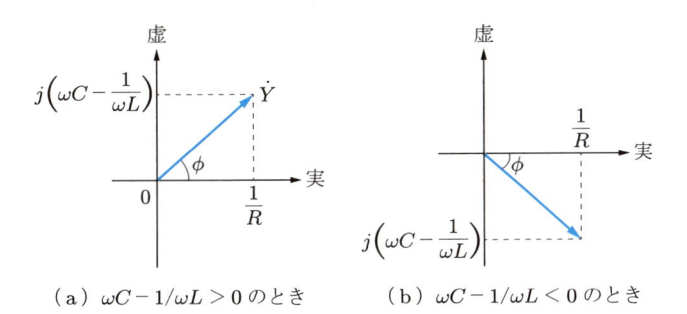

（a）$\omega C - 1/\omega L > 0$ のとき　　（b）$\omega C - 1/\omega L < 0$ のとき

解図 5.2

5.3 次式となる（解図 5.3）．

$$\dot{Z} = \frac{1}{\dfrac{1}{R} + \dfrac{1}{j\omega L + 1/j\omega C}} = \frac{jR(\omega L - 1/\omega C)}{R + j(\omega L - 1/\omega C)} = 0.5 + j0.5 \, [\Omega]$$

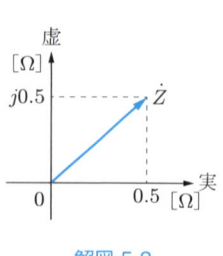

解図 5.3 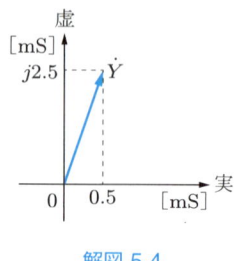　解図 5.4 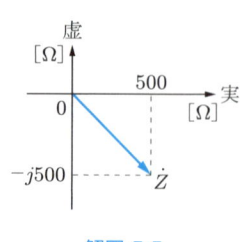　解図 5.5

5.4　次式となる（解図 5.4）．
$$\dot{Y} = \frac{1}{j\omega C_2 + \dfrac{1}{R + 1/j\omega C_1}} = 0.5 \times 10^{-3} + j2.5 \times 10^{-3}\,[\mathrm{S}] = 0.5 + j2.5\,[\mathrm{mS}]$$

5.5　次式となる（解図 5.5）．
$$\dot{Z} = \frac{1}{j\omega C} + \frac{1}{1/R + 1/j\omega L} = 500 - j500\,[\Omega]$$

5.6　次式となる（解図 5.6）．
$$\dot{Z} = R + \frac{1}{j\omega C + 1/j\omega L} = 300 + j65\,[\Omega]$$

5.7　$\dot{E} = 100e^{j\pi/3}\,[\mathrm{V}]$, $R = 1\,[\Omega]$, $\omega L = 100\pi \cdot 20/\pi \times 10^{-3} = 2\,[\Omega]$, $\omega C = 100\pi \cdot 10/\pi \times 10^{-3} = 1\,[\mathrm{S}]$ であるから，電源から見た合成インピーダンス $\dot{Z} = R + j\omega L + 1/j\omega C = 1 + j = \sqrt{2}e^{j\pi/4}\,[\Omega]$ となる．したがって，電流フェーザは $\dot{I} = \dot{E}/\dot{Z} = 100e^{j\pi/3}/\sqrt{2}e^{j\pi/4} = 71e^{j\pi/12}\,[\mathrm{A}]$ となる（解図 5.7）．

5.8　$\dot{E} = 100e^{j\pi/3}\,[\mathrm{V}]$, $R_1 = 2\,[\Omega]$, $R_2 = 1\,[\Omega]$, $\omega C = 100\pi \cdot 10/\pi \times 10^{-3} = 1\,[\mathrm{S}]$ であるから，電源から見た合成インピーダンス $\dot{Z} = R_1 + 1/(1/R_2 + j\omega C) = 5/2 - j1/2\,[\Omega]$ となる．したがって，電流は $\dot{I} = \dot{E}/\dot{Z} = 100/(5/2 - j1/2) = 500/13 + j100/13 = 38 + j7.7\,[\mathrm{A}]$ となる（解図 5.8）．

5.9　$\dot{E} = 100e^{j\pi/2} = j100\,[\mathrm{V}]$, $R = 1\,[\Omega]$, $\omega L = 100\pi \cdot 10/\pi \times 10^{-3} = 1\,[\Omega]$, $\omega C = 100\pi \cdot 10/\pi \times 10^{-3} = 1\,[\mathrm{S}]$ であるから，電源から見た合成インピーダンス $\dot{Z} =$

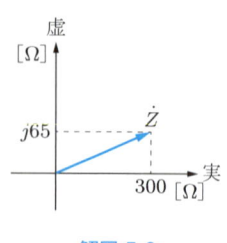

解図 5.6 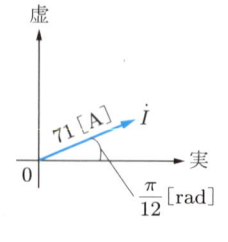　解図 5.7 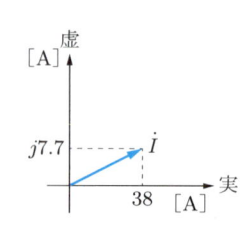　解図 5.8

$j\omega L + 1/(1/R + j\omega C) = 0.5 + j0.5$ となる．したがって，電流フェーザは $\dot{I} = \dot{E}/\dot{Z} = j100/(0.5 + j0.5) = 100 + j100 = 141e^{j\pi/4}$ [A] となる（解図 5.9）．

k

5.10　$\dot{E} = 100e^{j0} = 100$ [V], $R = 1$ [Ω], $\omega L = 100\pi \cdot 10/\pi \times 10^{-3} = 1$ [Ω], $\omega C = 100\pi \cdot 10/\pi \times 10^{-3} = 1$ [S] であるから，抵抗 R の両端に現れる電圧 $\dot{V} = \{R/(R + j\omega L)\}\dot{E} = 50 - j50 = 71e^{-j\pi/4}$ [V] となる（解図 5.10）．

5.11　$\dot{E} = 100e^{j\pi/6}$ [V], $\omega L = 100\pi \cdot 0.02/\pi = 2$ [Ω], $\omega C = 100\pi \cdot 0.01/\pi = 1$ [S] であるから，コンデンサの両端に現れる電圧 $\dot{V}$ は，次式となる（解図 5.11）．

$$\dot{V} = \frac{1/j\omega C}{1/j\omega C + j\omega L}\dot{E} = -100e^{j\pi/6} = 100e^{-j5\pi/6} \text{ [V]}$$

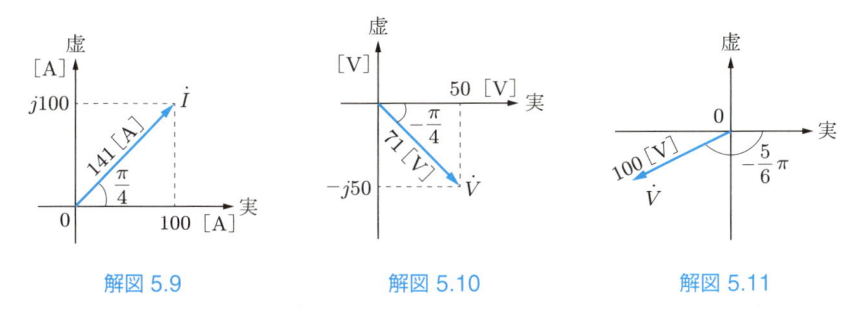

解図 5.9

解図 5.10

解図 5.11

5.12　$\dot{E} = 100e^{j0} = 100$ [V], $R = 1$ [kΩ], $\omega C_1 = 100\pi \cdot 10/\pi \times 10^{-6} = 1 \times 10^{-3}$ [S], $\omega C_2 = 100\pi \cdot 20/\pi \times 10^{-6} = 2 \times 10^{-3}$ [S] であるから，電流 $\dot{I}_1$, $\dot{I}_2$ は，それぞれ次式となる（解図 5.12）．

$$\dot{I}_1 = \frac{1}{1/j\omega C_1 + R}\dot{E} = 0.05 + j0.05 = 0.071e^{j\pi/4} \text{ [A]},$$

$$\dot{I}_2 = \frac{\dot{E}}{1/j\omega C_2} = j0.2 = 0.2e^{j\pi/2} \text{ [A]}$$

5.13　$\dot{E} = 100e^{j0} = 100$ [V], $R = 1$ [kΩ], $\omega C = 100\pi \cdot 10/\pi \times 10^{-6} = 1 \times 10^{-3}$ [S],

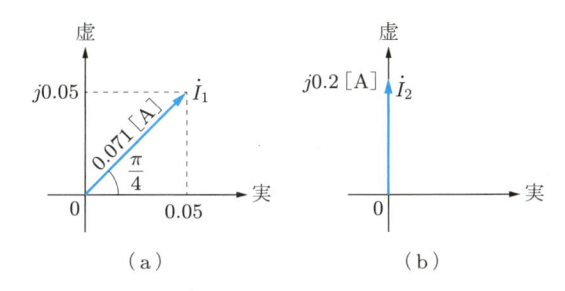

(a)

(b)

解図 5.12

$\omega L = 100\pi \cdot 10/\pi = 1 \times 10^3\,[\Omega]$ であるから，電源から見た合成インピーダンス $\dot{Z} = 1/j\omega C + 1/(1/R + 1/j\omega L) = 500 - j500\,[\Omega]$ となる．コンデンサ C に流れる電流 $\dot{I} = \dot{E}/\dot{Z} = 100/(500 - j500) = 0.1 + 0.1j\,[A]$ となる．よって，電流 $\dot{I}_1$, $\dot{I}_2$ は，それぞれ次式となる（解図 5.13(a)）．

$$\dot{I}_1 = \frac{R}{j\omega L + R}\dot{I} = 0.1\,[A], \quad \dot{I}_2 = \frac{j\omega L}{R + j\omega L}\dot{I} = j0.1 = 0.1e^{j\pi/2}\,[A]$$

また，$\dot{V}_R = \dot{E} - \dot{I}/j\omega C = j100 = 100e^{j\pi/2}\,[V]$ となる（解図 (b)）．

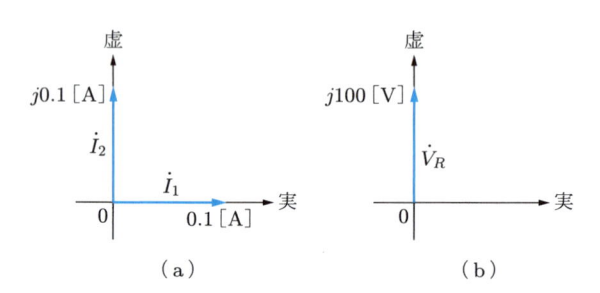

解図 5.13

5.14 $\dot{E} = 100e^{j0} = 100\,[V]$, $R_1 = 10\,[\Omega]$, $R_2 = 20\,[\Omega]$, $\omega C_1 = 100\pi \cdot 2/\pi \times 10^{-3} = 0.2\,[S]$, $\omega C_2 = 100\pi \cdot 1/\pi \times 10^{-3} = 0.1\,[S]$ であるから，電源から見た合成インピーダンス $\dot{Z}$ は，

$$\dot{Z} = \frac{1}{j\omega C_1} + \frac{1}{\dfrac{1}{R_1} + \dfrac{1}{R_2 + 1/j\omega C_2}} = 7 - j6\,[\Omega]$$

となる．したがって，電流 $\dot{I}_1 = \dot{E}/\dot{Z} = 100/(7-j6) = 140/17 + j120/17\,[A]$ となる．電流 $\dot{I}_2$, $\dot{I}_3$ は，分流比で，それぞれ次式で計算される．

$$\dot{I}_2 = \frac{R_2 + 1/j\omega C_2}{R_1 + R_2 + 1/j\omega C_2}\dot{I}_1 = \frac{110}{17} + j\frac{70}{17}\,[A],$$

$$\dot{I}_3 = \frac{R_1}{R_1 + R_2 + 1/j\omega C_2}\dot{I}_1 = \frac{30}{17} + j\frac{50}{17}\,[A]$$

これらの結果から，$\dot{I}_1 = \dot{I}_2 + \dot{I}_3$ なる関係があることがわかる（解図 5.14）．

5.15 (1) 分圧比より，

$$\dot{V}_2 = \frac{1/j\omega C}{R + 1/j\omega C}\dot{V}_1 = \frac{1}{1 + j\omega CR}\dot{V}_1$$

であるから，$\dot{V}_1 = (1 + j\omega CR)\dot{V}_2$ となる．また，$\dot{I}_2 = j\omega C\dot{V}_2$ である．
(2) 分圧比より，次のようになる．

$$\dot{V}_1 = \frac{1/j\omega C}{R + 1/j\omega C}\dot{E} \quad \therefore \quad \dot{E} = (1 + j\omega CR)\dot{V}_1 = (1 + j\omega CR)^2\dot{V}_2$$

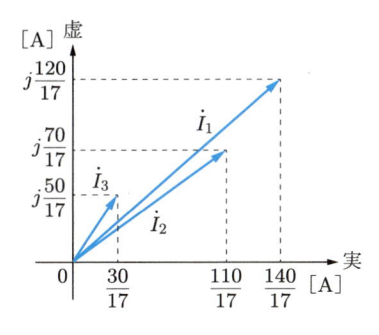

解図 5.14

(3) $\dot{E}$ と $\dot{V}_2$ の位相差が $\pi/2$ となるとき，$\dot{E}/\dot{V}_2 = \left|\dot{E}/\dot{V}_2\right|e^{j\pi/2} = j\left|\dot{E}/\dot{V}_2\right|$ であるから，$\dot{E}/\dot{V}_2$ が純虚数であればよい．$\dot{E}/\dot{V}_2 = (1+j\omega CR)^2 = 1-(\omega CR)^2 + 2j\omega CR$ であるから，$\dot{E}/\dot{V}_2$ が純虚数となるためには，$1-(\omega CR)^2 = 0$ を満たせばよい．すなわち，$\omega = 1/CR$ であり，このとき，$\left|\dot{E}/\dot{V}_2\right| = 2$ である．

5.16 RC 並列回路のインピーダンスは $1/(1/R+j\omega C) = R/(1+j\omega CR)$ であるから，分圧比より，

$$\dot{V} = \frac{R_2/(1+j\omega C_2 R_2)}{R_1/(1+j\omega C_1 R_1) + R_2/(1+j\omega C_2 R_2)}\dot{E} = \frac{R_2(1+j\omega C_1 R_1)}{R_1 + R_2 + j\omega R_1 R_2(C_1 + C_2)}\dot{E}$$

を得る．したがって，$\dot{V}/\dot{E}$ が ω の値によらず一定となるためには，

$$\frac{\mathrm{d}}{\mathrm{d}\omega}\left(\frac{\dot{V}}{\dot{E}}\right) = \frac{\mathrm{d}}{\mathrm{d}\omega}\left\{\frac{R_2(1+j\omega C_1 R_1)}{R_1+R_2+j\omega R_1 R_2(C_1+C_2)}\right\}$$
$$= \frac{jR_1R_2(C_1R_1 - C_2R_2)}{\{R_1+R_2+j\omega R_1R_2(C_1+C_2)\}^2} = 0$$

より，$C_1R_1 = C_2R_2$ の関係を得る．

第 6 章

6.1 電源電圧 $\dot{E} = 6\times 10^3 e^{j0} = 6\times 10^3$ [V]，電源から見たインピーダンス $\dot{Z} = R + 1/j\omega C = 1\times 10^3 - j1/(100\pi\cdot 10/\pi\times 10^6) = (1-j)\times 10^3[\Omega]$ より，電流 $\dot{I} = \dot{E}/\dot{Z} = 6\times 10^3/\{(1-j)\times 10^3\} = 3+j3$ [A] を得る．複素電力 $\dot{P} = \bar{\dot{E}}\dot{I} = 6\times 10^3\cdot(3+j3) = 18+j18 = 18\sqrt{2}e^{j\pi/4} = 25e^{j\pi/4}$ [kVA] となる．有効電力 P_e と無効電力 P_r はそれぞれ複素電力の実数部と虚数部であるから，有効電力 $P_e = 18$ [kW]，無効電力 $P_r = 18$ [kvar] である．皮相電力 P_a は複素電力の絶対値であるから，$P_a = 18\sqrt{2} = 25$ [kVA] となる．$P_e = P_a\cos\theta$ より，$\cos\theta = P_e/P_a = 18/18\sqrt{2} = 0.71$，力率は 71％（進み）である．

6.2 電源電圧 $\dot{E} = 3\times 10^3 e^{j0} = 3\times 10^3$ [V]，電源から見たインピーダンス $\dot{Z} = R+j\omega L =$

$100+j100\pi \cdot \sqrt{3}/\pi = 100+j100\sqrt{3}\,[\Omega]$ より，電流 $\dot{I} = \dot{E}/\dot{Z} = 3\times 10^3/\{(1+j\sqrt{3})\times 100\} = 7.5(1-j\sqrt{3})\,[\text{A}]$ を得る．複素電力 $\dot{P} = \bar{E}\dot{I} = 3\times 10^3 \cdot 7.5\,(1-j\sqrt{3}) = 22.5-j22.5\sqrt{3} = 45e^{-j\pi/3}\,[\text{kVA}]$ となる．有効電力 P_e と無効電力 P_r はそれぞれ複素電力の実数部と虚数部であるから，有効電力 $P_e = 22.5\,[\text{kW}]$，無効電力 $P_r = 22.5\sqrt{3} = 39\,[\text{kvar}]$ である．皮相電力 P_a は複素電力の絶対値であるから，$P_a = 22.5\times 2 = 45\,[\text{kVA}]$ となる．$P_e = P_a\cos\theta$ より，$\cos\theta = P_e/P_a = 22.5/45 = 0.5$，力率は 50%（遅れ）である．

6.3 次のようになる．

$$\dot{Z} = \frac{V_1+jV_2}{I_1+jI_2}, \quad \dot{P} = V_1I_1 + V_2I_2 + j(V_1I_2 - V_2I_1), \quad P_e = V_1I_1 + V_2I_2,$$

$$P_r = V_1I_2 - V_2I_1, \quad P_a = \sqrt{V_1{}^2I_1{}^2 + V_2{}^2I_2{}^2 + V_1{}^2I_2{}^2 + V_2{}^2I_1{}^2},$$

$$\cos\theta = \frac{V_1I_1 + V_2I_2}{\sqrt{V_1{}^2I_1{}^2 + V_2{}^2I_2{}^2 + V_1{}^2I_2{}^2 + V_2{}^2I_1{}^2}}$$

6.4 負荷での消費電力 $P_e = P_a\cos\theta$ より，皮相電力 $P_a = P_e/\cos\theta = 10/0.8 = 12.5\,[\text{kVA}]$ となる．無効電力 $P_r = P_a\sin\theta = P_a\sqrt{1-\cos^2\theta} = 12.5\times 0.6 = 7.5\,[\text{kvar}]$ となる．端子電圧 100 [V] であるので，複素電力 $\dot{P} = 100\dot{I} = 10\times 10^3 - j7.5\times 10^3$ であるから，$\dot{I} = 100 - j75\,[\text{A}]$ となる．抵抗 R での損失電力 $P_R = R|\dot{I}|^2 = 0.5 \cdot |100-j75|^2 = 7.8\,[\text{kW}]$ となる．電源電圧 $\dot{E} = (R + \dot{Z}_L)\dot{I} = R\dot{I} + \dot{V}_L = 0.5\cdot(100-j75) + 100 = 150 - j37.5\,[\text{V}]$ となる．

6.5 電源から見たインピーダンス $\dot{Z} = 30 + R + j120\pi\cdot 0.1/\pi = 30 + R + j12\,[\Omega]$ より，回路を流れる電流 $\dot{I} = E/Z = 100e^{j\theta}/(30+R+j12)$ となる．抵抗 R での消費電力を P_e として，最大電力の条件は $\mathrm{d}P_e/\mathrm{d}R = 0$ であるから，

$$\frac{\mathrm{d}P_e}{\mathrm{d}R} = \frac{\mathrm{d}}{\mathrm{d}R}R|\dot{I}|^2 = \frac{\mathrm{d}}{\mathrm{d}R}\left(\frac{10000R}{|30+R+j12|^2}\right) = \frac{\mathrm{d}}{\mathrm{d}R}\left\{\frac{10000R}{(30+R)^2+144}\right\}$$

$$= \frac{10000(1044-R^2)}{\left\{(30+R)^2+144\right\}^2} = 0$$

を解くと $R = 32\,[\Omega]$ となる．このとき，消費電力 P_e の最大値は $P_{\max} = 10000\cdot 32/\left\{(30+32)^2+144\right\} = 80\,[\text{W}]$ となる．

6.6 負荷のインピーダンス $\dot{Z}_L = R_L + jX_L = 20 + 1/j\omega C$，内部インピーダンス $\dot{Z}_0 = R_0 + jX_0 = 2 + j0.1\pi$ であるので，回路を流れる電流 $\dot{I}$ は，

$$\dot{I} = \frac{100}{\dot{Z}_L + \dot{Z}_0} = \frac{100}{22 + j(0.1\pi - 1/100\pi C)}$$

である．よって，負荷での消費電力を P_e として，消費電力を最大とする条件は $\mathrm{d}P_e/\mathrm{d}C = 0$ であるから，

$$\frac{\mathrm{d}P_e}{\mathrm{d}C} = \frac{\mathrm{d}}{\mathrm{d}C}R_L|\dot{I}|^2 = \frac{\mathrm{d}}{\mathrm{d}C}\left\{\frac{200000}{484 + (0.1\pi - 1/100\pi C)^2}\right\}$$

$$= \frac{-\dfrac{400000}{100\pi C^2}\left(0.1\pi - \dfrac{1}{100\pi C}\right)}{\left\{484 + \left(0.1\pi - \dfrac{1}{100\pi C}\right)^2\right\}^2} = 0$$

より $C = 1/10\pi^2 = 0.0101$ [F] となる．このとき，$P_{\max} = 413$ [W] となる．

○ **第 7 章** ○

7.1 (1) 分圧比より，

$$\dot{V}_C = \frac{1/j\omega C}{R + 1/j\omega C}\dot{E} = \frac{E}{1 + j\omega CR}$$

を得る．$\dot{V}_C = x + jy$ とおくと，次のようになる．

$$x = \frac{E}{1 + (\omega CR)^2}, \quad y = -\frac{\omega CRE}{1 + (\omega CR)^2} \quad \cdots ①$$

(i) $\omega = 0$ のとき：$\dot{V}_C = E$ となる．

(ii) $0 < \omega < +\infty$ のとき：y/x を計算し，$y/x = -\omega CR$ を得る．これを式 ① の第 1 式に代入すると次式を得る．

$$x = \frac{E}{1 + (y/x)^2} \Rightarrow x\left\{1 + \left(\frac{y}{x}\right)^2\right\} = E \Rightarrow x^2 + y^2 = Ex$$

$$\therefore \left(x - \frac{E}{2}\right)^2 + y^2 = \left(\frac{E}{2}\right)^2$$

上式は半径 $E/2$，中心 $(E/2, 0)$ の円の方程式である．式 ① の第 1 式より $x > 0$，第 2 式より $y < 0$ であるから，ベクトルはつねに第 4 象限にある．

(iii) $\omega = +\infty$ のとき：$\dot{V}_C = 0$ となる．

(i)～(iii) より，角周波数 ω が 0～$+\infty$ まで変化したときの電圧 $\dot{V}_C$ のベクトル軌跡は解図 7.1 となる．

(2) 電圧の実効値は，$|\dot{V}_C| = E/\sqrt{1 + (\omega CR)^2}$ である．(i) $\omega = 0$ のとき：$|\dot{V}_C| = E$ となる．(ii) $\omega = +\infty$ のとき：$1 \ll (\omega CR)^2$ であるから，$|\dot{V}_C| = E/\omega CR$ に漸近する．(i)，(ii) より，解図 7.2 となる．

(3) 回路を流れる電流 $\dot{I}$ は，

$$\dot{I} = \frac{E}{R + 1/j\omega C} = \frac{E}{R - j1/\omega C} = \frac{E(R + j1/\omega C)}{R^2 + (1/\omega C)^2}$$

となる．$\dot{I} = x + jy$ とおくと，

$$x = \frac{ER}{R^2 + (1/\omega C)^2}, \quad y = \frac{E/\omega C}{R^2 + (1/\omega C)^2} \quad \cdots ②$$

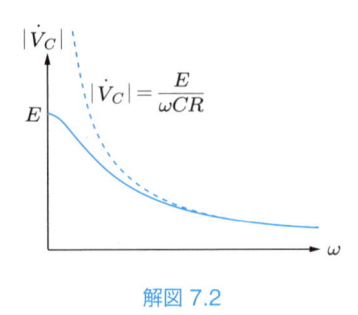

解図 7.1

解図 7.2

となる．まず，ω が変化した場合を考える．

(i) $\omega = 0$ のとき：$\dot{I} = 0$ となる．

(ii) $0 < \omega < +\infty$ のとき：y/x を計算し，次式を得る．

$$\frac{y}{x} = \frac{1}{\omega CR} \quad \therefore \quad \frac{1}{\omega C} = R\frac{y}{x}$$

これを式 ② の第 1 式に代入すると次式を得る．

$$x = \frac{ER}{R^2 + \left(R\frac{y}{x}\right)^2} \Rightarrow x\left\{1 + \left(\frac{y}{x}\right)^2\right\} = \frac{E}{R} \Rightarrow x^2 + y^2 = \frac{E}{R}x$$

$$\therefore \quad \left(x - \frac{E}{2R}\right)^2 + y^2 = \left(\frac{E}{2R}\right)^2$$

上式は半径 $E/2R$，中心 $(E/2R, 0)$ の円の方程式である．式 ② の第 1 式より $x > 0$，第 2 式より $y > 0$ であるから，ベクトルはつねに第 1 象限にある．

(iii) $\omega = +\infty$ のとき：$\dot{Z} = E/R$ となる．

(i)〜(iii) より，ω が変化したときの電流 $\dot{I}$ のベクトル軌跡は解図 7.3 となる．

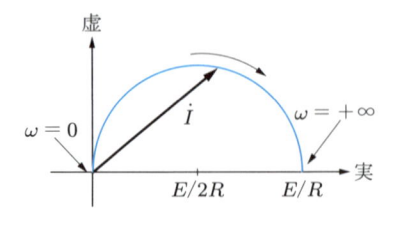

解図 7.3

次に，R が変化した場合を考える．

(iv) $R = 0$ のとき：$\dot{I} = j\omega CE$ となる．

(v) $0 < R < +\infty$ のとき：y/x を計算し，次式を得る．

$$\frac{x}{y} = \omega CR \quad \therefore \quad R = \frac{1}{\omega C}\frac{x}{y}$$

これを式 ②の第 2 式に代入すると次式を得る.

$$y = \frac{E\frac{1}{\omega C}}{\left(\frac{1}{\omega C}\frac{x}{y}\right)^2 + \left(\frac{1}{\omega C}\right)^2} \Rightarrow y\left\{1 + \left(\frac{x}{y}\right)^2\right\} = \omega CE \Rightarrow x^2 + y^2 = \omega CEy$$

$$\therefore x^2 + \left(y - \frac{\omega CE}{2}\right)^2 = \left(\frac{\omega CE}{2}\right)^2$$

上式は半径 $\omega CE/2$, 中心 $(0, \omega CE/2)$ の円の方程式である. 式 ② の第 1 式より $x > 0$, 第 2 式より $y > 0$ であるから, ベクトルはつねに第 1 象限にある.

(vi) $R = +\infty$ のとき：$\dot{I} = 0$ となる.
(iv)〜(vi) より, R が変化したときの電流 $\dot{I}$ のベクトル軌跡は解図 7.4 となる.

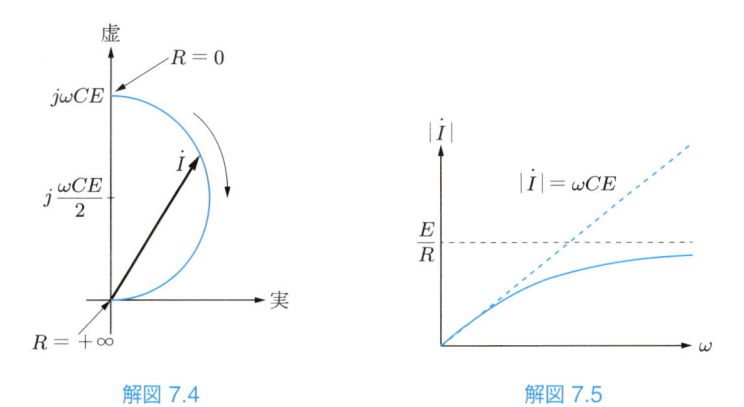

解図 7.4 解図 7.5

(4) 電流の実効値は $|\dot{I}| = E/\sqrt{R^2 + (1/\omega C)^2}$ で与えられる. (i) $\omega = 0$ のとき：$R^2 \ll (1/\omega C)^2$ であるから, $|\dot{I}| = \omega CE$ に漸近する. (ii) $\omega = +\infty$ のとき, $|\dot{I}| = E/R$ となる. (i), (ii) から解図 7.5 となる.

7.2 (1) 電圧フェーザ $\dot{V}_L$ は次式で与えられる.

$$\dot{V}_L = \frac{j\omega LE}{R + j\omega L} = \frac{E}{1 - jR/\omega L} = \frac{E(1 + jR/\omega L)}{1 + (R/\omega L)^2}$$

$\dot{V}_L = x + jy$ とおくと, 次式を得る.

$$x = \frac{E}{1 + (R/\omega L)^2}, \quad y = \frac{RE/\omega L}{1 + (R/\omega L)^2} \quad \cdots ①$$

(i) $\omega = 0$ のとき：$\dot{V}_L = 0$ となる.
(ii) $0 < \omega < +\infty$ のとき：y/x を計算し, $y/x = R/\omega L$ を得る. これを式 ①の第 1 式に代入すると次式を得る.

$$x = \frac{E}{1+(y/x)^2} \Rightarrow x\left\{1+\left(\frac{y}{x}\right)^2\right\} = E \Rightarrow x^2 + y^2 = Ex$$

$$\therefore \left(x - \frac{E}{2}\right)^2 + y^2 = \left(\frac{E}{2}\right)^2$$

上式は半径 $E/2$, 中心 $(E/2, 0)$ の円の方程式である．式 ① の第 1 式より，$x > 0$，第 2 式より $y > 0$ であるから，ベクトルはつねに第 1 象限にある．

(iii) $\omega = +\infty$ のとき：$\dot{V}_L = E$ となる．

(i)〜(iii) より，角周波数 ω が $0 \sim +\infty$ まで変化したときの電圧 $\dot{V}_L$ のベクトル軌跡は解図 7.6 となる．

(2) 電圧実効値は $|\dot{V}_L| = E/\sqrt{1+(R/\omega L)^2}$ で与えられる．(i) $\omega = 0$ のとき，$1 \ll (R/\omega L)^2$ であるから，$|\dot{V}_L| = \omega L E/R$ に漸近する．(ii) $\omega = +\infty$ のとき，$|\dot{V}_L| = E$ となる．(i) と (ii) より，$|\dot{V}_L|$ の周波数特性は解図 7.7 となる．

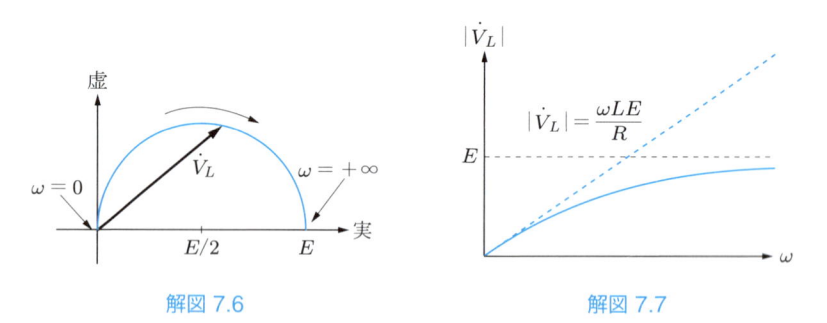

解図 7.6

解図 7.7

(3) 回路を流れる電流 $\dot{I} = E/(R + j\omega L) = E(R - j\omega L)/\{R^2 + (\omega L)^2\}$ で与えられる．$\dot{I} = x + jy$ とおくと，

$$x = \frac{ER}{R^2 + (\omega L)^2}, \quad y = -\frac{\omega L E}{R^2 + (\omega L)^2} \quad \cdots ②$$

となる．まず，ω が変化する場合を考える．

(i) $\omega = 0$ のとき：$\dot{I} = E/R$ となる．

(ii) $0 < \omega < +\infty$ のとき：y/x を計算し，次式を得る．

$$\frac{y}{x} = -\frac{\omega L}{R} \quad \therefore \quad \omega L = -R\frac{y}{x}$$

これを式 ② の第 1 式に代入すると次式を得る．

$$x = \frac{ER}{R^2 + R^2(y/x)^2} \Rightarrow x\left\{1+\left(\frac{y}{x}\right)^2\right\} = \frac{E}{R} \Rightarrow x^2 + y^2 = \frac{E}{R}x$$

$$\therefore \left(x - \frac{E}{2R}\right)^2 + y^2 = \left(\frac{E}{2R}\right)^2$$

上式は半径 $E/2R$，中心 $(E/2R, 0)$ の円の方程式である．式②の第1式より $x > 0$，第2式より $y < 0$ であるから，ベクトルはつねに第4象限にある．

(iii) $\omega = +\infty$ のとき：$\dot{I} = 0$ となる．

(i)～(iii) より，角周波数 ω が 0～$+\infty$ まで変化したときの電流 $\dot{I}$ のベクトル軌跡は解図7.8となる．

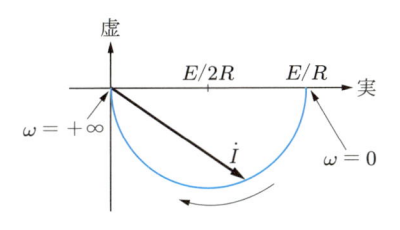

解図 7.8

次に，R が変化した場合を考える．

(iv) $R = 0$ のとき：$\dot{I} = -jE/\omega L$ となる．

(v) $0 < R < +\infty$ のとき：x/y を計算し，次式を得る．

$$\frac{x}{y} = -\frac{R}{\omega L} \quad \therefore \quad R = -\omega L \frac{x}{y}$$

これを式②の第2式に代入すると次式を得る．

$$y = -\frac{\omega L E}{(\omega L x/y)^2 + (\omega L)^2} \Rightarrow y\left\{1 + \left(\frac{x}{y}\right)^2\right\} = -\frac{E}{\omega L} \Rightarrow x^2 + y^2 = -\frac{E}{\omega L} y$$

$$\therefore \quad x^2 + \left(y + \frac{E}{2\omega L}\right)^2 = \left(\frac{E}{2\omega L}\right)^2$$

上式は半径 $E/2\omega L$，中心 $(0, -E/2\omega L)$ の円の方程式である．式②の第1式より $x > 0$，第2式より $y < 0$ であるから，ベクトルはつねに第4象限にある．

(vi) $R = +\infty$ のとき：$\dot{I} = 0$ となる．

(iv)～(vi) より，R が変化したときの電流 $\dot{I}$ のベクトル軌跡は解図7.9となる．

(4) 電流実効値は $|\dot{I}| = E/\sqrt{R^2 + (\omega L)^2}$ で与えられる．(i) $\omega = 0$ のとき，$|\dot{I}| = E/R$ となる．(ii) $\omega = +\infty$ のとき，$R^2 \ll (\omega L)^2$ より，$|\dot{I}| = E/\omega L$ に漸近する．(i) と (ii) より，$|\dot{I}|$ の周波数特性は解図7.10となる．

7.3 (1) 電流 $\dot{I}_C$ は次式で与えられる．

$$\dot{I}_C = \frac{j\omega C J}{1/R + j\omega C} = \frac{J}{1 - j1/\omega C R} = \frac{J + jJ/\omega C R}{1 + (1/\omega C R)^2}$$

$\dot{I}_C = x + jy$ とおくと，次式を得る．

解図 7.9

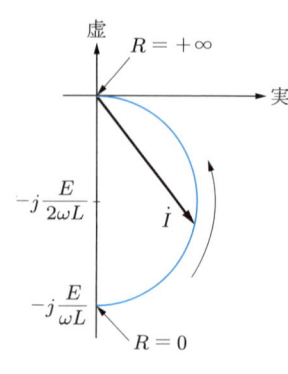

解図 7.10

$$x = \frac{J}{1+(1/\omega CR)^2}, \quad y = \frac{J/\omega CR}{1+(1/\omega CR)^2} \quad \cdots ①$$

(i) $\omega = 0$ のとき：$\dot{I}_C = 0$ となる.

(ii) $0 < \omega < +\infty$ のとき：y/x を計算し，$y/x = 1/\omega CR$ を得る．これを式①の第1式に代入すると次式を得る.

$$x = \frac{J}{1+(y/x)^2} \Rightarrow x\left\{1+\left(\frac{y}{x}\right)^2\right\} = J \Rightarrow x^2 + y^2 = Jx$$

$$\therefore \left(x - \frac{J}{2}\right)^2 + y^2 = \left(\frac{J}{2}\right)^2$$

上式は半径 $J/2$，中心 $(J/2, 0)$ の円の方程式である．式①の第1式より $x > 0$，第2式より $y > 0$ であるから，ベクトルはつねに第1象限にある.

(iii) $\omega = +\infty$ のとき：$\dot{I}_C = J$ となる.

(i)〜(iii) より，角周波数 ω が 0〜$+\infty$ まで変化したときの電圧 $\dot{I}_C$ のベクトル軌跡は解図 7.11 となる.

(2) 電流の実効値は $\left|\dot{I}_C\right| = J/\sqrt{1+(1/\omega CR)^2}$ で与えられる．(i) $\omega = 0$ のとき，$1 \ll (1/\omega CR)^2$ より，$\left|\dot{I}_C\right| = \omega CRJ$ に漸近する．(ii) $\omega = +\infty$ のとき，$|I_C| = J$ となる．(i), (ii) より，解図 7.12 となる.

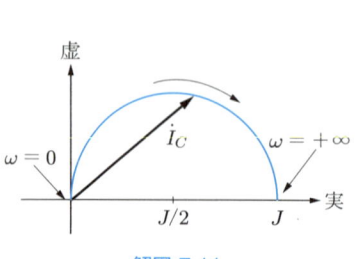

解図 7.11

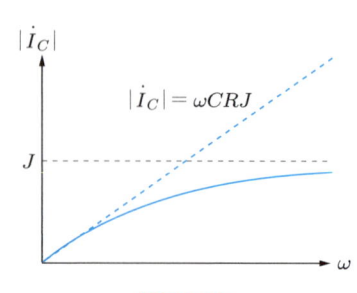

解図 7.12

7.4 (1) 電流 $\dot{I}_L = RJ/(R+j\omega L) = RJ(R-j\omega L)/\{R^2+(\omega L)^2\}$ で与えられる．$\dot{I}_L = x+jy$ とおくと，次式を得る．

$$x = \frac{R^2 J}{R^2+(\omega L)^2}, \quad y = -\frac{\omega LRJ}{R^2+(\omega L)^2} \cdots ①$$

(i) $\omega = 0$ のとき：$\dot{I}_L = J$ となる．

(ii) $0 < \omega < +\infty$ のとき：y/x を計算し，次式を得る．

$$\frac{y}{x} = -\frac{\omega L}{R} \quad \therefore \ \omega L = -R\frac{y}{x}$$

これを式 ① の第 1 式に代入すると次式を得る．

$$x = \frac{R^2 J}{R^2+(Ry/x)^2} \ \Rightarrow \ x\left\{1+\left(\frac{y}{x}\right)^2\right\} = J \ \Rightarrow \ x^2+y^2 = Jx$$

$$\therefore \ \left(x-\frac{J}{2}\right)^2 + y^2 = \left(\frac{J}{2}\right)^2$$

上式は半径 $J/2$，中心 $(J/2, 0)$ の円の方程式である．式 ① の第 1 式より $x > 0$，第 2 式より $y < 0$ であるから，ベクトルはつねに第 4 象限にある．

(iii) $\omega = +\infty$ のとき：$\dot{I}_L = 0$ となる．

(i)〜(iii) より，角周波数 ω が 0〜$+\infty$ まで変化したときの電流 $\dot{I}_L$ のベクトル軌跡は解図 7.13 となる．

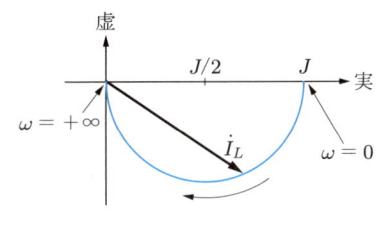

解図 7.13

7.5 (1) $\dot{V}_R$, $\dot{V}_r$ は次のようになる．

$$\dot{V}_R = \frac{R\dot{E}}{R+1/j\omega C} = \frac{E}{1-j1/\omega CR}, \quad \dot{V}_r = \frac{rE}{2r} = \frac{E}{2}$$

$\dot{V}_R = x+jy$ とおくと，次式を得る．

$$x = \frac{E}{1+(1/\omega CR)^2}, \quad y = \frac{E/\omega CR}{1+(1/\omega CR)^2} \quad \cdots ①$$

(i) $\omega = 0$ のとき：$\dot{V}_R = 0$ となる．

(ii) $0 < \omega < +\infty$ のとき：y/x を計算し，$y/x = 1/\omega CR$ を得る．これを式①の第 1 式に

代入すると次式を得る．

$$x = \frac{E}{1+(y/x)^2} \Rightarrow x\left\{1+\left(\frac{y}{x}\right)^2\right\} = E \Rightarrow x^2 + y^2 = Ex$$

$$\therefore \left(x-\frac{E}{2}\right)^2 + y^2 = \left(\frac{E}{2}\right)^2$$

上式は半径 $E/2$，中心 $(E/2, 0)$ の円の方程式である．式 ①の第 1 式より $x > 0$，第 2 式より $y > 0$ であるから，ベクトルはつねに第 1 象限にある．

(iii) $\omega = +\infty$ のとき：$\dot{V}_R = E$ となる．

(i)〜(iii) より，角周波数 ω が 0〜$+\infty$ まで変化したときの電圧 $\dot{V}_R$ のベクトル軌跡は解図 7.14 となる．$\dot{V}_r = E/2$ は ω が変化しても変わらない定ベクトルである．

(2) $\dot{V} = \dot{V}_R - \dot{V}_r = E/(1 - j1/\omega CR) - E/2$ であるから，$\dot{V}_R$ のベクトル軌跡を定ベクトル $\dot{V}_r$ だけ移動させればよい．解図 7.15 のようになる．

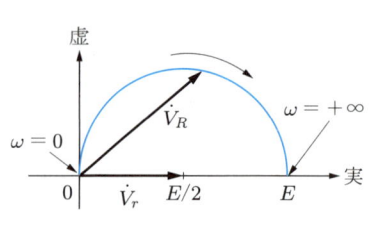

解図 7.14

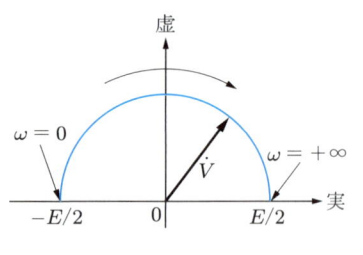

解図 7.15

7.6 節点 a, b の電位 $\dot{V}_a$ と $\dot{V}_b$ を求める．

$$\dot{V}_a = \frac{1/j\omega C}{R + 1/j\omega C}E, \quad \dot{V}_b = \frac{R}{R + 1/j\omega C}E$$

$\dot{V} = \dot{V}_a - \dot{V}_b$ より，電圧フェーザ $\dot{V}$ は次式で与えられる．

$$\dot{V} = \frac{1/j\omega C}{R + 1/j\omega C}E - \frac{R}{R + 1/j\omega C}E = -\frac{R + j/\omega C}{R - j/\omega C}E$$

いま，$R + j/\omega C = \sqrt{R^2 + (1/\omega C)^2}e^{j\theta}$ と書ける．ここで，$\tan\theta = 1/\omega CR$ である．同様

解表 7.1

C	$0 \sim \infty$
$\tan\theta = 1/\omega CR$	$\infty \sim 0$
θ	$\pi/2 \sim 0$
2θ	$\pi \sim 0$
$\dot{V}$	$E \sim -E$

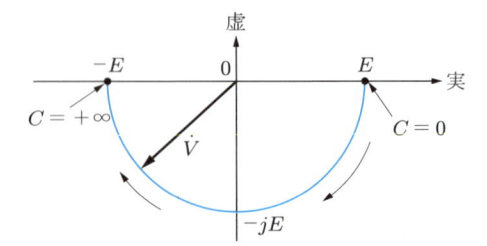

解図 7.16

に，$R - j/\omega C = \sqrt{R^2 + (1/\omega C)^2}\, e^{-j\theta}$ と書けるので，$\dot{V} = -Ee^{j2\theta}$ で表される．解表 7.1 のように，C が $0 \sim +\infty$ まで変化すると，$1/\omega CR$ は $+\infty \sim 0$ へ変化するので，θ は $\pi/2 \sim 0$ へと変化する．以上より，電圧 $\dot{V}$ のベクトル軌跡は解図 7.16 となる．

第 8 章

8.1 電圧源と抵抗 R_1 を電流源と内部抵抗に置き換えると，解図 8.1 のようになる．電流源の電流は $J = E/R_1 = 80/(10 \times 10^3) = 8 \times 10^{-3}\,[\text{A}]$ である．よって，共振角周波数 $\omega_0 = 1/\sqrt{LC} = 1/\sqrt{50 \times 10^{-3} \cdot 1.25 \times 10^{-6}} = 4 \times 10^3 = 4\,[\text{krad/s}]$ となり，次のようになる．

$$Q = R\sqrt{\frac{C}{L}} = \frac{1}{1/R_1 + 1/R_2}\sqrt{\frac{C}{L}} = 37.5, \quad \dot{V}_C = \frac{J}{1/R_1 + 1/R_2} = 60\,[\text{V}]$$

解図 8.1

8.2 アドミタンス $\dot{Y}$ は次式で与えられる．

$$\dot{Y} = \frac{1}{R} + \frac{1}{j\omega L + 1/j\omega C} = \frac{1}{R} - j\frac{1}{\omega L - 1/\omega C}$$

$\omega L - 1/\omega C = 0$ のとき，アドミタンス $\dot{Y}$ の虚数部は $\pm \infty$ となる．$\omega L - 1/\omega C = 0$ となる角周波数 $\omega_0 = 1/\sqrt{LC}$ である．$\omega = 0, +\infty$ のとき虚数部は 0 となる．以上のことから，(i) $0 < \omega \leq 1/\sqrt{LC}$ のとき，$\omega L - 1/\omega C \leq 0$ だから，$\dot{Y} = 1/R - j0$ から $\dot{Y} = 1/R + j\infty$ まで虚軸に平行に変化する．(ii) $1/\sqrt{LC} < \omega$ のとき，$\omega L - 1/\omega C > 0$ だから，$\dot{Y} = 1/R - j\infty$ から $\dot{Y} = 1/R - j0$ まで虚軸に平行に変化する．アドミタンス $\dot{Y}$ のベクトル軌跡は解図 8.2 のようになる．

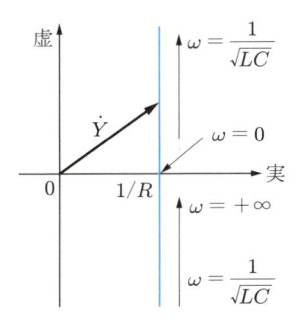

解図 8.2

インピーダンス $\dot{Z} = 1/\dot{Y} = x + jy$ とおくと，次式を得る．

$$x = \dfrac{\dfrac{1}{R}}{\left(\dfrac{1}{R}\right)^2 + \left(\dfrac{1}{\omega L - 1/\omega C}\right)^2}, \quad y = \dfrac{\dfrac{1}{\omega L - 1/\omega C}}{\left(\dfrac{1}{R}\right)^2 + \left(\dfrac{1}{\omega L - 1/\omega C}\right)^2} \quad \cdots ①$$

(i) $\omega = 0$ のとき：$\dot{Z} = R$ となる．
(ii) $0 < \omega < +\infty$, $\omega \neq 1/\sqrt{LC}$ のとき：y/x を計算し，次式を得る．

$$\dfrac{y}{x} = \dfrac{R}{\omega L - 1/\omega C} \quad \therefore \quad \dfrac{1}{\omega L - 1/\omega C} = \dfrac{1}{R}\dfrac{y}{x}$$

これを式 ① の第 1 式に代入する．

$$x = \dfrac{1/R}{(1/R)^2 + (y/Rx)^2} \Rightarrow x^2 + y^2 = Rx \quad \therefore \quad \left(x - \dfrac{R}{2}\right)^2 + y^2 = \dfrac{R^2}{4}$$

上式は中心 $(R/2, 0)$ 半径 $R/2$ の円となる．$0 < \omega \leq 1/\sqrt{LC}$ のとき，$y < 0$ である．$1/\sqrt{LC} < \omega$ のとき，$y > 0$ である．
(iii) $\omega = 1/\sqrt{LC}$ のとき：$\dot{Z} = 0$ となる．
(iv) $\omega = +\infty$ のとき：$\dot{Z} = R$ となる．
(i)～(iv) より，ベクトル軌跡は解図 8.3 のようになる．

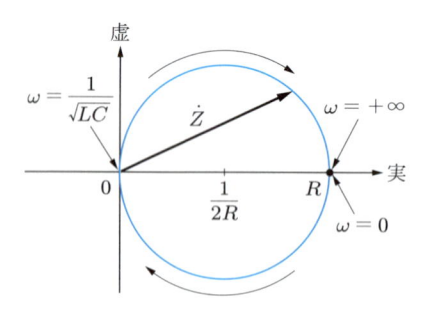

解図 8.3

8.3 インピーダンス $\dot{Z} = j\omega L + 1/(j\omega C + 1/R)$ で与えられる．R が $0\sim+\infty$ まで変化するとき，$j\omega L$ は定ベクトルであるので，$1/(j\omega C + 1/R) = x + jy$ とおくと，次式を得る．

$$x = \dfrac{1/R}{(1/R)^2 + (\omega C)^2}, \quad y = -\dfrac{\omega C}{(1/R)^2 + (\omega C)^2} \quad \cdots ①$$

(i) $R = 0$ のとき：$x = y = 0$ となる．
(ii) $0 < R < +\infty$ のとき：x/y を計算し，次式を得る．

$$\dfrac{x}{y} = -\dfrac{1}{\omega C R} \quad \therefore \quad \dfrac{1}{R} = -\omega C \dfrac{x}{y}$$

これを式 ① の第 2 式に代入し，次式を得る．

$$y = -\frac{\omega C}{(-\omega C x/y)^2 + (\omega C)^2} \Rightarrow y\left\{1 + \left(\frac{x}{y}\right)^2\right\} = -\frac{1}{\omega C}$$

$$\therefore \; x^2 + \left(y + \frac{1}{2\omega C}\right)^2 = \left(\frac{1}{2\omega C}\right)^2$$

上式は中心 $(0, -1/2\omega C)$，半径 $1/2\omega C$ の円の方程式である．式 ① の第 1 式より $x > 0$，第 2 式より $y < 0$ であるから，ベクトルはつねに第 4 象限にある．

(iii) $R = +\infty$ のとき：$x = 0, y = -1/\omega C$ となる．

(i)～(iii) より，$1/(j\omega C + 1/R)$ のベクトル軌跡は解図 8.4 のようになる．$\omega C = 1/2\omega L$ なる関係があるので，インピーダンス $\dot{Z} = j/2\omega C + 1/(j\omega C + 1/R)$ となる．よって，$\dot{Z}$ のベクトル軌跡は，解図 8.4 の円を $j\omega L = j/2\omega C$ だけ虚軸方向に平行移動したものとなり，解図 8.5 のようになる．

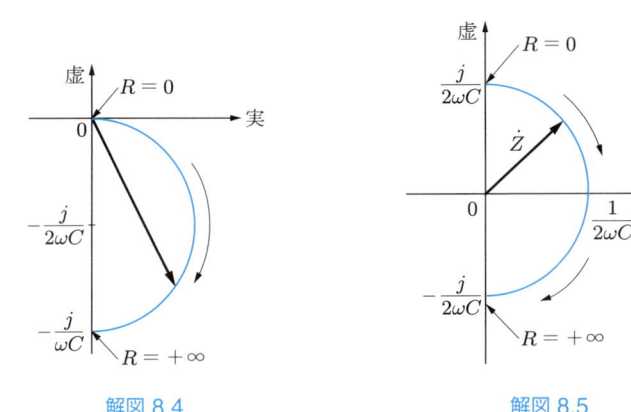

解図 8.4

解図 8.5

インピーダンス $\dot{Z}$ の軌跡は原点を中心とした半径 $1/2\omega C$ の半円であるので，$\dot{Z} = e^{j\theta}/2\omega C$ で表される．ただし，R が 0～$+\infty$ まで変化するとき，θ は $\pi/2$～$-\pi/2$ まで変化する．アドミタンス $\dot{Y}$ は，インピーダンス $\dot{Z}$ の逆数で与えられるので，$\dot{Y} = 1/\dot{Z} = 2\omega C e^{-j\theta}$ で表される．これは原点を中心として半径 $2\omega C$ の円である．解表 8.1 のように，R が 0～$+\infty$ まで変化するとき，θ は $\pi/2$～$-\pi/2$ まで変化するので，$-\theta$ は $-\pi/2$～$\pi/2$ まで変化する．以上より，アドミタンス $\dot{Y}$ のベクトル軌跡は解図 8.6 となる．

8.4 インピーダンス $\dot{Z}$ は，次式で与えられる．

$$\dot{Z} = j\omega L + \frac{1}{j\omega C + 1/R} = j\omega L + \frac{R}{1 + j\omega CR} = j\omega L + \frac{R - j\omega C R^2}{1 + (\omega C R)^2}$$

インダクタンス L が変化するので，上式の右辺第 2 項は定ベクトルとなるので，これを $a - jb$ とおくと，

解表 8.1	
R	$0 \sim \infty$
θ	$\pi/2 \sim -\pi/2$
$-\theta$	$-\pi/2 \sim \pi/2$

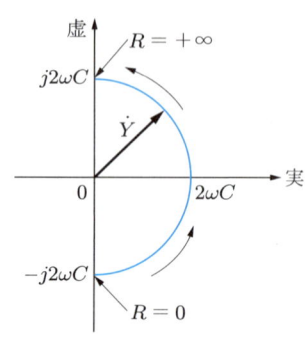

解図 8.6

$$a = \frac{R}{1+(\omega CR)^2}, \quad b = \frac{\omega CR^2}{1+(\omega CR)^2}$$

となる．$L=0$ のとき $\dot{Z} = a - jb$ であるので，インピーダンス $\dot{Z}$ のベクトル軌跡は，解図 8.7 のように，$a-jb$ を始点として，虚軸に平行して $+\infty$ まで移動する半直線となる．

アドミタンス $\dot{Y}$ は次式で与えられる．

$$\dot{Y} = \frac{1}{\dot{Z}} = \frac{1}{j\omega L + a - jb} = \frac{1}{a + j(\omega L - b)}$$

$\dot{Y} = x + jy$ とおくと，次式を得る．

$$x = \frac{a}{a^2 + (\omega L - b)^2}, \quad y = -\frac{\omega L - b}{a^2 + (\omega L - b)^2} \quad \cdots ①$$

(i) $L=0$ のとき：$x = a/(a^2+b^2) = 1/R, \ y = b/(a^2+b^2) = \omega C$ となる．

(ii) $0 < L + \infty$ のとき：y/x を計算し，$y/x = -(\omega L - b)/a$ を得る．これを式 ① の第 1 式へ代入すると，次式を得る．

$$x = \frac{a}{a^2 + (ay/x)^2} \Rightarrow x^2 + y^2 = \frac{x}{a} \quad \therefore \left(x - \frac{1}{2a}\right)^2 + y^2 = \left(\frac{1}{2a}\right)^2$$

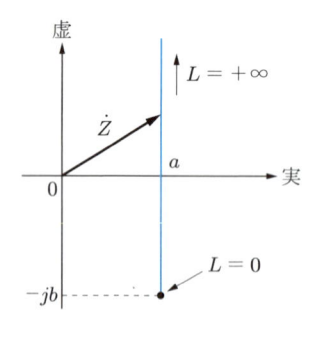

解図 8.7

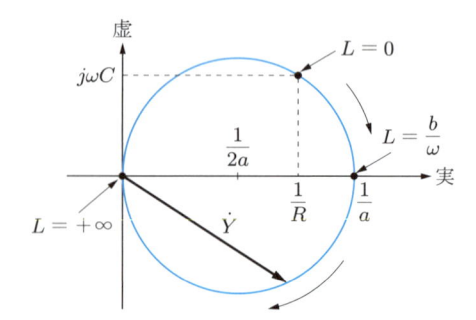

解図 8.8

上式は中心 $(1/2a, 0)$ 半径 $1/2a$ の円の方程式である．$0 < L < b/\omega$ のとき，$\omega L - b < 0$ より $y > 0$ となり第 1 象限，$L > b/\omega$ のとき，$\omega L - b > 0$ より $y < 0$ となり第 4 象限である．

(iii) $L = +\infty$ のとき：$x = 0, \ y = 0$ となる．

(i)～(iii) より，アドミタンス $\dot{Y}$ のベクトル軌跡は解図 8.8 となる．

第 9 章

9.1 相互誘導回路に置き換えた回路を解図 9.1 に示す．解図の端子 a-b 間のインピーダンス $\dot{Z}$ は次式となる．

$$\dot{Z} = \frac{1}{1/j\omega(L_2 - M) + 1/j\omega(L_1 - M)} + R + j\omega M = \frac{j\omega(L_1 L_2 - M^2)}{L_1 + L_2 - 2M} + R$$

9.2 相互誘導回路に置き換えた回路を解図 9.2 に示す．解図の端子 a-b 間のインピーダンス $\dot{Z}$ は次式となる．

$$\dot{Z} = \frac{1}{1/\{R + j\omega(L_2 - M)\} + 1/j\omega(L_1 - M)} + j\omega M = \frac{-\omega^2(L_1 L_2 - M^2) + j\omega L_1 R}{R + j\omega(L_1 + L_2 - 2M)}$$

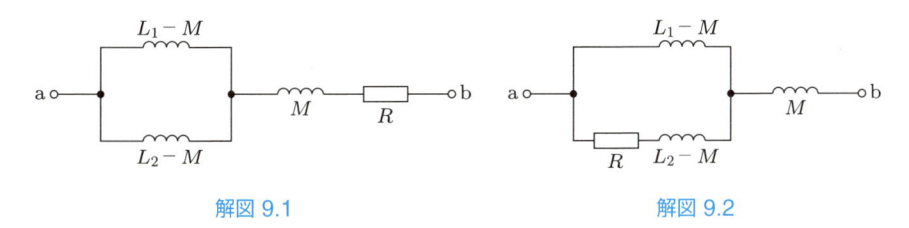

解図 9.1   解図 9.2

9.3 相互誘導回路に置き換えた回路を解図 9.3 に示す．解図の端子 a-b 間のインピーダンス $\dot{Z}$ は次式となる．

$$\dot{Z} = \frac{1}{\dfrac{1}{j\omega(L_1 - M) + 1/j\omega C} + \dfrac{1}{R + j\omega(L_2 - M)}} + j\omega M$$

$$= \frac{-\omega^2(L_1 L_2 - M^2) + L_2/C + jR(\omega L_1 - 1/\omega C)}{R + j\{\omega(L_1 + L_2 - 2M) - 1/\omega C\}}$$

9.4 相互誘導回路に置き換えた回路を解図 9.4 に示す．閉路 1 と 2 について閉路方程式を立てると，次のようになる．

閉路 $1 : j\omega(L_1 + L_0)\dot{I}_1 + j\omega(M + L_0)\dot{I}_2 = E$

閉路 $2 : j\omega(M + L_0)\dot{I}_1 + \{R + j\omega(L_0 + L_2)\}\dot{I}_2 = 0$

9.5 相互誘導回路を等価回路に置き換えた回路は，解図 9.4 の M を $-M$ に置き換えた回路と同じである．したがって，閉路方程式も問題 9.4 で求めた方程式の M を $-M$ に置き換

解図 9.3

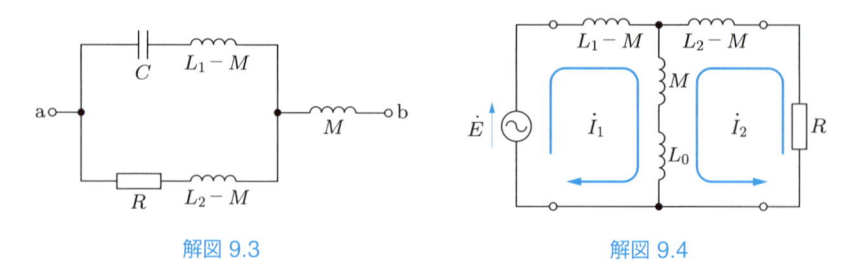

解図 9.4

えた方程式となる．閉路 1 と 2 について閉路方程式を立てると，次のようになる．

閉路 1：$j\omega(L_1 + L_0)\dot{I}_1 + j\omega(-M + L_0)\dot{I}_2 = E$

閉路 2：$j\omega(-M + L_0)\dot{I}_1 + \{R + j\omega(L_0 + L_2)\}\dot{I}_2 = 0$

9.6 (1) 等価回路を解図 9.5 に示す．閉路 1 と 2 について閉路方程式を立てると，次のようになる．

閉路 1：$\{R\dot{I}_1 + j\omega(L_1 + L_2 - 2M)\}\dot{I}_1 - j\omega(L_2 - M)\dot{I}_2 = 0$

閉路 2：$-j\omega(L_2 - M)\dot{I}_1 + j\omega L_2 \dot{I}_2 = -E$

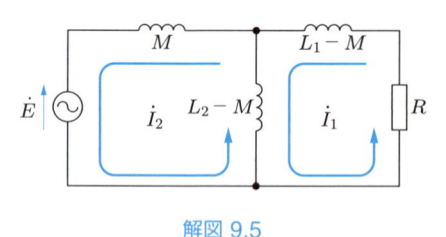

解図 9.5

(2) $\dot{V}_R = R\dot{I}_1$ より，$\dot{I}_1$ を求めればよい．まず，閉路方程式を行列で表す．

$$\begin{bmatrix} R + j\omega(L_1 + L_2 - 2M) & -j\omega(L_2 - M) \\ -j\omega(L_2 - M) & j\omega L_2 \end{bmatrix} \begin{bmatrix} \dot{I}_1 \\ \dot{I}_2 \end{bmatrix} = \begin{bmatrix} 0 \\ -E \end{bmatrix}$$

上式を逆行列を使って解く．

$$\begin{bmatrix} \dot{I}_1 \\ \dot{I}_2 \end{bmatrix} = \begin{bmatrix} R + j\omega(L_1 + L_2 - 2M) & -j\omega(L_2 - M) \\ -j\omega(L_2 - M) & j\omega L_2 \end{bmatrix}^{-1} \begin{bmatrix} 0 \\ -\dot{E} \end{bmatrix}$$

$$= \frac{1}{-\omega^2(L_1 L_2 - M^2) + j\omega R L_2} \begin{bmatrix} j\omega L_2 & j\omega(L_2 - M) \\ j\omega(L_2 - M) & R + j\omega(L_1 + L_2 - 2M) \end{bmatrix} \begin{bmatrix} 0 \\ -\dot{E} \end{bmatrix}$$

$$= \frac{1}{-\omega^2(L_1 L_2 - M^2) + j\omega R L_2} \begin{bmatrix} -j\omega(L_2 - M)E \\ -\{R + j\omega(L_1 + L_2 - 2M)\}E \end{bmatrix}$$

したがって，$\dot{I}_1$, $\dot{V}_R$ は次式で与えられる.

$$\dot{I}_1 = \frac{(L_2 - M)\dot{E}}{-j\omega(L_1 L_2 - M^2) - RL_2},$$

$$\dot{V}_R = -R\dot{I}_1 = \frac{R(L_2 - M)\dot{E}}{j\omega(L_1 L_2 - M^2) + RL_2}$$

(3) $\dot{V}_R$ が $\dot{E}$ と同位相になるためには，$\dot{V}_R/\dot{E}$ が実数のみである必要がある．(2) の答えより，$L_1 L_2 - M^2 = 0$ が満たされればよい．

9.7 (1) 等価回路を解図 9.6 に示す．閉路 1 と 2 について閉路方程式を立てると，

閉路 1 ： $(R_1 + j\omega L_1)\dot{I}_1 - j\omega M \dot{I}_2 = E$

閉路 2 ： $-j\omega M \dot{I}_1 + (r + R_2 + j\omega L_2)\dot{I}_2 = 0$

となる．上式を行列で表すと次式となる．

$$\begin{bmatrix} R_1 + j\omega L_1 & -j\omega M \\ -j\omega M & r + R_2 + j\omega L_2 \end{bmatrix} \begin{bmatrix} \dot{I}_1 \\ \dot{I}_2 \end{bmatrix} = \begin{bmatrix} E \\ 0 \end{bmatrix}$$

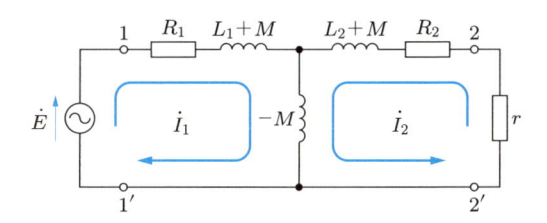

解図 9.6

(2) 解図 9.6 の等価回路より，インピーダンス $\dot{Z}$ は次式となる．

$$\dot{Z} = R_1 + j\omega(L_1 + M) + \frac{1}{-\dfrac{1}{j\omega M} + \dfrac{1}{r + R_2 + j\omega(L_2 + M)}}$$

$$= R_1 + j\omega L_1 + \frac{\omega^2 M^2}{R_2 + r + j\omega L_2}$$

(3) $\omega^2 M^2/(R_2 + r + j\omega L_2) = x + jy$ とおくと，次式を得る．

$$x = \frac{(r + R_2)\omega^2 M^2}{(r + R_2)^2 + \omega^2 L_2^2}, \quad y = -\frac{\omega^3 L_2 M^2}{(r + R_2)^2 + \omega^2 L_2^2} \quad \cdots ①$$

(i) $r = 0$ のとき：$x = R_2 \omega^2 M^2/(R_2{}^2 + \omega^2 L_2{}^2)$, $y = -\omega^3 L_2 M^2/(R_2{}^2 + \omega^2 L_2{}^2)$ となる．

(ii) $0 < r < +\infty$ のとき：x/y を計算し，次式を得る．

$$\frac{x}{y} = -\frac{r+R_2}{\omega L_2} \quad \therefore \ r+R_2 = -\frac{x}{y}\omega L_2$$

これを式 ① の第 2 式に代入すると次式となる.

$$y = -\frac{\omega^3 L_2 M^2}{(x/y)^2 \omega^2 L_2{}^2 + \omega^2 L_2{}^2} \Rightarrow x^2 + y^2 = -\frac{\omega M^2}{L_2}y$$

$$\therefore \ x^2 + \left(y + \frac{\omega M^2}{2L_2}\right)^2 = \frac{\omega^2 M^4}{4L_2{}^2}$$

上式は半径 $\omega M^2/2L_2$, 中心 $(0, -\omega M^2/2L_2)$ の円の方程式である. 式 ① の第 1 式より $x > 0$, 第 2 式より $y < 0$ であるので, $x + jy$ の軌跡は第 4 象限にある.

(iii) $r = +\infty$ のとき: $x = y = 0$ となる.

(i)〜(iii) より, $x + jy$ のベクトル軌跡は解図 9.7 となる. $\dot{Z} = R_1 + j\omega L_1 + x + jy$ であるから, インピーダンス $\dot{Z}$ のベクトル軌跡は解図 9.7 を定ベクトル $R_1 + j\omega L_1$ だけ平行移動したものとなる. とくに, $r = +\infty$ のとき $\dot{Z} = R_1 + j\omega L_1$, $r = 0$ のとき

$$\dot{Z} = \left(R_1 + \frac{\omega^2 R_2 M^2}{R_2{}^2 + \omega^2 L_2{}^2}\right) + j\left(\omega L_1 - \frac{\omega^3 L_2 M^2}{R_2{}^2 + \omega^2 L_2{}^2}\right)$$

である. 以上より, インピーダンス $\dot{Z}$ の軌跡は解図 9.8 となる.

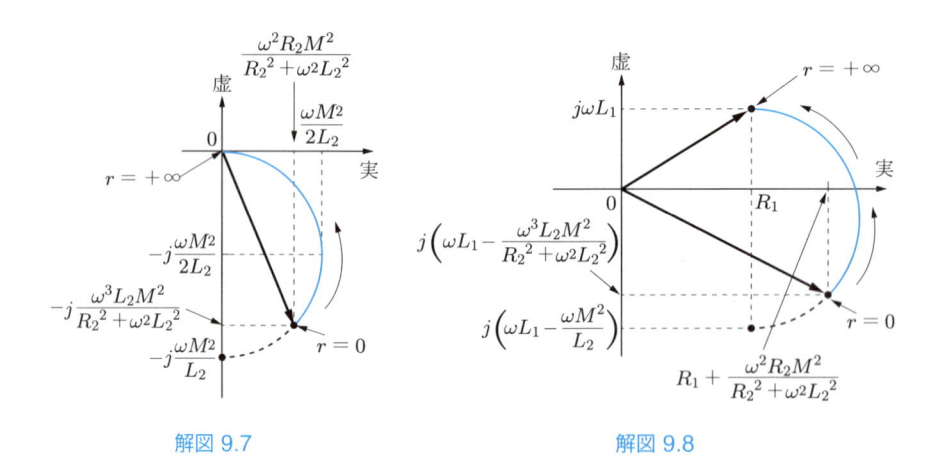

解図 9.7　　　　解図 9.8

(4) 実部が最大となるのは, 式 ① の x が最大となるときなので, $\mathrm{d}x/\mathrm{d}r = 0$ を解けばよい. しかし, 解図 9.7 からもわかるように, 軌跡は円を描くので, 実部は $x + jy$ の軌跡 (解図 9.7) において $|x| = |y|$ のとき最大となることは明らかである. すなわち, $|x/y| = (r+R_2)/\omega L_2 = 1$ であるから, $r = \omega L_2 - R_2$ を得る.

9.8　(1) 相互誘導回路を等価回路に置き換えた回路を, 解図 9.9 に示す. 端子 a-a' を開放すると, インダクタンス $L_1 - M$ には電流が流れないので, 電圧 $\dot{V}_2$ はインダクタンス $L_2 - M$

の電圧と等しい．したがって，分圧比より次式を得る．

$$\dot{V}_2 = \frac{j\omega(L_2 - M)}{R + j\omega M + j\omega(L_2 - M)} \dot{E} = \frac{j\omega(L_2 - M)\dot{E}}{R + j\omega L_2}$$

また，電流 $\dot{I}_1 = \dot{E}/\{R + j\omega M + j\omega(L_2 - M)\} = \dot{E}/(R + j\omega L_2)$ となる．

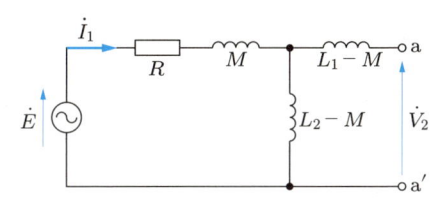

解図 9.9

(2) 電源 $\dot{E}$ を取り外して短絡した回路の端子 a-a' から見たインピーダンス $\dot{Z}_0$ を求める．

$$\dot{Z}_0 = j\omega(L_1 - M) + \frac{1}{1/j\omega(L_2 - M) + 1/(R + j\omega M)}$$
$$= j\omega(L_1 - M) + \frac{j\omega(L_2 - M)(R + j\omega M)}{R + j\omega L_2}$$
$$= \frac{-\omega^2(L_1 L_2 - M^2) + j\omega R(L_1 + L_2 - 2M)}{R + j\omega L_2}$$

テブナンの等価回路を解図 9.10 に示す．

(3) 解図 9.10 の端子 a-a' に抵抗 R_L を接続した回路を解図 9.11 に示す．解図より，電圧 $\dot{V}_L$ は次式で与えられる．

$$\dot{V}_L = \frac{R_L}{\dot{Z}_0 + R_L}\dot{V}_2 = \frac{j\omega(L_2 - M)R_L\dot{E}}{RR_L - \omega^2(L_1 L_2 - M^2) + j\omega\{R(L_1 + L_2 - 2M) + L_2 R_L\}}$$

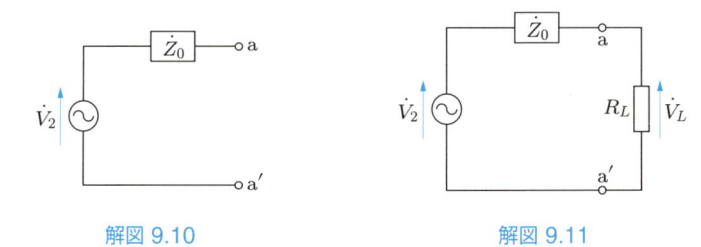

解図 9.10　　　　解図 9.11

9.9 (1) 等価回路を解図 9.12 に示す．解図より，スイッチが開いているときの端子 a-a' 間のインピーダンス $\dot{Z}$ は次式となる．

$$\dot{Z} = R + j\omega(L_2 - M) + j\omega M + \frac{1}{j\omega C} = R + j\left(\omega L_2 - \frac{1}{\omega C}\right)$$

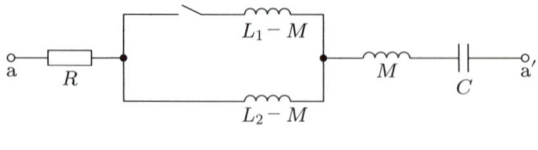

解図 9.12

(2) 解図 9.12 より，スイッチが閉じているときの端子 a-a′ 間のインピーダンス $\dot{Z}$ は次式となる．

$$\dot{Z} = R + \frac{1}{1/j\omega(L_1 - M) + 1/j\omega(L_2 - M)} + j\omega M + \frac{1}{j\omega C}$$

$$= R + \frac{j\omega(L_1 L_2 - M^2)}{L_1 + L_2 - 2M} + \frac{1}{j\omega C}$$

9.10 等価回路を解図 9.13 に示す．電源から見たインピーダンスを $\dot{Z}$ とすると，抵抗で消費される電力 $P_e = R|\dot{E}/\dot{Z}|^2$ で求められるので，インピーダンス $\dot{Z}$ を求める．

$$\dot{Z} = R + j\omega M + \frac{1}{1/j\omega(L_1 - M) + 1/j\omega(L_2 - M)} = R + \frac{j\omega(L_1 L_2 - M^2)}{L_1 + L_2 - 2M}$$

上式を消費電力に代入して，次式を得る．

$$P_e = \frac{R|\dot{E}|^2}{R^2 + \left\{\frac{\omega(L_1 L_2 - M^2)}{L_1 + L_2 - 2M}\right\}^2}$$

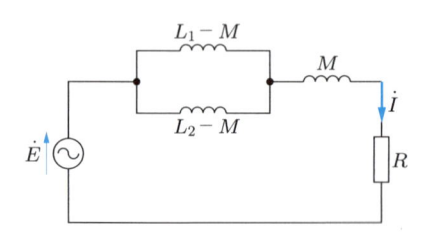

解図 9.13

9.11 理想変成器の 1 次側と 2 次側の電圧と電流の関係から，$\dot{V}_2 = n\dot{V}_1, \dot{I}_1 = -n\dot{I}_2$ を得る．したがって，$\dot{Z} = \dot{V}_1/\dot{I}_1 = (\dot{V}_2/n)/(-n\dot{I}_2) = \left(-1/n^2\right)\left(\dot{V}_2/\dot{I}_2\right)$ となる．一方，端子 2-2′ の電圧 $\dot{V}_2$ と電流 $\dot{I}_2$ の関係から $-\dot{V}_2 = (R + 1/j\omega C)\dot{I}_2$ を得る．よって，$\dot{Z} = \left(1/n^2\right)(R + 1/j\omega C)$ となる．

9.12 (1) 1 次側と 2 次側の電圧と電流の関係は $\dot{V}_2 = n\dot{V}_1, \dot{I}_1 = -n\dot{I}_2$ で与えられる．ここで，巻数比 $N_1 : N_2 = 2 : 1$ であるから，$1 : n = 2 : 1$ より $n = 1/2$ を得る．1 次側から見たインピーダンス $\dot{Z}_1 = \dot{V}_1/\dot{I}_1 = \left(-1/n^2\right)\left(\dot{V}_2/\dot{I}_2\right) = R/n^2 = 4R = 16\,[\Omega]$ となる．

(2) 電源から見たインピーダンスは $\dot{Z}_E = r + \dot{Z} = 4 + 16 = 20\,[\Omega]$ となる．
(3) 1次電流 $\dot{I}_1 = \dot{E}/\dot{Z}_E = 200/20 = 10\,[{\rm A}]$，2次電流 $\dot{I}_2 = -\dot{I}_1/n = -2 \times 10 = -20\,[{\rm A}]$ となる．
(4) 1次電圧 $\dot{V}_1 = \dot{Z}_1\dot{I}_1 = 16 \cdot 10 = 160\,[{\rm V}]$，2次電圧 $\dot{V}_2 = n\dot{V}_1 = 1/2 \cdot 160 = 80\,[{\rm V}]$ となる．
(5) 抵抗 r で消費される電力 $P_r = r|\dot{I}_1|^2 = 4 \times 10^2 = 400\,[{\rm W}]$，抵抗 R で消費される電力 $P_R = R|\dot{I}_2|^2 = 4 \times 20^2 = 1600\,[{\rm W}]$ となる．

9.13 (1) 1次側と2次側の電圧と電流の関係は次式で与えられる．

$$\dot{V}_2 = n\dot{V}_1, \quad \dot{I}_1 = -n\dot{I}_2 \quad \cdots ①$$

1次側と2次側の二つの閉路について閉路方程式を立てる．

$$1次側: (R_1 + R_2)\dot{I}_1 + R_2\dot{I}_2 = \dot{E} - \dot{V}_1 \quad \cdots ②$$

$$2次側: R_2\dot{I}_1 + (R_2 + R_3)\dot{I}_2 = -\dot{V}_2 \quad \cdots ③$$

式 ①〜③ の連立方程式を解く．

$$\dot{I}_1 = \frac{n^2 \dot{E}}{n^2 R_1 + (n-1)^2 R_2 + R_3}$$

$$\dot{I}_2 = -\frac{1}{n}\dot{I}_1 = -\frac{n\dot{E}}{n^2 R_1 + (n-1)^2 R_2 + R_3}$$

(2) 次のようになる．

$$P_e = R_3|\dot{I}_2|^2 = \frac{n^2 R_3 E^2}{\{n^2 R_1 + (n-1)^2 R_2 + R_3\}^2}$$

9.14 抵抗 R で消費される電力 $P = R|\dot{I}_2|^2$ で与えられる．また，1次側と2次側の電圧と電流は，それぞれ $\dot{V}_1 = \dot{V}_2/n$, $\dot{I}_2 = -\dot{I}_1/n$ の関係がある．1次側から見たインピーダンス $\dot{Z}_1 = \dot{V}_1/\dot{I}_1 = (\dot{V}_2/n)/(-n\dot{I}_2) = R/n^2$ となる．電流 $\dot{I}_2 = -\dot{E}/n(r+\dot{Z}_1) = -n\dot{E}/(n^2r+R)$ と計算されるので，消費電力 $P = n^2RE^2/(n^2r+R)^2$ となる．電力 P が最大となる n は ${\rm d}P/{\rm d}n = 0$ を満たすときである．

$$\frac{{\rm d}P}{{\rm d}n} = \frac{2n(R - n^2 r)RE^2}{(n^2 r + R)^3} = 0$$

上式を解いて，$R = n^2 r$ より，$n = \sqrt{R/r}$ の関係を得る．

9.15 相互誘導回路を等価回路で表した回路を解図 9.14 に示す．各閉路で閉路方程式を立てる．

$$閉路1: (R_2 + j\omega L_2)\dot{I}_1 - \{R_2 + j\omega(L_2 - M)\}\dot{I}_3 = 0$$

$$閉路2: \left(R_3 + R_4 + \frac{1}{j\omega C_4}\right)\dot{I}_2 - \left(R_4 + \frac{1}{j\omega C_4}\right)\dot{I}_3 = 0$$

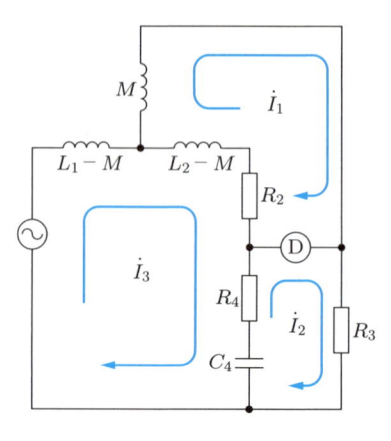

解図 9.14

閉路 3： $-\{R_2 + j\omega(L_2 - M)\}\dot{I}_1 - \left(R_4 + \dfrac{1}{j\omega C_4}\right)\dot{I}_2$

$\qquad + \left\{R_2 + R_4 + \dfrac{1}{j\omega C_4} + j\omega(L_1 + L_2 - 2M)\right\}\dot{I}_3 = \dot{E}$

連立方程式を行列で表す．

$$\begin{bmatrix} R_2 + j\omega L_2 & 0 & -R_2 - j\omega(L_2 - M) \\ 0 & R_3 + R_4 + \dfrac{1}{j\omega C_4} & -\left(R_4 + \dfrac{1}{j\omega C_4}\right) \\ -R_2 - j\omega(L_2 - M) & -\left(R_4 + \dfrac{1}{j\omega C_4}\right) & R_2 + R_4 + \dfrac{1}{j\omega C_4} + j\omega(L_1 + L_2 - 2M) \end{bmatrix}\begin{bmatrix} \dot{I}_1 \\ \dot{I}_2 \\ \dot{I}_3 \end{bmatrix}$$

$$= \begin{bmatrix} 0 \\ 0 \\ \dot{E} \end{bmatrix}$$

平衡条件は $\dot{I}_1 = \dot{I}_2$ であるから，クラーメルの解法で $\dot{I}_1$, $\dot{I}_2$ を求める．

$$\Delta = \begin{vmatrix} R_2 + j\omega L_2 & 0 & -R_2 - j\omega(L_2 - M) \\ 0 & R_3 + R_4 + 1/j\omega C_4 & -(R_4 + 1/j\omega C_4) \\ -R_2 - j\omega(L_2 - M) & -(R_4 + 1/j\omega C_4) & R_2 + R_4 + 1/j\omega C_4 + j\omega(L_1 + L_2 - 2M) \end{vmatrix}$$

$$\dot{I}_1 = \dfrac{1}{\Delta}\begin{vmatrix} 0 & 0 & -R_2 - j\omega(L_2 - M) \\ 0 & R_3 + R_4 + 1/j\omega C_4 & -(R_4 + 1/j\omega C_4) \\ \dot{E} & -(R_4 + 1/j\omega C_4) & R_2 + R_4 + 1/j\omega C_4 + j\omega(L_1 + L_2 - 2M) \end{vmatrix}$$

$$= \dfrac{1}{\Delta}\{R_2 + j\omega(L_2 - M)\}\left(R_3 + R_4 + \dfrac{1}{j\omega C_4}\right)\dot{E}$$

$$\dot{I}_2 = \frac{1}{\Delta} \begin{vmatrix} R_2 + j\omega L_2 & 0 & -R_2 - j\omega(L_2 - M) \\ 0 & 0 & -(R_4 + 1/j\omega C_4) \\ -R_2 - j\omega(L_2 - M) & \dot{E} & R_2 + R_4 + 1/j\omega C_4 + j\omega(L_1 + L_2 - 2M) \end{vmatrix}$$

$$= \frac{1}{\Delta}(R_2 + j\omega L_2)\left(R_4 + \frac{1}{j\omega C_4}\right)\dot{E}$$

$\dot{I}_1 = \dot{I}_2$ より，

$$\{R_2 + j\omega(L_2 - M)\}\left(R_3 + R_4 + \frac{1}{j\omega C_4}\right)\dot{E} = (R_2 + j\omega L_2)\left(R_4 + \frac{1}{j\omega C_4}\right)\dot{E}$$

$$\therefore R_2 R_3 - \frac{M}{C_4} + j\omega\{R_3 L_2 - M(R_3 + R_4)\} = 0$$

を得る．上式の実数部と虚数部が等しいことより，次のような関係を得る．

$$R_2 R_3 = \frac{M}{C_4}, \quad R_3 L_2 = M(R_3 + R_4)$$

$$\therefore C_4 = \frac{M}{R_2 R_3}, \quad R_4 = \frac{L_2 - M}{M} R_3$$

◦ **第 10 章** ◦

10.1 問図 (a) の回路：

(1) $\dot{Z} = \dfrac{1}{j\omega C_1 + \dfrac{1}{j\omega L_2 + 1/j\omega C_2}} = j\dfrac{\omega^2 L_2 C_2 - 1}{\omega\{(C_1 + C_2) - \omega^2 L_2 C_1 C_2\}}$

(2) $X = \dfrac{\omega^2 L_2 C_2 - 1}{\omega\{(C_1 + C_2) - \omega^2 L_2 C_1 C_2\}}$

(3) $\omega_r = \dfrac{1}{\sqrt{L_2 C_2}}, \quad \omega_a = \sqrt{\dfrac{C_1 + C_2}{L_2 C_1 C_2}}$

(4) 解図 10.1

(5) $Z(s) = \dfrac{H(s^2 + \omega_r{}^2)}{s(s^2 + \omega_a{}^2)}, \quad H = \dfrac{L_2 C_2}{L_2 C_1 C_2} = \dfrac{1}{C_1}$

問図 (b) の回路：

(1) $\dot{Z} = \dfrac{1}{\dfrac{1}{j\omega L_1} + \dfrac{1}{j\omega L_2 + 1/j\omega C_2}} = j\dfrac{\omega L_1(1 - \omega^2 L_2 C_2)}{1 - \omega^2(L_2 C_2 + L_1 C_2)}$

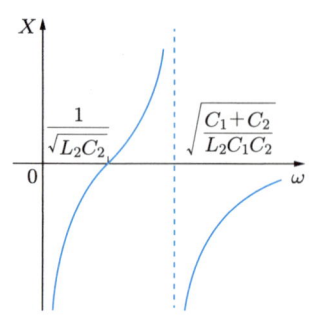

解図 10.1

(2) $X = \dfrac{\omega L_1(1-\omega^2 L_2 C_2)}{1-\omega^2(L_2C_2+L_1C_2)}$

(3) $\omega_r = 0, \dfrac{1}{\sqrt{L_2C_2}}, \quad \omega_a = \dfrac{1}{\sqrt{(L_1+L_2)C_2}}$

(4) 解図 10.2

(5) $Z(s) = \dfrac{Hs(s^2+\omega_r{}^2)^2}{s^2+\omega_a{}^2}, \quad H = \dfrac{L_1L_2C_2}{L_1C_2+L_2C_2} = \dfrac{L_1L_2}{L_1+L_2}$

問図 (c) の回路：等価回路を解図 10.3 に示す．

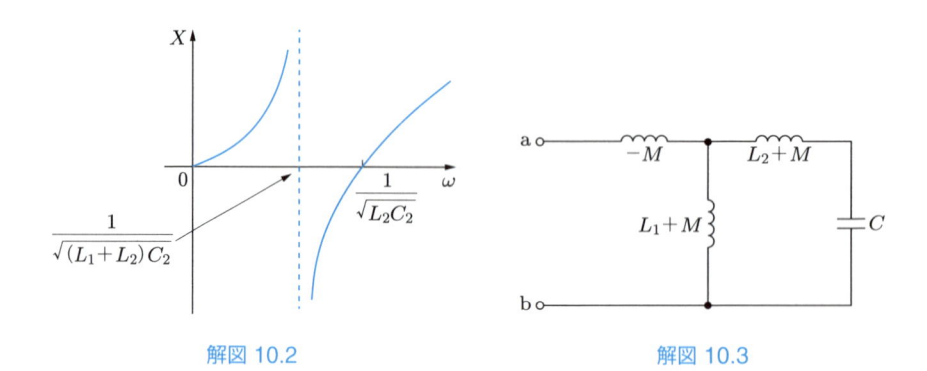

解図 10.2

解図 10.3

(1) $\dot{Z} = -j\omega M + \dfrac{1}{\dfrac{1}{j\omega(L_1+M)}+\dfrac{1}{j\omega(L_2+M)+1/j\omega C}}$

$= j\dfrac{\omega\{L_1-\omega^2 C(L_1L_2-M^2)\}}{1-\omega^2 C(L_1+L_2+2M)}$

(2) $X = \dfrac{\omega\{L_1-\omega^2 C(L_1L_2-M^2)\}}{1-\omega^2 C(L_1+L_2+2M)}$

(3) $\omega_r = 0, \sqrt{\dfrac{L_1}{C(L_1L_2 - M^2)}}, \quad \omega_a = \dfrac{1}{\sqrt{C(L_1 + L_2 + 2M)}}$

(4) 解図 10.4

(5) $Z(s) = \dfrac{Hs(s^2 + \omega_r^2)}{s^2 + \omega_a^2}, \quad H = \dfrac{C(L_1L_2 - M^2)}{C(L_1 + L_2 + 2M)} = \dfrac{L_1L_2 - M^2}{L_1 + L_2 + 2M}$

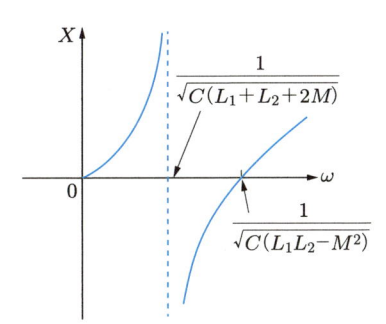

解図 10.4

10.2 (1) $\omega_r = 1, 3\,[\text{rad/s}], \ \omega_a = 2, 4\,[\text{rad/s}]$ (2) 解図 10.5
10.3 (1) $\omega_r = 0, 2, 4\,[\text{rad/s}], \ \omega_a = 1, 3\,[\text{rad/s}]$ (2) 解図 10.6

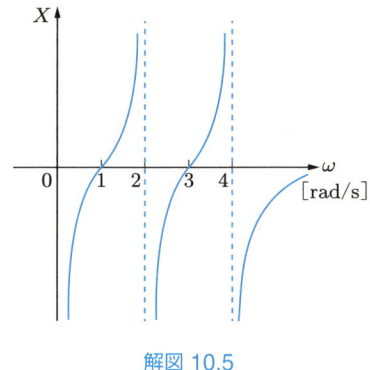

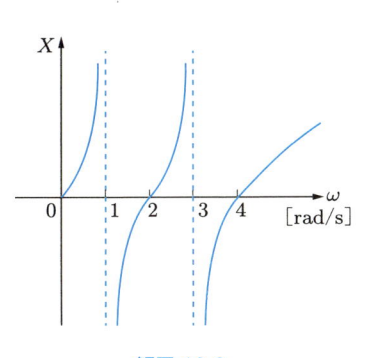

解図 10.5 解図 10.6

10.4 (1) 駆動点インピーダンス関数を次のように書き直す．

$$Z(s) = \dfrac{9s^4 + 10s^2 + 1}{4s^3 + s} = \dfrac{(9s^2 + 1)(s^2 + 1)}{s(4s^2 + 1)}$$

よって，$\omega_r = 1/3, 1\,[\text{rad/s}], \ \omega_a = 1/2\,[\text{rad/s}]$ となる．
(2) 解図 10.7
10.5 (a) 駆動点インピーダンス関数を次のように変形する．

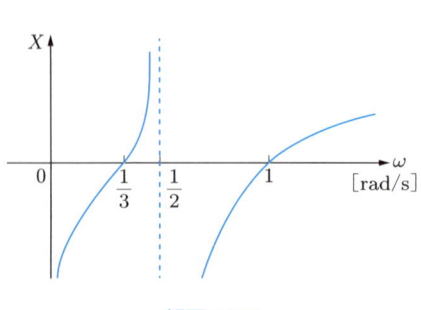

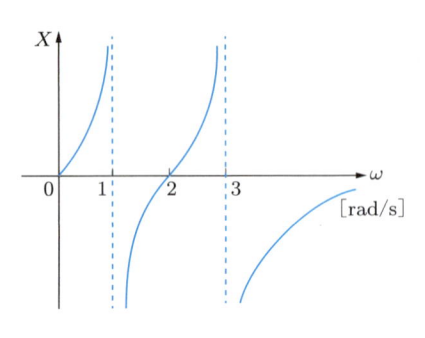

解図 10.7

解図 10.8

$$Z(s) = \frac{s^3 + 4s}{5s^4 + 50s^2 + 45} = \frac{s(s^2 + 4)}{5(s^2 + 1)(s^2 + 9)}$$

よって，$\omega_r = 0, 2\,[\text{rad/s}]$，$\omega_a = 1, 3\,[\text{rad/s}]$ となる．
(b) 解図 10.8

10.6 反共振角周波数は 2, 4 であるから，$\omega_2 = 2$，$\omega_4 = 4$ として次式で表されるフォスターの第 1 回路の公式に代入する．

$$C_0 = \left\{\frac{1}{sZ(s)}\right\}_{s=0} = \left\{\frac{s(s^2+4)(s^2+16)}{s16(s^2+1)(s^2+9)}\right\}_{s=0} = \frac{4}{9} = 0.44\,[\text{F}]$$

$$C_2 = \left\{\frac{s}{(s^2+\omega_2{}^2)Z(s)}\right\}_{s=j\omega_2} = \left\{\frac{s^2(s^2+4)(s^2+16)}{(s^2+4)16(s^2+1)(s^2+9)}\right\}_{s=j2} = \frac{1}{5}$$
$$= 0.2\,[\text{F}]$$

$$C_4 = \left\{\frac{s}{(s^2+\omega_4{}^2)Z(s)}\right\}_{s=j\omega_4} = \left\{\frac{s^2(s^2+4)(s^2+16)}{(s^2+16)16(s^2+1)(s^2+9)}\right\}_{s=j4} = \frac{4}{35}$$
$$= 0.11\,[\text{F}]$$

$s = \infty$ のとき，$Z(\infty) = 0$ であるので $L_\infty = 0$ となる．$L_2 = 1/\omega_2{}^2 C_2 = 5/4 = 1.3\,[\text{H}]$，$L_4 = 1/\omega_4{}^2 C_4 = 35/64 = 0.55\,[\text{H}]$ となる．フォスターの第 1 回路を解図 10.9 に示す．

10.7 $Z(0) = 0$ より，$C_0 = \infty$，つまり C_0 はない．反共振角周波数は 1, 3 であるから，$\omega_2 = 1$，$\omega_4 = 3$ として次式で表されるフォスターの第 1 回路の公式に代入する．

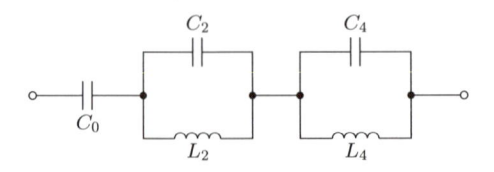

解図 10.9

$$C_2 = \left\{\frac{s}{(s^2+\omega_2{}^2)Z(s)}\right\}_{s=j\omega_2} = \left\{\frac{s(s^2+1)(s^2+9)}{(s^2+1)5s^2(s^2+4)(s^2+16)}\right\}_{s=j} = \frac{8}{225}$$

$$= 0.036 \,[\text{F}]$$

$$C_4 = \left\{\frac{s}{(s^2+\omega_4{}^2)Z(s)}\right\}_{s=j\omega_4} = \left\{\frac{s(s^2+1)(s^2+9)}{(s^2+9)5s(s^2+4)(s^2+16)}\right\}_{s=j3} = \frac{8}{175}$$

$$= 0.046 \,[\text{F}]$$

また，$L_2 = 1/\omega_2{}^2 C_2 = 225/8 = 28\,[\text{H}]$，$L_4 = 1/\omega_4{}^2 C_4 = 175/72 = 2.4\,[\text{H}]$，$L_\infty = H = 5.0\,[\text{H}]$ となる．フォスターの第 1 回路を解図 10.10 に示す．

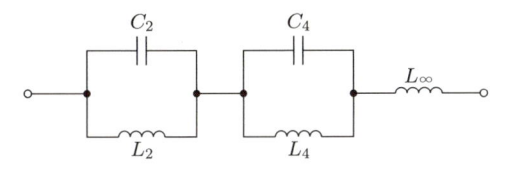

解図 10.10

10.8 $Z(0) \neq 0$ より，

$$C_0 = \left\{\frac{1}{sZ(s)}\right\}_{s=0} = \left\{\frac{s(4s^2+1)}{s(9s^4+10s^2+1)}\right\}_{s=0} = 1.0\,[\text{F}]$$

である．次に，駆動点インピーダンス関数を変形して，反共振角周波数を求める．

$$Z(s) = \frac{9s^4+10s^2+1}{4s^3+s} = \frac{9(s^2+1/9)(s^2+1)}{4s(s^2+1/4)}$$

したがって，反共振角周波数は $\omega_2 = 1/2$ であるから，$\omega_2 = 1/2$ として次式で表されるフォスターの第 1 回路の公式に代入する．

$$C_2 = \left\{\frac{s}{(s^2+\omega_2{}^2)Z(s)}\right\}_{s=j\omega_2} = \left\{\frac{4s^2(s^2+1/4)}{(s^2+1)9(s^2+1/9)(s^2+1/4)}\right\}_{s=j1/2} = \frac{16}{15}$$

$$= 1.1\,[\text{F}]$$

$s \to \infty$ のとき $Z(\infty) \to \infty$ であるので，$L_\infty = H = 9/4 = 2.3\,[\text{H}]$ となる．$L_2 = 1/\omega_2{}^2 C_2 = 15/4 = 3.75\,[\text{H}]$ となる．フォスターの第 1 回路を解図 10.11 に示す．

10.9 $Z(0) = 0$ より，$C_0 = \infty$，つまり C_0 はない．次に，駆動点インピーダンス関数を変形して，反共振角周波数を求める．

$$Z(s) = \frac{(s^3+4s)}{5s^4+50s^2+45} = \frac{s(s^2+4)}{5s(s^2+9)(s^2+1)}$$

反共振角周波数は 1, 3 であるから，$\omega_2 = 1$，$\omega_4 = 3$ として次式で表されるフォスターの第

解図 10.11

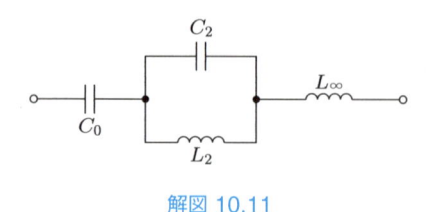

1回路の公式に代入する．

$$C_2 = \left\{ \frac{s}{(s^2+\omega_2{}^2)Z(s)} \right\}_{s=j\omega_2} = \left\{ \frac{5s(s^2+1)(s^2+9)}{(s^2+1)s(s^2+4)} \right\}_{s=j} = \frac{40}{3} = 13\,[\text{F}]$$

$$C_4 = \left\{ \frac{s}{(s^2+\omega_4{}^2)Z(s)} \right\}_{s=j\omega_4} = \left\{ \frac{s5(s^2+1)(s^2+9)}{(s^2+9)s(s^2+4)} \right\}_{s=j3} = \frac{40}{5} = 8.0\,[\text{F}]$$

また，$L_2 = 1/\omega_2{}^2 C_2 = 3/40 = 0.075\,[\text{H}]$，$L_4 = 1/\omega_4{}^2 C_4 = 1/72 = 0.014\,[\text{H}]$ となる．$s \to \infty$ のとき $Z = 0$ より，$L_\infty = 0$，つまり L_∞ はない．フォスターの第1回路を解図 10.12 に示す．

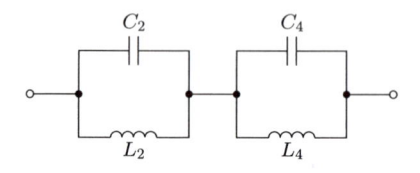

解図 10.12

10.10 解図 10.13 のようなはしご型回路で実現できる．ただし，$L_1 = 2.25\,[\text{H}]$，$C_1 = 0.516\,[\text{F}]$，$L_2 = 16.0\,[\text{H}]$，$C_2 = 0.484\,[\text{F}]$ である．

10.11 解図 10.14 のようなはしご型回路で実現できる．ただし，$C_1 = 5.0\,[\text{F}]$，$L_2 = 0.033\,[\text{H}]$，$C_2 = 12\,[\text{F}]$，$L_3 = 0.0556\,[\text{H}]$ である．

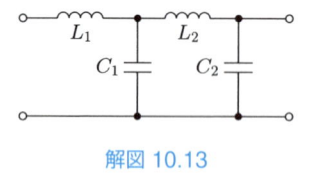

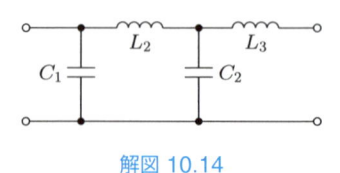

解図 10.13　　　　　　　　　　解図 10.14

第 11 章

11.1 （問図 11.1 の二端子対回路）Z パラメータ：端子 2-2′ を開放する（解図 11.1）．次のようになる．

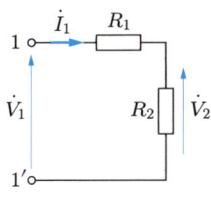

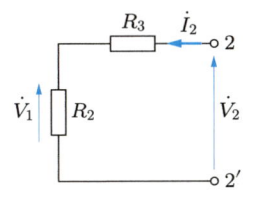

解図 11.1　　　　　　　　　　　解図 11.2

$$\dot{V}_1 = (R_1 + R_2)\dot{I}_1, \quad \dot{V}_2 = R_2 \dot{I}_1$$

$$\dot{Z}_{11} = \left(\frac{\dot{V}_1}{\dot{I}_1}\right)_{\dot{I}_2=0} = R_1 + R_2, \quad \dot{Z}_{21} = \left(\frac{\dot{V}_2}{\dot{I}_1}\right)_{\dot{I}_2=0} = R_2$$

端子 1-1′ を開放する（解図 11.2）．次のようになる．

$$\dot{V}_2 = (R_2 + R_3)\dot{I}_2, \quad \dot{V}_1 = R_2 \dot{I}_2$$

$$\dot{Z}_{12} = \left(\frac{\dot{V}_1}{\dot{I}_2}\right)_{\dot{I}_1=0} = R_2, \quad \dot{Z}_{22} = \left(\frac{\dot{V}_2}{\dot{I}_2}\right)_{\dot{I}_1=0} = R_2 + R_3$$

したがって，Z パラメータは次のようになる．

$$\begin{bmatrix} \dot{Z}_{11} & \dot{Z}_{12} \\ \dot{Z}_{21} & \dot{Z}_{22} \end{bmatrix} = \begin{bmatrix} R_1 + R_2 & R_2 \\ R_2 & R_2 + R_3 \end{bmatrix} = \begin{bmatrix} 3 & 2 \\ 2 & 5 \end{bmatrix}$$

Y パラメータ：端子 2-2′ を短絡する（解図 11.3）．次のようになる．

$$\dot{V}_1 = \left(R_1 + \frac{R_2 R_3}{R_2 + R_3}\right)\dot{I}_1 = \frac{R_1 R_2 + R_2 R_3 + R_3 R_1}{R_2 + R_3}\dot{I}_1$$

分流比より，$\dot{I}_1 = -(R_2 + R_3)\dot{I}_2/R_2$ であるので，次のようになる．

$$\dot{V}_1 = -\frac{R_1 R_2 + R_2 R_3 + R_3 R_1}{R_2 + R_3} \frac{R_2 + R_3}{R_2} \dot{I}_2 = -\frac{R_1 R_2 + R_2 R_3 + R_3 R_1}{R_2}\dot{I}_2$$

$$\dot{Y}_{11} = \left(\frac{\dot{I}_1}{\dot{V}_1}\right)_{\dot{V}_2=0} = \frac{R_2 + R_3}{R_1 R_2 + R_2 R_3 + R_3 R_1},$$

解図 11.3　　　　　　　　　　　解図 11.4

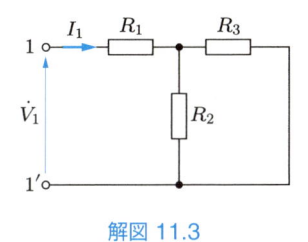

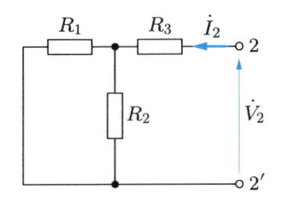

$$\dot{Y}_{21} = \left(\frac{\dot{I}_2}{\dot{V}_1}\right)_{\dot{V}_2=0} = -\frac{R_2}{R_1R_2 + R_2R_3 + R_3R_1}$$

端子 1-1' を探索する (解図 11.4). 次のようになる.

$$\dot{V}_2 = \left(R_3 + \frac{R_1R_2}{R_1+R_2}\right)\dot{I}_2 = \frac{R_1R_2 + R_2R_3 + R_3R_1}{R_1+R_2}\dot{I}_2$$

分流比より,$\dot{I}_2 = -(R_1+R_2)\dot{I}_1/R_2$ であるので,次のようになる.

$$\dot{V}_2 = -\frac{R_1R_2 + R_2R_3 + R_3R_1}{R_1+R_2}\frac{R_1+R_2}{R_2}\dot{I}_1 = -\frac{R_1R_2 + R_2R_3 + R_3R_1}{R_2}\dot{I}_1$$

$$\dot{Y}_{12} = \left(\frac{\dot{I}_1}{\dot{V}_2}\right)_{\dot{V}_1=0} = -\frac{R_2}{R_1R_2 + R_2R_3 + R_3R_1},$$

$$\dot{Y}_{22} = \left(\frac{\dot{I}_2}{\dot{V}_2}\right)_{\dot{V}_1=0} = \frac{R_1+R_2}{R_1R_2 + R_2R_3 + R_3R_1}$$

したがって,Y パラメータは次のようになる.

$$\begin{bmatrix}\dot{Y}_{11} & \dot{Y}_{12} \\ \dot{Y}_{21} & \dot{Y}_{22}\end{bmatrix} = \frac{1}{R_1R_2 + R_2R_3 + R_3R_1}\begin{bmatrix}R_2+R_3 & -R_2 \\ -R_2 & R_1+R_2\end{bmatrix} = \frac{1}{11}\begin{bmatrix}5 & -2 \\ -2 & 3\end{bmatrix}$$

(問図 11.2 の二端子対回路) Z パラメータ:端子 2-2' を開放する (解図 11.5). 次のようになる.

$$\dot{V}_1 = \frac{1}{1/R_1 + 1/(R_2+R_3)}\dot{I}_1 = \frac{R_1(R_2+R_3)}{R_1+R_2+R_3}\dot{I}_1, \quad \dot{V}_2 = \frac{R_3}{R_2+R_3}\dot{V}_1$$

$$\dot{Z}_{11} = \left(\frac{\dot{V}_1}{\dot{I}_1}\right)_{\dot{I}_2=0} = \frac{R_1(R_2+R_3)}{R_1+R_2+R_3}, \quad \dot{Z}_{21} = \left(\frac{\dot{V}_2}{\dot{I}_1}\right)_{\dot{I}_2=0} = \frac{R_1R_3}{R_1+R_2+R_3}$$

端子 1-1' を開放する (解図 11.6). 次のようになる.

$$\dot{V}_2 = \frac{1}{1/R_3 + 1/(R_1+R_2)}\dot{I}_2 = \frac{R_3(R_1+R_2)}{R_1+R_2+R_3}\dot{I}_2, \quad \dot{V}_1 = \frac{R_1}{R_1+R_2}\dot{V}_2$$

$$\dot{Z}_{12} = \left(\frac{\dot{V}_1}{\dot{I}_2}\right)_{\dot{I}_1=0} = \frac{R_1R_3}{R_1+R_2+R_3}, \quad \dot{Z}_{22} = \left(\frac{\dot{V}_2}{\dot{I}_2}\right)_{\dot{I}_1=0} = \frac{R_3(R_1+R_2)}{R_1+R_2+R_3}$$

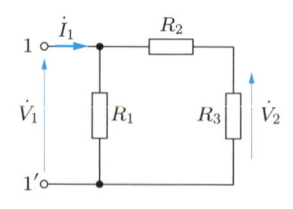

解図 11.5

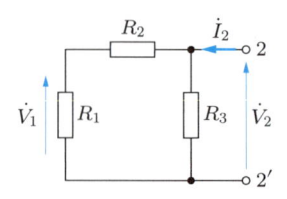

解図 11.6

したがって，Zパラメータは次のようになる．

$$\begin{bmatrix} \dot{Z}_{11} & \dot{Z}_{12} \\ \dot{Z}_{21} & \dot{Z}_{22} \end{bmatrix} = \frac{1}{R_1 + R_2 + R_3} \begin{bmatrix} R_1(R_2 + R_3) & R_1 R_3 \\ R_1 R_3 & R_3(R_1 + R_2) \end{bmatrix} = \frac{1}{6} \begin{bmatrix} 5 & 3 \\ 3 & 9 \end{bmatrix}$$

Yパラメータ：端子 2-2' を短絡する（解図 11.7）．次のようになる．

$$\dot{V}_1 = \frac{R_1 R_2}{R_1 + R_2} \dot{I}_1 = -R_2 \dot{I}_2$$

$$\dot{Y}_{11} = \left(\frac{\dot{I}_1}{\dot{V}_1}\right)_{\dot{V}_2=0} = \frac{R_1 + R_2}{R_1 R_2} = \frac{1}{R_1} + \frac{1}{R_2}, \quad \dot{Y}_{21} = \left(\frac{\dot{I}_2}{\dot{V}_1}\right)_{\dot{V}_2=0} = -\frac{1}{R_2}$$

端子 1-1' を短絡する（解図 11.8）．次のようになる．

$$\dot{V}_2 = \frac{R_2 R_3}{R_2 + R_3} \dot{I}_2 = -R_2 \dot{I}_1$$

$$\dot{Y}_{12} = \left(\frac{\dot{I}_1}{\dot{V}_2}\right)_{\dot{V}_1=0} = -\frac{1}{R_2}, \quad \dot{Y}_{22} = \left(\frac{\dot{I}_2}{\dot{V}_2}\right)_{\dot{V}_1=0} = \frac{R_2 + R_3}{R_2 R_3} = \frac{1}{R_2} + \frac{1}{R_3}$$

したがって，Yパラメータは次のようになる．

$$\begin{bmatrix} \dot{Y}_{11} & \dot{Y}_{12} \\ \dot{Y}_{21} & \dot{Y}_{22} \end{bmatrix} = \begin{bmatrix} 1/R_1 + 1/R_2 & -1/R_2 \\ -1/R_2 & 1/R_2 + 1/R_3 \end{bmatrix} = \frac{1}{6} \begin{bmatrix} 9 & -3 \\ -3 & 5 \end{bmatrix}$$

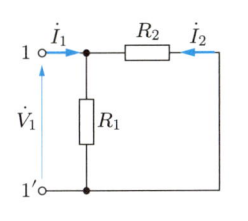

解図 11.7 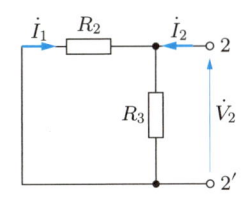　　　　　　　解図 11.8

11.2 Yパラメータは和となるので，問題 11.1 の結果より，次のようになる．

$$\begin{bmatrix} \dot{Y}_{11} & \dot{Y}_{12} \\ \dot{Y}_{21} & \dot{Y}_{22} \end{bmatrix} = \frac{1}{11} \begin{bmatrix} 5+5 & -2-2 \\ -2-2 & 3+3 \end{bmatrix} = \frac{1}{11} \begin{bmatrix} 10 & -4 \\ -4 & 6 \end{bmatrix}$$

11.3 次のようになる．

$$\begin{bmatrix} \dot{Z}_{11} & \dot{Z}_{12} \\ \dot{Z}_{21} & \dot{Z}_{22} \end{bmatrix} = \begin{bmatrix} \dot{Y}_{11} & \dot{Y}_{12} \\ \dot{Y}_{21} & \dot{Y}_{22} \end{bmatrix}^{-1} = \left(\frac{1}{11} \begin{bmatrix} 10 & -4 \\ -4 & 6 \end{bmatrix}\right)^{-1} = \frac{1}{2} \begin{bmatrix} 3 & 2 \\ 2 & 5 \end{bmatrix}$$

11.4 Zパラメータ：端子 2-2' を開放する（解図 11.9）．次のようになる．

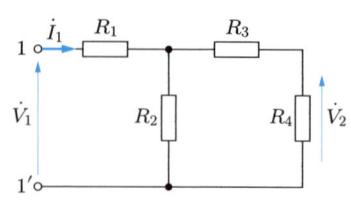

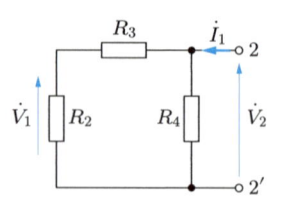

解図 11.9　　　　　　　　　解図 11.10

$$\dot{V}_1 = \left\{ R_1 + \frac{1}{1/R_2 + 1/(R_3 + R_4)} \right\} \dot{I}_1 = \left\{ R_1 + \frac{R_2(R_3 + R_4)}{R_2 + R_3 + R_4} \right\} \dot{I}_1,$$

$$\dot{V}_2 = \frac{R_4}{R_3 + R_4}(\dot{V}_1 - R_1\dot{I}_1) = \frac{R_4}{R_3 + R_4} \frac{R_2(R_3 + R_4)}{R_2 + R_3 + R_4}\dot{I}_1 = \frac{R_2 R_4}{R_2 + R_3 + R_4}\dot{I}_1$$

$$\dot{Z}_{11} = \left(\frac{\dot{V}_1}{\dot{I}_1}\right)_{\dot{I}_2=0} = R_1 + \frac{R_2(R_3 + R_4)}{R_2 + R_3 + R_4}, \quad \dot{Z}_{21} = \left(\frac{\dot{V}_2}{\dot{I}_1}\right)_{\dot{I}_2=0} = \frac{R_2 R_4}{R_2 + R_3 + R_4}$$

端子 1-1' を開放する（解図 11.10）．次のようになる．

$$\dot{V}_2 = \frac{1}{1/R_4 + 1/(R_2 + R_3)}\dot{I}_2 = \frac{R_4(R_2 + R_3)}{R_2 + R_3 + R_4}\dot{I}_2, \quad \dot{V}_1 = \frac{R_2}{R_2 + R_3}\dot{V}_2$$

$$\dot{Z}_{12} = \left(\frac{\dot{V}_1}{\dot{I}_2}\right)_{\dot{I}_1=0} = \frac{R_2 R_4}{R_2 + R_3 + R_4}, \quad \dot{Z}_{22} = \left(\frac{\dot{V}_2}{\dot{I}_2}\right)_{\dot{I}_1=0} = \frac{R_4(R_2 + R_3)}{R_2 + R_3 + R_4}$$

したがって，Z パラメータは次のようになる．

$$\begin{bmatrix} \dot{Z}_{11} & \dot{Z}_{12} \\ \dot{Z}_{21} & \dot{Z}_{22} \end{bmatrix} = \frac{1}{R_2 + R_3 + R_4} \begin{bmatrix} R_1(R_2+R_3+R_4) + R_2(R_3+R_4) & R_2 R_4 \\ R_2 R_4 & R_4(R_2+R_3) \end{bmatrix}$$

$$= \frac{1}{9} \begin{bmatrix} 23 & 8 \\ 8 & 20 \end{bmatrix}$$

Y パラメータ：端子 2-2' を短絡する（解図 11.11）．次のようになる．

$$\dot{V}_1 = \left(R_1 + \frac{R_2 R_3}{R_2 + R_3} \right) \dot{I}_1 = \frac{R_1 R_2 + R_2 R_3 + R_3 R_1}{R_2 + R_3}\dot{I}_1$$

分流比より，$\dot{I}_1 = -(R_2 + R_3)\dot{I}_2/R_2$ であるから，次のようになる．

$$\dot{V}_1 = -\frac{R_1 R_2 + R_2 R_3 + R_3 R_1}{R_2 + R_3} \frac{R_2 + R_3}{R_2}\dot{I}_2 = -\frac{R_1 R_2 + R_2 R_3 + R_3 R_1}{R_2}\dot{I}_2$$

$$\dot{Y}_{11} = \left(\frac{\dot{I}_1}{\dot{V}_1}\right)_{\dot{V}_2=0} = \frac{R_2 + R_3}{R_1 R_2 + R_2 R_3 + R_3 R_1},$$

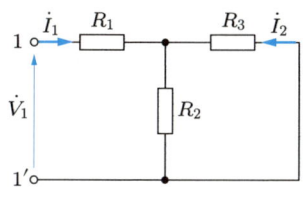

解図 11.11

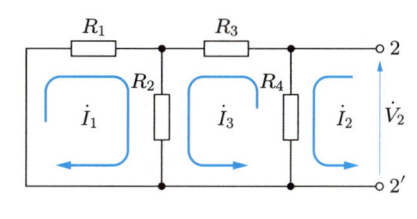

解図 11.12

$$\dot{Y}_{21} = \left(\frac{\dot{I}_2}{\dot{V}_1}\right)_{\dot{V}_2=0} = -\frac{R_2}{R_1R_2 + R_2R_3 + R_3R_1}$$

端子 1-1′ を短絡する（解図 11.12）．次のようになる．

$$\dot{V}_2 = \frac{1}{\dfrac{1}{R_4} + \dfrac{1}{R_3 + R_1R_2/(R_1+R_2)}}\dot{I}_2 = \frac{R_4(R_1R_2 + R_2R_3 + R_3R_1)}{R_1R_2 + R_2R_3 + R_3R_1 + R_1R_4 + R_2R_4}\dot{I}_2$$

解図の三つの閉路について閉路方程式を立てる．

閉路 1：$R_1\dot{I}_1 + R_2(\dot{I}_1 + \dot{I}_3) = 0$

閉路 2：$R_4(\dot{I}_2 - \dot{I}_3) = \dot{V}_2$

閉路 3：$R_2(\dot{I}_1 + \dot{I}_3) + R_3\dot{I}_3 + R_4(\dot{I}_3 - \dot{I}_2) = 0$

これらの連立方程式を解くと，次式を得る．

$$\dot{I}_1 = -\frac{R_2}{R_1R_2 + R_2R_3 + R_3R_1}\dot{V}_2$$

したがって，次のようになる．

$$\dot{Y}_{12} = \left(\frac{\dot{I}_1}{\dot{V}_2}\right)_{\dot{V}_1=0} = -\frac{R_2}{R_1R_2 + R_2R_3 + R_3R_1},$$

$$\dot{Y}_{22} = \left(\frac{\dot{I}_2}{\dot{V}_2}\right)_{\dot{V}_1=0} = \frac{R_1R_2 + R_2R_3 + R_3R_1 + R_1R_4 + R_2R_4}{R_4(R_1R_2 + R_2R_3 + R_3R_1)}$$

$$= \frac{1}{R_4} + \frac{R_1 + R_2}{R_1R_2 + R_2R_3 + R_3R_1}$$

以上より，数値を代入すると次のような Y パラメータを得る．

$$\begin{bmatrix} \dot{Y}_{11} & \dot{Y}_{12} \\ \dot{Y}_{21} & \dot{Y}_{22} \end{bmatrix} = \begin{bmatrix} 5/11 & -2/11 \\ -2/11 & 1/4 + 3/11 \end{bmatrix} = \frac{1}{44}\begin{bmatrix} 20 & -8 \\ -8 & 23 \end{bmatrix}$$

11.5 T 型回路の Z パラメータの公式から次式を得る．

$$\begin{bmatrix} \dot{Z}_{11} & \dot{Z}_{12} \\ \dot{Z}_{21} & \dot{Z}_{22} \end{bmatrix} = \begin{bmatrix} \dot{Z}_1+\dot{Z}_2 & \dot{Z}_2 \\ \dot{Z}_2 & \dot{Z}_2+\dot{Z}_3 \end{bmatrix} = \begin{bmatrix} 2R+j(\omega L-1/\omega C) & R-j1/\omega C \\ R-j1/\omega C & 2R+j(\omega L-1/\omega C) \end{bmatrix}$$

11.6 端子 2-2′ を短絡する（解図 11.13）．次のようになる．

$$\dot{I}_1 = \frac{\dot{V}_1}{1/(\dot{Y}_1+\dot{Y}_2)+1/(\dot{Y}_1+\dot{Y}_2)} = \frac{\dot{Y}_1+\dot{Y}_2}{2}\dot{V}_1,$$

$$\dot{I}_2 = \frac{\dot{Y}_2}{\dot{Y}_1+\dot{Y}_2}\dot{I}_1 - \frac{\dot{Y}_1}{\dot{Y}_1+\dot{Y}_2}\dot{I}_1 = \frac{\dot{Y}_2-\dot{Y}_1}{\dot{Y}_1+\dot{Y}_2}\dot{I}_1$$

$$\dot{Y}_{11} = \left(\frac{\dot{I}_1}{\dot{V}_1}\right)_{\dot{V}_2=0} = \frac{\dot{Y}_1+\dot{Y}_2}{2}, \quad \dot{Y}_{21} = \left(\frac{\dot{I}_2}{\dot{V}_1}\right)_{\dot{V}_2=0} = \frac{\dot{Y}_2-\dot{Y}_1}{2}$$

端子 1-1′ を短絡する（解図 11.14）．次のようになる．

$$\dot{I}_2 = \frac{\dot{V}_2}{1/(\dot{Y}_1+\dot{Y}_2)+1/(\dot{Y}_1+\dot{Y}_2)} = \frac{\dot{Y}_1+\dot{Y}_2}{2}\dot{V}_2,$$

$$\dot{I}_1 = \frac{\dot{Y}_2}{\dot{Y}_1+\dot{Y}_2}\dot{I}_2 - \frac{\dot{Y}_1}{\dot{Y}_1+\dot{Y}_2}\dot{I}_2 = \frac{\dot{Y}_2-\dot{Y}_1}{\dot{Y}_1+\dot{Y}_2}\dot{I}_2$$

$$\dot{Y}_{12} = \left(\frac{\dot{I}_1}{\dot{V}_2}\right)_{\dot{V}_1=0} = \frac{\dot{Y}_2-\dot{Y}_1}{2}, \quad \dot{Y}_{22} = \left(\frac{\dot{I}_2}{\dot{V}_2}\right)_{\dot{V}_1=0} = \frac{\dot{Y}_1+\dot{Y}_2}{2}$$

したがって，Y パラメータは次のようになる．

$$\begin{bmatrix} \dot{Y}_{11} & \dot{Y}_{12} \\ \dot{Y}_{21} & \dot{Y}_{22} \end{bmatrix} = \frac{1}{2}\begin{bmatrix} \dot{Y}_1+\dot{Y}_2 & \dot{Y}_2-\dot{Y}_1 \\ \dot{Y}_2-\dot{Y}_1 & \dot{Y}_1+\dot{Y}_2 \end{bmatrix}$$

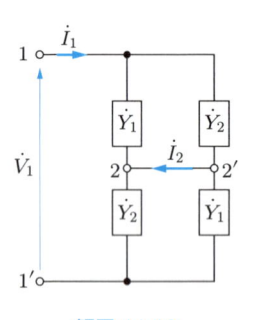

解図 11.13

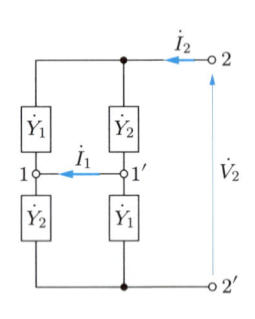

解図 11.14

11.7 端子 2-2′ を開放する（解図 11.15）．次のようになる．

$$\dot{V}_2 = \dot{Z}_2\dot{I}_1 = \dot{V}_1, \quad \dot{A} = \left(\frac{\dot{V}_1}{\dot{V}_2}\right)_{\dot{I}_2=0} = 1, \quad \dot{C} = \left(\frac{\dot{I}_1}{\dot{V}_2}\right)_{\dot{I}_2=0} = \frac{1}{\dot{Z}_2}$$

端子 2-2′ を短絡する（解図 11.16）．次のようになる．

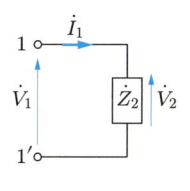

解図 11.15

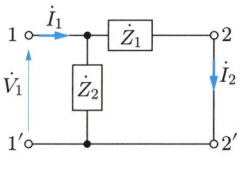

解図 11.16

$$\dot{V}_1 = \frac{\dot{Z}_1 \dot{Z}_2}{\dot{Z}_1 + \dot{Z}_2} \dot{I}_1, \quad \dot{I}_2 = \frac{\dot{Z}_2}{\dot{Z}_1 + \dot{Z}_2} \dot{I}_1$$

$$\dot{B} = \left(\frac{\dot{V}_1}{\dot{I}_2}\right)_{\dot{V}_2 = 0} = \dot{Z}_1, \quad \dot{D} = \left(\frac{\dot{I}_1}{\dot{I}_2}\right)_{\dot{V}_2 = 0} = \frac{\dot{Z}_1 + \dot{Z}_2}{\dot{Z}_2}$$

したがって，F パラメータは次のようになる．

$$\begin{bmatrix} \dot{A} & \dot{B} \\ \dot{C} & \dot{D} \end{bmatrix} = \begin{bmatrix} 1 & \dot{Z}_1 \\ 1/\dot{Z}_2 & 1 + \dot{Z}_1/\dot{Z}_2 \end{bmatrix}$$

11.8 端子 2-2′ を開放する（解図 11.17）．次のようになる．

$$\dot{V}_2 = \frac{\dot{Z}_2}{\dot{Z}_1 + \dot{Z}_2} \dot{V}_1 = \dot{Z}_2 \dot{I}_1, \quad \dot{A} = \left(\frac{\dot{V}_1}{\dot{V}_2}\right)_{\dot{I}_2 = 0} = \frac{\dot{Z}_1 + \dot{Z}_2}{\dot{Z}_2}, \quad \dot{C} = \left(\frac{\dot{I}_1}{\dot{V}_2}\right)_{\dot{I}_2 = 0} = \frac{1}{\dot{Z}_2}$$

端子 2-2′ を短絡する（解図 11.18）．次のようになる．

$$\dot{V}_1 = \left(\dot{Z}_1 + \frac{\dot{Z}_2 \dot{Z}_3}{\dot{Z}_2 + \dot{Z}_3}\right) \dot{I}_1, \quad \dot{I}_2 = \frac{\dot{Z}_2}{\dot{Z}_2 + \dot{Z}_3} \dot{I}_1$$

$$\dot{D} = \left(\frac{\dot{I}_1}{\dot{I}_2}\right)_{\dot{V}_2 = 0} = \frac{\dot{Z}_2 + \dot{Z}_3}{\dot{Z}_2}, \quad \dot{B} = \left(\frac{\dot{V}_1}{\dot{I}_2}\right)_{\dot{V}_2 = 0} = \frac{\dot{I}_1}{\dot{I}_2}\frac{\dot{V}_1}{\dot{I}_1} = \dot{Z}_1 + \frac{\dot{Z}_1 \dot{Z}_3}{\dot{Z}_2} + \dot{Z}_3$$

したがって，F パラメータは次のようになる．

$$\begin{bmatrix} \dot{A} & \dot{B} \\ \dot{C} & \dot{D} \end{bmatrix} = \begin{bmatrix} 1 + \dot{Z}_1/\dot{Z}_2 & \dot{Z}_1 + \dot{Z}_1 \dot{Z}_3/\dot{Z}_2 + \dot{Z}_3 \\ 1/\dot{Z}_2 & 1 + \dot{Z}_3/\dot{Z}_2 \end{bmatrix}$$

例題 11.1 と 11.2 の回路の縦続接続として求めると次式となり，一致する．

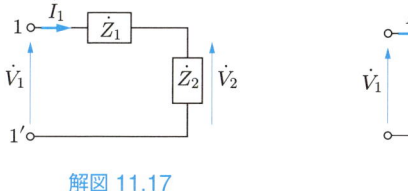

解図 11.17

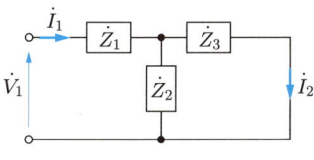

解図 11.18

$$\begin{bmatrix} 1 & \dot{Z}_1 \\ 0 & 1 \end{bmatrix} \begin{bmatrix} 1 & 0 \\ 1/\dot{Z}_2 & 1 \end{bmatrix} \begin{bmatrix} 1 & \dot{Z}_3 \\ 0 & 1 \end{bmatrix} = \begin{bmatrix} 1 + \dot{Z}_1/\dot{Z}_2 & \dot{Z}_1 + \dot{Z}_1\dot{Z}_3/\dot{Z}_2 + \dot{Z}_3 \\ 1/\dot{Z}_2 & 1 + \dot{Z}_3/\dot{Z}_2 \end{bmatrix}$$

11.9 端子 2-2′ を開放する（解図 11.19）．次のようになる．

$$\dot{V}_2 = \frac{\dot{Z}_3}{\dot{Z}_1 + \dot{Z}_3}\dot{V}_1, \quad \dot{V}_1 = \frac{\dot{Z}_2(\dot{Z}_1 + \dot{Z}_3)}{\dot{Z}_1 + \dot{Z}_2 + \dot{Z}_3}\dot{I}_1$$

$$\dot{A} = \left(\frac{\dot{V}_1}{\dot{V}_2}\right)_{\dot{I}_2=0} = 1 + \frac{\dot{Z}_1}{\dot{Z}_3}, \quad \dot{C} = \left(\frac{\dot{I}_1}{\dot{V}_2}\right)_{\dot{I}_2=0} = \frac{\dot{V}_1}{\dot{V}_2}\frac{\dot{I}_1}{\dot{V}_1} = \frac{\dot{Z}_1 + \dot{Z}_2 + \dot{Z}_3}{\dot{Z}_2\dot{Z}_3}$$

端子 2-2′ を短絡する（解図 11.20）．次のようになる．

$$\dot{V}_1 = \dot{Z}_1\dot{I}_2, \quad \dot{I}_2 = \frac{\dot{Z}_2}{\dot{Z}_1 + \dot{Z}_2}\dot{I}_1$$

$$\dot{B} = \left(\frac{\dot{V}_1}{\dot{I}_2}\right)_{\dot{V}_2=0} = \dot{Z}_1, \quad \dot{D} = \left(\frac{\dot{I}_1}{\dot{I}_2}\right)_{\dot{V}_2=0} = 1 + \frac{\dot{Z}_1}{\dot{Z}_2}$$

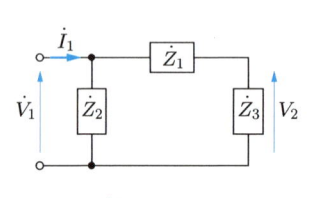

解図 11.19

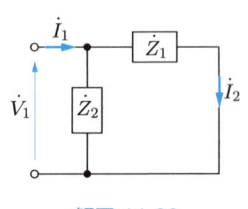

解図 11.20

したがって，F パラメータは次のようになる．

$$\begin{bmatrix} \dot{A} & \dot{B} \\ \dot{C} & \dot{D} \end{bmatrix} = \begin{bmatrix} 1 + \dot{Z}_1/\dot{Z}_3 & \dot{Z}_1 \\ (\dot{Z}_1 + \dot{Z}_2 + \dot{Z}_3)/\dot{Z}_2\dot{Z}_3 & 1 + \dot{Z}_1/\dot{Z}_2 \end{bmatrix}$$

例題 11.1 と 11.2 の回路の縦続接続として求めると次式となり，一致する．

$$\begin{bmatrix} 1 & 0 \\ 1/\dot{Z}_2 & 1 \end{bmatrix} \begin{bmatrix} 1 & \dot{Z}_1 \\ 0 & 1 \end{bmatrix} \begin{bmatrix} 1 & 0 \\ 1/\dot{Z}_3 & 1 \end{bmatrix} = \begin{bmatrix} 1 + \dot{Z}_1/\dot{Z}_3 & \dot{Z}_1 \\ (\dot{Z}_1 + \dot{Z}_2 + \dot{Z}_3)/\dot{Z}_2\dot{Z}_3 & 1 + \dot{Z}_1/\dot{Z}_2 \end{bmatrix}$$

11.10 端子 2-2′ を開放する（解図 11.21）．次のようになる．

$$\dot{V}_1 = \frac{(\dot{Z}_1 + \dot{Z}_3)(\dot{Z}_2 + \dot{Z}_4)}{\dot{Z}_1 + \dot{Z}_2 + \dot{Z}_3 + \dot{Z}_4}\dot{I}_1,$$

$$\dot{V}_2 = \frac{\dot{Z}_3}{\dot{Z}_1 + \dot{Z}_3}\dot{V}_1 - \frac{\dot{Z}_4}{\dot{Z}_2 + \dot{Z}_4}\dot{V}_1 = \left(\frac{\dot{Z}_3}{\dot{Z}_1 + \dot{Z}_3} - \frac{\dot{Z}_4}{\dot{Z}_2 + \dot{Z}_4}\right)\dot{V}_1$$

$$\dot{A} = \left(\frac{\dot{V}_1}{\dot{V}_2}\right)_{\dot{I}_2=0} = \frac{(\dot{Z}_1 + \dot{Z}_3)(\dot{Z}_2 + \dot{Z}_4)}{\dot{Z}_2\dot{Z}_3 - \dot{Z}_4\dot{Z}_1},$$

解図 11.21   解図 11.22

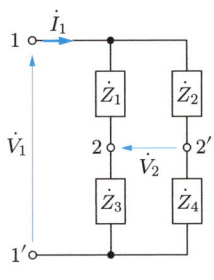

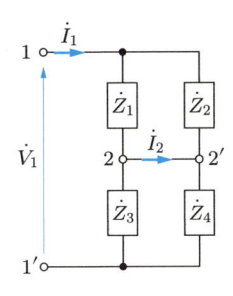

$$\dot{C} = \left(\frac{\dot{I}_1}{\dot{V}_2}\right)_{\dot{I}_2=0} = \frac{\dot{V}_1}{\dot{V}_2}\frac{\dot{I}_1}{\dot{V}_1} = \frac{\dot{Z}_1 + \dot{Z}_2 + \dot{Z}_3 + \dot{Z}_4}{\dot{Z}_2\dot{Z}_3 - \dot{Z}_4\dot{Z}_1}$$

端子 2-2′ を短絡する（解図 11.22）. 次のようになる.

$$\dot{V}_1 = \left(\frac{\dot{Z}_1\dot{Z}_2}{\dot{Z}_1+\dot{Z}_2} + \frac{\dot{Z}_3\dot{Z}_4}{\dot{Z}_3+\dot{Z}_4}\right)\dot{I}_1, \quad \dot{I}_2 = \left(\frac{\dot{Z}_2}{\dot{Z}_1+\dot{Z}_2} - \frac{\dot{Z}_4}{\dot{Z}_3+\dot{Z}_4}\right)\dot{I}_1$$

$$\dot{D} = \left(\frac{\dot{I}_1}{\dot{I}_2}\right)_{\dot{V}_2=0} = \frac{(\dot{Z}_1+\dot{Z}_2)(\dot{Z}_3+\dot{Z}_4)}{\dot{Z}_2\dot{Z}_3 - \dot{Z}_4\dot{Z}_1},$$

$$\dot{B} = \left(\frac{\dot{V}_1}{\dot{I}_2}\right)_{\dot{V}_2=0} = \frac{\dot{I}_1}{\dot{I}_2}\frac{\dot{V}_1}{\dot{I}_1} = \frac{\dot{Z}_1\dot{Z}_2(\dot{Z}_3+\dot{Z}_4) + \dot{Z}_3\dot{Z}_4(\dot{Z}_1+\dot{Z}_2)}{\dot{Z}_2\dot{Z}_3 - \dot{Z}_4\dot{Z}_1}$$

したがって，F パラメータは次のようになる.

$$\begin{bmatrix}\dot{A} & \dot{B}\\ \dot{C} & \dot{D}\end{bmatrix} = \frac{1}{\dot{Z}_2\dot{Z}_3 - \dot{Z}_4\dot{Z}_1}\begin{bmatrix}(\dot{Z}_1+\dot{Z}_3)(\dot{Z}_2+\dot{Z}_4) & \dot{Z}_1\dot{Z}_2(\dot{Z}_3+\dot{Z}_4)+\dot{Z}_3\dot{Z}_4(\dot{Z}_1+\dot{Z}_2)\\ \dot{Z}_1+\dot{Z}_2+\dot{Z}_3+\dot{Z}_4 & (\dot{Z}_1+\dot{Z}_2)(\dot{Z}_3+\dot{Z}_4)\end{bmatrix}$$

11.11 次のようになる.

$$\begin{bmatrix}\dot{A} & \dot{B}\\ \dot{C} & \dot{D}\end{bmatrix} = \frac{1}{2}\begin{bmatrix}3 & 11\\ 1 & 5\end{bmatrix}, \quad \begin{bmatrix}\dot{Z}_{11} & \dot{Z}_{12}\\ \dot{Z}_{21} & \dot{Z}_{22}\end{bmatrix} = \frac{1}{\dot{C}}\begin{bmatrix}\dot{A} & \dot{A}\dot{D}-\dot{B}\dot{C}\\ 1 & \dot{D}\end{bmatrix} = \begin{bmatrix}3 & 2\\ 2 & 5\end{bmatrix},$$

$$\begin{bmatrix}\dot{Y}_{11} & \dot{Y}_{12}\\ \dot{Y}_{21} & \dot{Y}_{22}\end{bmatrix} = \frac{1}{\dot{B}}\begin{bmatrix}\dot{D} & \dot{B}\dot{C}-\dot{A}\dot{D}\\ -1 & \dot{A}\end{bmatrix} = \frac{1}{11}\begin{bmatrix}5 & -2\\ -2 & 3\end{bmatrix},$$

$$\begin{bmatrix}\dot{H}_{11} & \dot{H}_{12}\\ \dot{H}_{21} & \dot{H}_{22}\end{bmatrix} = \frac{1}{\dot{D}}\begin{bmatrix}\dot{B} & \dot{A}\dot{D}-\dot{B}\dot{C}\\ -1 & \dot{C}\end{bmatrix} = \frac{1}{5}\begin{bmatrix}11 & 2\\ -2 & 1\end{bmatrix}$$

11.12 次のようになる.

$$\begin{bmatrix}\dot{A} & \dot{B}\\ \dot{C} & \dot{D}\end{bmatrix} = \begin{bmatrix}4/3 & 1\\ 1 & 3/2\end{bmatrix}, \quad \begin{bmatrix}\dot{Z}_{11} & \dot{Z}_{12}\\ \dot{Z}_{21} & \dot{Z}_{22}\end{bmatrix} = \frac{1}{\dot{C}}\begin{bmatrix}\dot{A} & \dot{A}\dot{D}-\dot{B}\dot{C}\\ 1 & \dot{D}\end{bmatrix} = \begin{bmatrix}4/3 & 1\\ 1 & 3/2\end{bmatrix},$$

$$\begin{bmatrix} \dot{Y}_{11} & \dot{Y}_{12} \\ \dot{Y}_{21} & \dot{Y}_{22} \end{bmatrix} = \frac{1}{\dot{B}} \begin{bmatrix} \dot{D} & \dot{B}\dot{C} - \dot{A}\dot{D} \\ -1 & \dot{A} \end{bmatrix} = \begin{bmatrix} 3/2 & -1 \\ -1 & 4/3 \end{bmatrix},$$

$$\begin{bmatrix} \dot{H}_{11} & \dot{H}_{12} \\ \dot{H}_{21} & \dot{H}_{22} \end{bmatrix} = \frac{1}{\dot{D}} \begin{bmatrix} \dot{B} & \dot{A}\dot{D} - \dot{B}\dot{C} \\ -1 & \dot{C} \end{bmatrix} = \frac{2}{3} \begin{bmatrix} 1 & 1 \\ -1 & 1 \end{bmatrix}$$

11.13 次のようになる．

$$\begin{bmatrix} \dot{A} & \dot{B} \\ \dot{C} & \dot{D} \end{bmatrix} = \begin{bmatrix} 1 & \dot{Z}_1 \\ 0 & 1 \end{bmatrix}, \quad \begin{bmatrix} \dot{Y}_{11} & \dot{Y}_{12} \\ \dot{Y}_{21} & \dot{Y}_{22} \end{bmatrix} = \frac{1}{\dot{Z}_1} \begin{bmatrix} \dot{D} & \dot{B}\dot{C} - \dot{A}\dot{D} \\ -1 & \dot{A} \end{bmatrix} = \frac{1}{\dot{Z}_1} \begin{bmatrix} 1 & -1 \\ -1 & 1 \end{bmatrix}$$

11.14 問題 11.11 および 11.13 の結果より，次のようになる．

$$\begin{bmatrix} \dot{Y}_{11} & \dot{Y}_{12} \\ \dot{Y}_{21} & \dot{Y}_{22} \end{bmatrix} = \frac{1}{11} \begin{bmatrix} 5 & -2 \\ -2 & 3 \end{bmatrix} + \frac{1}{4} \begin{bmatrix} 1 & -1 \\ -1 & 1 \end{bmatrix} = \frac{1}{44} \begin{bmatrix} 31 & -19 \\ -19 & 23 \end{bmatrix},$$

$$\begin{bmatrix} \dot{A} & \dot{B} \\ \dot{C} & \dot{D} \end{bmatrix} = \frac{1}{\dot{Y}_{21}} \begin{bmatrix} -\dot{Y}_{22} & -1 \\ -\dot{Y}_{11}\dot{Y}_{22} + \dot{Y}_{12}\dot{Y}_{21} & -\dot{Y}_{11} \end{bmatrix} = \frac{1}{19} \begin{bmatrix} 23 & 44 \\ 8 & 31 \end{bmatrix}$$

11.15 端子 2-2′ の電圧 $\dot{V}_2$ を求める．$\dot{I}_2 = 0$ を式 (11.7) に代入して，$\dot{V}_1 = \dot{A}\dot{V}_2$，$\dot{I}_1 = \dot{C}\dot{V}_2$ を得る．$\dot{V}_1$ と $\dot{I}_1$ には $\dot{V}_1 = \dot{E} - \dot{Z}_0\dot{I}_1 = \dot{E} - \dot{Z}_0\dot{C}\dot{V}_2 = \dot{A}\dot{V}_2$ の関係があるので，次式を得る．

$$\dot{E} = (\dot{A} + \dot{Z}_0\dot{C})\dot{V}_2 \quad \therefore \quad \dot{V}_2 = \frac{\dot{E}}{\dot{A} + \dot{Z}_0\dot{C}}$$

電源を取り外して短絡したときの端子 2-2′ から左を見たインピーダンス $\dot{Z}$，すなわち，$\dot{E} = 0$ のときの $\dot{Z} = -\dot{V}_2/\dot{I}_2$ を求める．

$$\dot{V}_1 = -\dot{Z}_0\dot{I}_1 \Rightarrow \dot{A}\dot{V}_2 + \dot{B}\dot{I}_2 = -\dot{Z}_0(\dot{C}\dot{V}_2 + \dot{D}\dot{I}_2)$$

$$\therefore \quad (\dot{A} + \dot{Z}_0\dot{C})\dot{V}_2 = (-\dot{D}\dot{Z}_0 - \dot{B})\dot{I}_2$$

したがって，インピーダンス $\dot{Z} = -\dot{V}_2/\dot{I}_2 = (\dot{B} + \dot{Z}_0\dot{D})/(\dot{A} + \dot{Z}_0\dot{C})$ となる．テブナンの等価回路を解図 11.23 に示す．

11.16 端子 2-2′ において，$\dot{V}_2 = \dot{E} - \dot{Z}_0\dot{I}_2$ の関係がある．$\dot{I}_1 = 0$ のときの $\dot{V}_1$ を求める．式 (11.1) に $\dot{I}_1 = 0$ を代入して，$\dot{V}_1 = \dot{Z}_{12}\dot{I}_2$，$\dot{V}_2 = \dot{Z}_{22}\dot{I}_2$ を得る．よって，次のようになる．

$$\dot{E} - \dot{Z}_0\dot{I}_2 = \dot{Z}_{22}\dot{I}_2 \quad \therefore \quad \dot{E} = (\dot{Z}_{22} + \dot{Z}_0)\dot{I}_2$$

したがって，$\dot{V}_1 = \dot{Z}_{12}\dot{E}/(\dot{Z}_0 + \dot{Z}_{22})$ となる．

次に，電源を取り外して短絡したときの端子 1-1′ から左を見たインピーダンス $\dot{Z}$ を求める．$\dot{E} = 0$ のときの $\dot{Z} = \dot{V}_1/\dot{I}_1$ を求める．$\dot{V}_1$，$\dot{I}_1$，$\dot{V}_2$，$\dot{I}_2$ の関係から，次式を得る．

$$\dot{V}_2 = \dot{Z}_{21}\dot{I}_1 + \dot{Z}_{22}\dot{I}_2 = -\dot{Z}_0\dot{I}_2 \quad \therefore \quad \dot{I}_2 = -\frac{\dot{Z}_{21}}{\dot{Z}_0 + \dot{Z}_{22}}\dot{I}_1$$

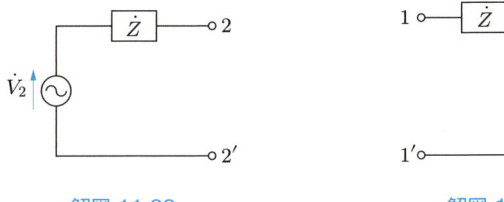

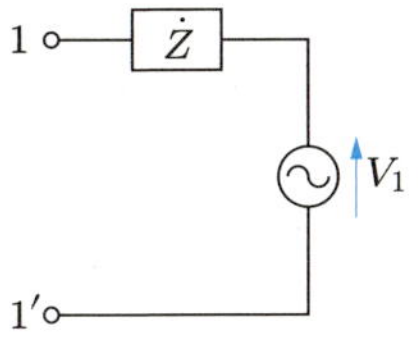

解図 11.23   解図 11.24

$$\dot{V}_1 = \dot{Z}_{11}\dot{I}_1 + \dot{Z}_{12}\dot{I}_2 = \dot{Z}_{11}\dot{I}_1 - \frac{\dot{Z}_{21}\dot{Z}_{12}}{\dot{Z}_0 + \dot{Z}_{22}}\dot{I}_1$$

したがって，インピーダンス $\dot{Z} = \dot{V}_1/\dot{I}_1 = \dot{Z}_{11} - \dot{Z}_{21}\dot{Z}_{12}/(\dot{Z}_0 + \dot{Z}_{22})$ となる．テブナンの等価回路を解図 11.24 に示す．

第 12 章

12.1 (1) 解図 12.1 となる．$f(t)$ は奇関数であるので，式 (12.14) より，$T=1$ として次のようになる．

$$a_0 = 0, \quad a_n = 0$$

$$b_n = 4\int_0^{1/2} \sin 2\pi nt\, \mathrm{d}t = 4\left[\frac{-1}{2\pi n}\cos 2\pi nt\right]_0^{1/2} = \frac{2}{\pi n}(-\cos \pi n + 1)$$

$$= \begin{cases} \dfrac{4}{\pi n} & (n = 2m-1) \\ 0 & (n = 2m) \end{cases} \quad (m = 1, 2, 3, \cdots)$$

したがって，$f(t)$ は次式のように三角フーリエ級数展開される．

$$f(t) = \sum_{n=1}^{\infty} b_n \sin 2\pi nt = \frac{4}{\pi}\sum_{m=1}^{\infty}\frac{1}{2m-1}\sin 2\pi(2m-1)t$$

(2) 解図 12.2 となる．$f(t)$ は偶関数であるので，式 (12.13) より，$T=1$ として次のようになる．

$$a_0 = 2\int_0^{1/2}(1-2t)\mathrm{d}t = 2[t - t^2]_0^{1/2} = \frac{1}{2}$$

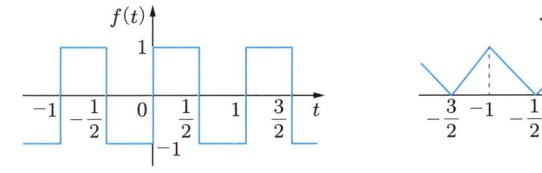

解図 12.1 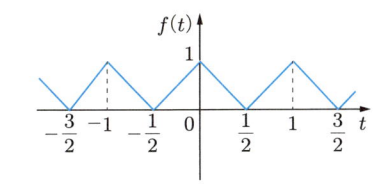   解図 12.2

$$a_n = 4\int_0^{1/2}(1-2t)\cos 2\pi nt\,dt = \frac{2}{\pi^2 n^2}(1-\cos\pi n)$$

$$= \begin{cases}\dfrac{4}{\pi^2 n^2} & (n=2m-1)\\ 0 & (n=2m)\end{cases} \quad (m=1,2,3,\cdots)$$

$$b_n = 0$$

したがって，$f(t)$ は次式のように三角フーリエ級数展開される．

$$f(t) = a_0 + \sum_{n=1}^{\infty} a_n \cos 2\pi nt = \frac{1}{2} + \frac{4}{\pi^2}\sum_{m=1}^{\infty}\frac{1}{(2m-1)^2}\cos 2\pi(2m-1)t$$

(3) 解図 12.3 となる．式 (12.3), (12.4) より，$T=1$ として，次のようになる．

$$a_0 = \int_0^{1/2}\sin 2\pi t\,dt = \left[-\frac{\cos 2\pi t}{2\pi}\right]_0^{1/2} = \frac{1}{\pi},$$

$$a_n = 2\int_0^{1/2}\sin 2\pi t\cos 2\pi nt\,dt = \int_0^{1/2}\{\sin 2\pi(1+n)t + \sin 2\pi(1-n)t\}\,dt$$

$n>1$ のとき，

$$a_n = \left[-\frac{\cos 2\pi(1+n)t}{2\pi(1+n)} - \frac{\cos 2\pi(1-n)t}{2\pi(1-n)}\right]_0^{1/2}$$

$$= -\frac{\cos\pi(1+n)-1}{2\pi(1+n)} - \frac{\cos\pi(1-n)-1}{2\pi(1-n)} = \frac{(-1)^n+1}{\pi(1-n^2)}$$

である．$n=1$ のとき，$a_1 = \int_0^{1/2}\sin 4\pi t\,dt = 0$ である．また，式 (12.5) より，

$$b_n = 2\int_0^{1/2}\sin 2\pi t\sin 2\pi nt\,dt = \int_0^{1/2}\{\cos 2\pi(1-n)t - \cos 2\pi(1+n)t\}\,dt$$

である．$n>1$ のとき，

$$b_n = \left[\frac{\sin 2\pi(1-n)t}{2\pi(1-n)} - \frac{\sin 2\pi(1+n)t}{2\pi(1+n)}\right]_0^{1/2} = \frac{\sin\pi(1-n)}{2\pi(1-n)} - \frac{\sin\pi(1+n)}{2\pi(1+n)} = 0$$

である．$n=1$ のとき，$b_1 = \int_0^{1/2}(1-\cos 4\pi t)dt = 1/2$ となる．したがって，$f(t)$ は次式のように三角フーリエ級数展開される．

$$f(t) = a_0 + \sum_{n=1}^{\infty}(a_n\cos 2\pi nt + b_n\sin 2\pi nt)$$

$$= \frac{1}{\pi} + \frac{1}{2}\sin 2\pi t + \frac{1}{\pi}\sum_{n=2}^{\infty}\frac{(-1)^n+1}{1-n^2}\cos 2\pi nt$$

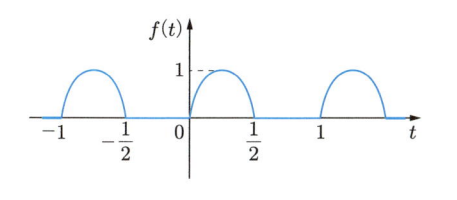

解図 12.3 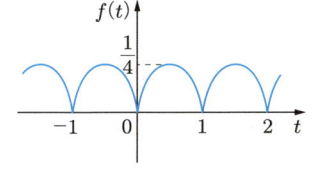　　　　　　　　　　　解図 12.4

(4) 解図 12.4 となる．$f(t)$ は偶関数であるので，式 (12.13) より，$T=1$ として次のようになる．

$$a_0 = 2\int_0^{1/2}(t-t^2)\mathrm{d}t = 2\left[\frac{1}{2}t^2 - \frac{1}{3}t^3\right]_0^{1/2} = \frac{1}{6},$$

$$\begin{aligned}
a_n &= 4\int_0^{1/2}(t-t^2)\cos 2\pi nt\,\mathrm{d}t \\
&= 4\left[(t-t^2)\frac{\sin 2\pi nt}{2\pi n}\right]_0^{1/2} - 4\int_0^{1/2}(1-2t)\frac{\sin 2\pi nt}{2\pi n}\mathrm{d}t \\
&= -\frac{4}{2\pi n}\left[(1-2t)\frac{-\cos 2\pi nt}{2\pi n}\right]_0^{1/2} + \frac{4}{2\pi n}\int_0^{1/2}(-2)\frac{-\cos 2\pi nt}{2\pi n}\mathrm{d}t \\
&= -\frac{1}{\pi^2 n^2} + \frac{2}{\pi^2 n^2}\int_0^{1/2}\cos 2\pi nt\,\mathrm{d}t \\
&= -\frac{1}{\pi^2 n^2} + \frac{2}{\pi^2 n^2}\left[\frac{\sin 2\pi nt}{2\pi n}\right]_0^{1/2} = -\frac{1}{\pi^2 n^2},
\end{aligned}$$

$$b_n = 0$$

したがって，$f(t)$ は次式のように三角フーリエ級数展開される．

$$f(t) = a_0 + \sum_{n=1}^{\infty}a_n\cos 2\pi nt = \frac{1}{6} - \frac{1}{\pi^2}\sum_{n=1}^{\infty}\frac{1}{n^2}\cos 2\pi nt$$

(5) 解図 12.5 となる．式 (12.3), (12.4) より，$T=3$ として次のようになる．

$$a_0 = \frac{1}{3}\int_0^1 \mathrm{d}t = \frac{1}{3}[t]_0^1 = \frac{1}{3}$$

$$\begin{aligned}
a_n &= \frac{2}{3}\int_0^1 \cos\frac{2\pi n}{3}t\,\mathrm{d}t = \frac{2}{3}\left[\frac{3}{2\pi n}\sin\frac{2\pi n}{3}t\right]_0^1 = \frac{1}{\pi n}\sin\frac{2\pi n}{3} \\
&= \begin{cases} 0 & (n=3m) \\ -\dfrac{\sqrt{3}}{2}\dfrac{1}{\pi n} & (n=3m-1) \\ \dfrac{\sqrt{3}}{2}\dfrac{1}{\pi n} & (n=3m-2) \end{cases}
\end{aligned}$$

解図 12.5

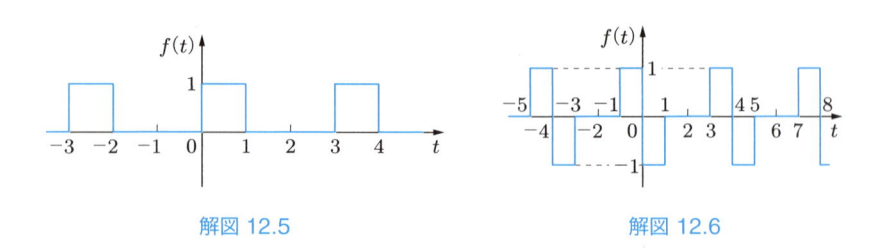

解図 12.6

$$b_n = \frac{2}{3}\int_0^1 \sin\frac{2\pi n}{3}t\,dt$$

$$= \frac{2}{3}\frac{3}{2\pi n}\left[-\cos\frac{2\pi n}{3}t\right]_0^1 = -\frac{1}{\pi n}\left(\cos\frac{2\pi n}{3} - 1\right)$$

$$= \begin{cases} 0 & (n=3m) \\ \dfrac{3}{2\pi n} & (n=3m-1, 3m-2) \end{cases}$$

したがって，$f(t)$ は次式のように三角フーリエ級数展開される．

$$f(t) = a_0 + \sum_{n=1}^{\infty}(a_n\cos 2\pi nt + b_n\sin 2\pi nt)$$

$$= \frac{1}{3} + \frac{1}{2\pi}\sum_{m=1}^{\infty}\left[\sqrt{3}\left\{-\frac{\cos 2\pi(3m-1)t}{3m-1} + \frac{\cos 2\pi(3m-2)t}{3m-2}\right\}\right.$$

$$\left. + 3\left\{\frac{\sin 2\pi(3m-1)t}{3m-1} + \frac{\sin 2\pi(3m-2)t}{3m-2}\right\}\right]$$

(6) 解図 12.6 となる．$f(t)$ は奇関数であるので，式 (12.14) より，$T=4$ として次のようになる．

$$a_0 = 0, \quad a_n = 0$$

$$b_n = -\int_0^1 \sin\frac{2\pi n}{4}t\,dt = \left[\frac{2}{\pi n}\cos\frac{\pi n}{2}t\right]_0^1 = \frac{2}{\pi n}\left(\cos\frac{\pi n}{2} - 1\right)$$

$$= \begin{cases} 0 & (n=4m) \\ -\dfrac{2}{\pi n} & (n=4m-1,\ 4m-3) \\ -\dfrac{4}{\pi n} & (n=4m-2) \end{cases}$$

したがって，$f(t)$ は次式のように三角フーリエ級数展開される．

$$f(t) = \sum_{n=1}^{\infty} b_n \sin 2\pi nt$$

$$= -\frac{2}{\pi} \sum_{m=1}^{\infty} \left\{ \frac{\sin 2\pi(4m-1)t}{4m-1} + \frac{\sin 2\pi(4m-3)t}{4m-3} + \frac{2\sin 2\pi(4m-2)t}{4m-2} \right\}$$

$$= -\frac{2}{\pi} \sum_{m=1}^{\infty} \left\{ \frac{\sin 2\pi(4m-1)t}{4m-1} + \frac{\sin 2\pi(4m-3)t}{4m-3} + \frac{\sin 2\pi(4m-2)t}{2m-1} \right\}$$

12.2 (1) 解図 12.7 となる. 式 (12.16) より, $T=1$ として次のようになる.

$$c_n = \int_0^{1/2} e^{-j2\pi nt} \mathrm{d}t + \int_{1/2}^1 (-1) e^{-j2\pi nt} \mathrm{d}t$$

$n=0$ のとき, $c_0 = \int_0^{1/2} \mathrm{d}t - \int_{1/2}^1 \mathrm{d}t = 0$ であり, $n \neq 0$ のとき,

$$c_n = \left[-\frac{1}{j2\pi n} e^{-j2\pi nt} \right]_0^{1/2} - \left[-\frac{1}{j2\pi n} e^{-j2\pi nt} \right]_{1/2}^1 = \frac{1}{j\pi n} \left(1 - e^{j\pi n} \right)$$

$$= \frac{1}{j\pi n} \{1 - (-1)^n\} = \begin{cases} 0 & (n = 2m) \\ -j\dfrac{2}{\pi n} & (n = 2m-1) \end{cases} \quad (m: 整数)$$

となる. したがって, $f(t)$ は次のように複素フーリエ級数展開される.

$$f(t) = -j\frac{2}{\pi} \sum_{m=-\infty}^{\infty} \frac{1}{2m-1} e^{j2\pi(2m-1)t}$$

(2) 解図 12.8 となる. 式 (12.16) より, $T=1$ として次のようになる.

$$c_n = \int_{-1/2}^0 (2t+1) e^{-j2\pi nt} \mathrm{d}t + \int_0^{1/2} (1-2t) e^{-j2\pi nt} \mathrm{d}t$$

$n=0$ のとき, $c_0 = \int_{-1/2}^0 (2t+1) \mathrm{d}t + \int_0^{1/2} (1-2t) \mathrm{d}t = 1/2$ である. $n \neq 0$ のとき,

$$c_n = \frac{1}{\pi^2 n^2} \left\{ 1 - \frac{1}{2} \left(e^{j\pi n} + e^{-j\pi n} \right) \right\} = \frac{1}{\pi^2 n^2} \{1 - (-1)^n\}$$

$$= \begin{cases} 0 & (n = 2m) \\ \dfrac{2}{\pi^2 n^2} & (n = 2m-1) \end{cases} \quad (m: 整数)$$

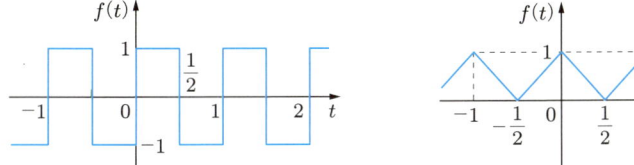

解図 12.7

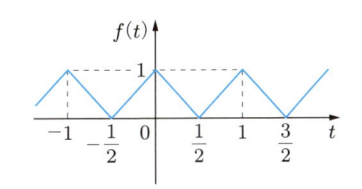

解図 12.8

となる．したがって，$f(t)$ は次のように複素フーリエ級数展開される．

$$f(t) = \frac{1}{2} + \frac{2}{\pi^2}\sum_{m=-\infty}^{\infty}\frac{1}{(2m-1)^2}e^{j2\pi(2m-1)t}$$

(3) 解図 12.9 となる．式 (12.16) より，$T=1$ として次のようになる．

$$c_n = \int_0^{1/2} \sin 2\pi t \cdot e^{-j2\pi n t} \mathrm{d}t = \int_0^{1/2} \frac{e^{j2\pi t} - e^{-j2\pi t}}{2j} e^{-j2\pi n t} \mathrm{d}t$$

$$= \frac{1}{2j}\int_0^{1/2}\left\{e^{-j2\pi(n-1)t} - e^{-j2\pi(n+1)t}\right\}\mathrm{d}t$$

ここで，

$$n=1 \text{ のとき}: c_1 = \frac{1}{2j}\int_0^{1/2}\left(1 - e^{-j4\pi t}\right)\mathrm{d}t = -\frac{j}{4}$$

$$n=-1 \text{ のとき}: c_{-1} = \frac{1}{2j}\int_0^{1/2}\left(e^{-j4\pi t} - 1\right)\mathrm{d}t = \frac{j}{4}$$

$$n \neq \pm 1 \text{ のとき}: c_n = \frac{1}{2j}\left[\frac{e^{-j2\pi(n-1)t}}{-j2\pi(n-1)} - \frac{e^{-j2\pi(n+1)t}}{-j2\pi(n+1)}\right]_0^{1/2}$$

$$= -\frac{1}{4\pi}\left\{-\frac{(-1)^{n-1}-1}{n-1} + \frac{(-1)^{n+1}-1}{n+1}\right\}$$

$$= \begin{cases} \dfrac{1}{\pi(1-n^2)} & (n=2m) \\ 0 & (n=2m-1) \end{cases} \quad (m:\text{整数})$$

となる．したがって，$f(t)$ は次のように複素フーリエ級数展開される．

$$f(t) = \frac{j}{4}\left(e^{-j2\pi t} - e^{j2\pi t}\right) + \frac{1}{\pi}\sum_{m=-\infty}^{\infty}\frac{1}{1-4m^2}e^{j4m\pi t}$$

(4) 解図 12.10 となる．式 (12.16) より，$T=1$ として次のようになる．

$$c_n = \int_0^1 (t - t^2)e^{-j2\pi n t}\mathrm{d}t$$

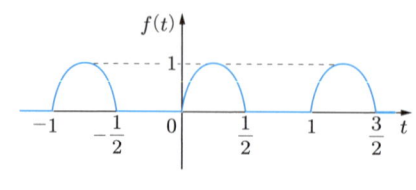

解図 12.9

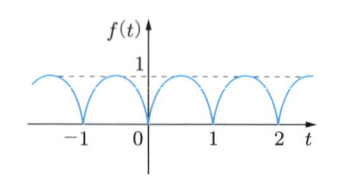

解図 12.10

$n=0$ のとき，$c_0 = \int_0^1 (t-t^2)dt = 1/6$ である．$n \neq 0$ のとき，$c_n = -1/2\pi^2 n^2$ となる．したがって，$f(t)$ は次のように複素フーリエ級数展開される．

$$f(t) = \frac{1}{6} - \frac{1}{2\pi^2}\left(\sum_{n=-\infty}^{-1}\frac{1}{n^2}e^{j2\pi nt} + \sum_{n=1}^{\infty}\frac{1}{n^2}e^{j2\pi nt}\right)$$

12.3 解図 12.11(a) の電圧源を，解図 (b) のように周波数の異なる多数の正弦波交流電圧源 $\cdots, E_{-2}, E_{-1}, E_0, E_1, E_2, \cdots$ の和として表す．電圧源 E_n のフェーザは，$c_n/\sqrt{2}$ と考えることができる．問題 12.2(1) の結果より，

$$v(t) = f(t), \quad E_n = \frac{c_n}{\sqrt{2}} = \begin{cases} 0 & (n=2m) \\ -j\dfrac{\sqrt{2}}{\pi n} & (n=2m-1) \end{cases}$$

である．電圧源 E_n を抵抗 R に接続したときに流れる電流 I_n は次式となる．

$$I_n = \frac{E_n}{R} = \begin{cases} 0 & (n=2m) \\ -j\dfrac{\sqrt{2}}{\pi nR} & (n=2m-1) \end{cases} \quad (m:\text{整数})$$

したがって，電流波形 $i(t)$ は次式となる．

$$i(t) = \sum_{n=-\infty}^{\infty} \sqrt{2}I_n e^{j2\pi nt} = -j\frac{2}{\pi R}\sum_{m=-\infty}^{\infty}\frac{1}{2m-1}e^{j2\pi(2m-1)t}$$

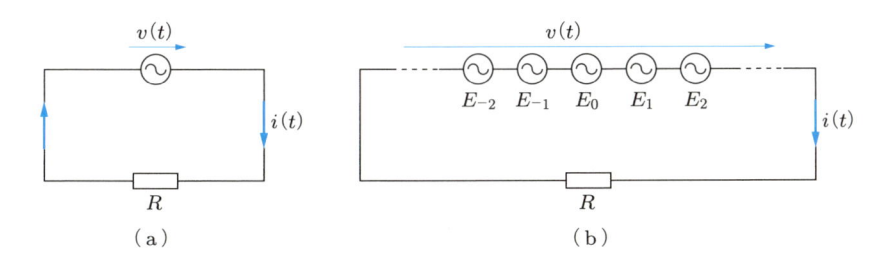

解図 12.11

12.4 問題 12.3 と同様にして，問題 12.2(1) の結果より，電圧源 $E_n = c_n/\sqrt{2}$ を抵抗 R とインダクタンス L のコイルに接続したときに流れる電流 I_n は，次式となる．電圧源の角周波数を ω_n とする．

$$I_n = \frac{E_n}{R+j\omega_n L} = \begin{cases} 0 & (n=2m) \\ -j\dfrac{\sqrt{2}}{\pi n(R+j\omega_n L)} & (n=2m-1) \end{cases} \quad (m:\text{整数})$$

電圧源の角周波数 $\omega_n = 2\pi n$ であるので，電流波形 $i(t)$ は次式となる．

$$i(t) = \sum_{n=-\infty}^{\infty} \sqrt{2} I_n e^{j2\pi nt} = -j\frac{2}{\pi} \sum_{m=-\infty}^{\infty} \frac{1}{(2m-1)\{R+j2\pi(2m-1)L\}} e^{j2\pi(2m-1)t}$$

12.5 解図 12.12(a) の電流源を，解図 (b) のように周波数の異なる多数の正弦波交流電流源 $\cdots, J_{-2}, J_{-1}, J_0, J_1, J_2, \cdots$ の和として表す．

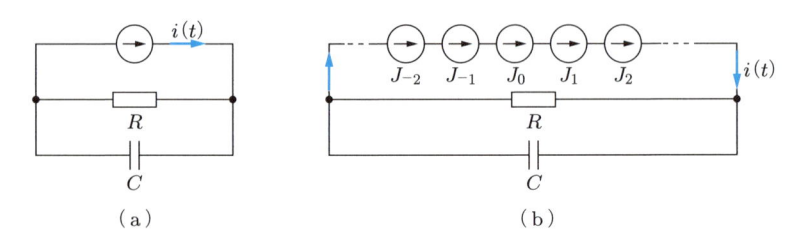

解図 12.12

電流源 J_n のフェーザは，$c_n/\sqrt{2}$ と考えることができる．問題 12.2(2) の結果より，

$$i(t) = f(t), \quad J_n = \frac{c_n}{\sqrt{2}} = \begin{cases} \dfrac{1}{2\sqrt{2}} & (n=0) \\ 0 & (n = 2m \neq 0) \\ \dfrac{\sqrt{2}}{\pi^2 n^2} & (n = 2m-1) \end{cases}$$

である．電流源 J_n を抵抗 R とキャパシタンス C のコンデンサに接続したときに抵抗 R の両端に現れる電圧 V_n は，次式となる．電流源の角周波数を ω_n とする．

$$V_n = \frac{J_n}{1/R + j\omega_n C} = \begin{cases} \dfrac{R}{2\sqrt{2}} & (n=0) \\ 0 & (n = 2m \neq 0) \quad (m:\text{整数}) \\ \dfrac{\sqrt{2}}{\pi^2 n^2 (1/R + j\omega_n C)} & (n = 2m-1) \end{cases}$$

電流源の角周波数 $\omega_n = 2\pi n$ であるので，電圧波形 $v(t)$ は次式となる．

$$v(t) = \sum_{n=-\infty}^{\infty} \sqrt{2} V_n e^{j2\pi nt}$$

$$= \frac{R}{2} - j\frac{2}{\pi} \sum_{m=-\infty}^{\infty} \frac{1}{(2m-1)^2 \{1/R + j2\pi(2m-1)C\}} e^{j2\pi(2m-1)t}$$

12.6 問題 12.3 と同様にして，問題 12.2(3) の結果より，電圧源 $E_n = c_n/\sqrt{2}$ を接続した

ときに抵抗 R を流れる電流 I_n は，次式となる．

$$I_{\pm 1} = \mp \frac{j}{4(R \pm 1/j2\pi C)},$$

$$I_n = \frac{E_n}{R + 1/j\omega_n C}$$

$$= \begin{cases} \dfrac{1}{\sqrt{2}\pi(1-n^2)\,(R+1/j2\pi nC)} & (n = 2m) \\ 0 & (n = 2m-1,\ m \neq 0, 1) \end{cases} \quad (m：整数)$$

したがって，電流波形 $i(t)$ は次式となる．

$$i(t) = \sum_{n=-\infty}^{\infty} \sqrt{2} I_n e^{j2\pi nt}$$

$$= \frac{j}{4}\left(\frac{1}{R - 1/j2\pi C}e^{-j2\pi t} - \frac{1}{R + 1/j2\pi C}e^{j2\pi t}\right)$$

$$+ \frac{1}{\pi}\sum_{n=-\infty}^{\infty} \frac{1}{(1-4m^2)\,(R+1/j4\pi mC)} e^{j4\pi mt}$$

索引

英数字
Δ–Y 変換　9
F パラメータ　115, 116
H パラメータ　114
π 型回路　111
Q 値　76, 81
T 型回路　110
Y パラメータ　110
Z パラメータ　109, 116

あ行
アドミタンス　47, 48, 50
アドミタンスパラメータ
　110
位　相　36, 37
一端子対回路　96
インダクタンス　1, 38
インダクティブ　74, 79
インピーダンス　47, 48, 50
インピーダンス関数　96
インピーダンスパラメータ
　109
枝　26, 27
オイラーの式　42
遅れ力率　56
オームの法則　3, 8

か行
回路解析　96
回路構成　96
回路素子　2, 6
カウアの方法　99, 105
加極性の結合　86
角周波数　36, 47
重ね合わせの理　14, 132
奇関数　125–127
基準節点　29
キャパシタンス　1, 40
キャパシティブ　74, 80
共　振　73, 74
共振角周波数　74, 98
共振現象　73
共振周波数　73
共振点　98, 99
共役複素数　42
行列式　29
極表示　42
虚数単位　41
キルヒホッフの電圧則　26
キルヒホッフの電流則　26
偶関数　125, 127
駆動点アドミタンス関数
　102
駆動点インピーダンス　96
駆動点インピーダンス関数
　99
クラーメルの解法　28
結合係数　91
減極性の結合　86
コイル　4, 6, 38
合成抵抗　7
交　流　1, 36
交流回路　1
コンダクタンス　8
コンデンサ　4, 6, 40

さ行
サセプタンス　96
三角フーリエ級数展開　124
三角フーリエ級数表示　124
磁気結合回路　85
自己インダクタンス　85
自己誘導　85
四端子定数　115
実効値　38, 47, 55
周　期　36
周期信号　123
縦続接続　116
周波数　36
周波数応答　61, 62
周波数特性　62
出力端開放逆電圧比　116
出力端開放伝達アドミタンス
　116
出力端短絡逆電流比　116
出力端短絡伝達インピーダン
　ス　116
出力端短絡電流比　115
出力端短絡入力インピーダン
　ス　115
ジュール熱　3, 13
瞬時電力　38
初期位相　37, 47
信　号　123
振　幅　36
進み力率　56
正弦波　36, 37
整　合　58
静電容量　40
絶縁体　2
絶対値　42, 50, 61, 62
節　点　26, 27
節点解析法　29
節点方程式　29
相互インダクタンス　85
相互誘導　85
相互誘導回路　86–88
相反定理　118

索 引

た 行

直 流　1
直流回路　1
直列共振　74
直列接続　6
抵 抗　1, 6
テイラー展開　41
テブナンの定理　15
テブナンの等価回路　15
電 圧　2
電圧計　21
電圧源　5, 6, 21
電 荷　40
電 流　1
電流計　21
電流源　5, 6, 21
電 力　13
等価回路　88
導 体　2

な 行

内部抵抗　18, 21
二端子対回路　109
入力端開放逆電圧比　115
入力端開放出力アドミタンス　115
ノートンの定理　17
ノートンの等価回路　17

は 行

ハイブリッドパラメータ　114
倍率器　22
はしご型回路　105
反共振　80
反共振角周波数　80, 98, 99
反共振点　98, 99
半値幅　77
ひずみ波　123, 132–134
ひずみ波の複素電力　134
皮相電力　55, 57
フェーザ　43, 44, 47, 48
フェーザ表示　43
フォスターの第 1 回路　100
フォスターの第 2 回路　103
フォスターの方法　99
フォスターのリアクタンス定理　99
複素共役　42
複素電力　55, 57
複素フーリエ級数　128
複素平面　42, 44, 50, 69
フーリエ級数　132
ブリッジ回路　34
分圧比　8
分流比　8
平均電力　38, 56
平衡条件　34
並列共振　80
並列接続　7
閉 路　26
閉路解析法　27

閉路電流　27
閉路方程式　27
ベクトル軌跡　61, 64, 67, 69
ベクトル図　50
偏 角　42, 50, 55

ま 行

無限級数　123
無効電力　55, 57, 134

や 行

有効電力　55, 57, 134
誘導性　74, 79
有理関数　99
容量性　74, 80

ら 行

リアクタンス　96, 98
リアクタンス回路　96–98
リアクタンス関数　98, 99
力 率　38, 55
理想電圧源　18
理想電流源　18
理想変成器　92
流出電流　109
留 数　99, 102
流入電流　109
連分数　105

著者略歴
秋山　いわき（あきやま・いわき）
1982 年　慶應義塾大学工学部電気工学科卒業
1987 年　慶應義塾大学大学院工学研究科電気工学専攻博士課程修了
　　　　　工学博士
1987 年　相模工業大学（現・湘南工科大学）講師
1991 年　湘南工科大学助教授，
　　　　　この間，Visiting Associate Professor, Dept. of ECE,
　　　　　UCSB（1993～1994）
1994 年　湘南工科大学教授
2012 年　同志社大学生命医科学部教授
　　　　　現在に至る

編集担当　富井　晃（森北出版）
編集責任　石田昇司（森北出版）
組　　版　ウルス
印　　刷　丸井工文社
製　　本　同

例題で学ぶ基礎電気回路　　　　　　　　ⓒ 秋山いわき　2015
2015 年 10 月 11 日　第 1 版第 1 刷発行　【本書の無断転載を禁ず】

著　者　　秋山いわき
発行者　　森北博巳
発行所　　森北出版株式会社
　　　　　東京都千代田区富士見 1-4-11（〒102-0071）
　　　　　電話 03-3265-8341／FAX 03-3264-8709
　　　　　http://www.morikita.co.jp/
　　　　　日本書籍出版協会・自然科学書協会　会員
　　　　　JCOPY ＜(社)出版者著作権管理機構　委託出版物＞

落丁・乱丁本はお取替えいたします．
Printed in Japan／ISBN978-4-627-78651-6